内生菌
研究方法

骆焱平　王兰英　著

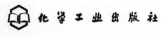
化学工业出版社
·北京·

本书在总结作者研究团队多年科研成果的基础上，首次系统介绍了内生菌研究方法，包括内生菌研究的前期准备，内生菌的分离、鉴定、发酵、定殖，内生菌的活性评价、促生作用，内生菌的次生代谢产物，内生菌的应用及内生菌的保藏等内容，具有较强的原创性与学术价值。

本书可供开展内生菌研究的相关人员及相关专业的读者阅读。

图书在版编目（CIP）数据

内生菌研究方法/骆焱平，王兰英著 . —北京：化学工业出版社，2019.8

ISBN 978-7-122-34610-0

Ⅰ.①内… Ⅱ.①骆… ②王… Ⅲ.①共生细菌-研究方法 Ⅳ.①Q939.1

中国版本图书馆 CIP 数据核字（2019）第 111299 号

责任编辑：刘　军	文字编辑：焦欣渝
责任校对：宋　玮	装帧设计：关　飞

出版发行：化学工业出版社（北京市东城区青年湖南街 13 号　邮政编码 100011）

印　　装：三河市延风印装有限公司

710mm×1000mm　1/16　印张 17¾　字数 331 千字　2019 年 11 月北京第 1 版第 1 次印刷

购书咨询：010-64518888　　　售后服务：010-64518899

网　　址：http://www.cip.com.cn

凡购买本书，如有缺损质量问题，本社销售中心负责调换。

定　　价：98.00 元　　　　　　　　　　　版权所有　违者必究

前　言

　　微生物从古至今，与人休戚与共，其作用之大，分布之广，令人惊叹。内生菌由来已久，1886 年界定，研究颇多；与动植物共生，相辅相成；次生代谢物繁多，生物活性显著；促生作用明显，应用范围广泛。可赞曰：动植物资源有限，而内生菌无限也。究其价值，以菌造肥、以菌促长、以菌防病、以菌治病，携创新之利器、领科学之前沿，使研究者后浪推前浪，前仆后继，锲而不舍。经作者多年潜心研学，探求研究内生细菌、真菌和放线菌之本来面目，只能说得其皮毛。于是归纳总结，整理成章，以便参考。

　　本书首次系统地撰写了内生菌的研究方法，从内生菌研究的前期准备，到内生菌的分离纯化；从用形态学、生理生化方法和 DNA 分子技术鉴定内生菌，对其进行培养与发酵，到开展内生菌的定殖研究；从内生菌的筛选，到拮抗活性和促生的评价，并挖掘内生菌的次生代谢产物；最后归结到内生菌的应用研究，并列举内生菌的保藏方法等。因此，望本书能给研究者以参考，给研究者指出入门之道。

　　本书第一章、第七章至第十一章由骆焱平著，第二章至第六章、附录由王兰英著。本课题组韩丹丹、王洁、陈宇丰、章杰、李花、沈恬安、张建春、吴接呈、张筑宏、杨德友、杨育红等参与本书资料收集、整理、文字编辑与校对工作，在此表示衷心的感谢。

　　本书的出版得到海南省高等学校科学研究项目（Hnky2017ZD-2）、海南省重点研发计划项目（ZDYF2018230）、海南省重大科技计划项目（ZDKJ2017002）的资助。

　　本书是在参考和引用国内外相关研究资料的基础上，结合作者多年的研究成果，整理而成。由于编者水平有限，不足之处在所难免，敬请读者批评指正。

著者

2019 年 6 月

目 录

第三章　内生菌的分离 / 38

第四章　内生菌的鉴定 / 51

第五章　内生菌的培养与发酵 / 116

第六章　内生菌的定殖研究 / 128

第七章　内生菌的活性评价方法 / 151

第十章 内生菌的应用研究 / 237

第十一章　内生菌菌种的保藏 / 253

附录 ････････････････････････････････････ 262

第一章
内生菌的概述

第一节　内生菌的定义与种类

一、内生菌的定义

内生菌（endophyte）普遍存在于动植物体内。在长期的进化过程中，内生菌与动植物宿主之间形成和谐的统一体，不表现出感病症状，长期以来未被人们发现。直到 20 世纪 30 年代，由于牲畜取食了含有产毒内生菌的牧草，导致牲畜中毒，造成畜牧业的重大损失，才引起人们对植物内生菌的关注。目前，来自植物的内生菌研究较多，来自动物的内生菌研究较少。本书涉及的内生菌如若未指明，一般都属于植物内生菌。

植物内生菌一词 "plant endophyte" 最早由德国科学家 De Barry 于 1886 年提出，并将其定义为生活在植物组织内的微生物，用来区分那些生活在植物表面的微生物（王志伟等，2014）。该定义把微生物的致病菌也归属在内，因而范围较广，概念比较模糊。1986 年，Carroll 将植物内生菌定义为生活在地上部分、活的植物组织内不引起植物明显症状的微生物。该定义排除了植物致病菌，但是植物地下部分的内生菌未包含在内。1991 年，Petrini 提出植物内生菌是指生活史的一定阶段中生活在活体植物组织内不引起植物明显病害的微生物（丁文珺等，2015）。1992 年，Kleopper 等认为植物内生菌是指能够定殖在植物细胞间隙或细胞内，并与寄主植物建立和谐联合关系的一类微生物，他认为能在植物体内定殖的致病菌和菌根菌不属于内生菌（方珍娟等，2018）。1995 年，Wilsol 对前人的概念进行了补充，认为内生菌包括在整个或部分生活周期中，侵染活的植物体但对植物组织不引起明显症状的微生物。目前，对植物内生菌的定义仍然有不少争论，但 Hallmann 等（1997）依据内生菌与植物的相互关系提出的概念是目前使用最广泛的，他认为植物内生菌应满足两个条件：首先，是从表面消毒的植物组织或植物组织内部获得的；其次，它们不会造成植物出现可见的伤害或功能的改变。

因此，植物内生菌是指那些在其生活史的一定阶段或者全部阶段生活于健康植物的各种组织和器官内部的真菌、细菌或放线菌，被感染的宿主植物（至少是暂时）不表现出外在症状（邹文欣等，2001）。从这个定义可以看出，"植物内生菌"是一个生态学概念而非分类学的单位，它包括了内生真菌、内生细菌及内生放线菌等多个微生物类群。

二、 内生菌的种类

（一）按来源划分

1. 植物内生菌（plant endophyte）

植物内生菌国内外的研究比较广泛、深入，相应的文献报道较多。内生真菌长期生活在植物体内，不易受环境影响，与宿主协同进化，并有独立的生活空间，因此可能产生与宿主相同或相似的具有生物活性的次级代谢产物。

在植物体的根、茎、叶、花、果实和种子等器官组织的细胞或细胞间隙存在大量的内生菌，不同种类的内生菌往往占据不同的生态位。它们在植物体中相互作用，维持微生态的平衡，不表现出感病症状。对单子叶禾本科植物的内生菌研究较早，20 世纪 30 年代，发现了含有产毒内生菌的牧草，牲畜食用了该牧草发生中毒，造成畜牧业的重大损失。双子叶植物的内生菌研究主要集中于经济植物或药用植物，如菊科、桑科、葫芦科、梧桐科、十字花科、芭蕉科、卫矛科、珙桐科、夹竹桃科、小檗科、瑞香科等。裸子植物内生真菌的研究多以药用植物为主，如红豆杉科、三尖杉科、油松科、罗汉松科、银杏科等。这些真菌可以产生抗肿瘤和抗菌的活性物质，如 Stierle 等（1993）首次从短叶红豆杉中分离得到 1 株能合成抗癌物质——紫杉醇的内生真菌，证明植物内生菌具备合成与宿主植物相同或相似的活性成分的能力，这一发现掀起了从药用植物中分离内生菌的热潮，国内近年来在这方面的研究发展迅速。据统计，已经开展内生菌研究的药用植物有 47 科 81 属 114 种 3 变种，包括藻类植物、蕨类植物、裸子植物和草本、藤本、木本等被子植物（孙剑秋等，2006）。

2. 动物内生菌（animal endophyte）

动物内生菌是指生长于动物组织的体表及体内的一些共存微生物，如昆虫内生菌、低等多细胞海洋动物内生菌、海带、海绵、海藻、低等无脊椎动物如珊瑚内生菌，以及动物源放线菌等。有关动物内生菌的报道较植物内生菌少，但从已有报道的资料来看，只要培养条件成熟，这些富集于动物体表或体内的共生微生物，就可以产生大量种类各异、结构新颖、活性多样的天然代谢产物，这些天然化合物具有重要的研究价值，可成为众多新药的先导化合物（汪福源等，2017）。

（二）按存在方式划分

按存在方式划分，内生菌可分为以下三类（Mcinroy 等，1995；Lynch 等，1979）。

（1）依赖性内生菌　这一类内生菌又可分为专性内生菌和兼性内生菌。其中专性内生菌严格依赖其宿主植物生存，需要通过载体转移到其他植物体内；而兼性内生菌因其生活史的某部分在宿主植物体外，故对宿主植物的依赖性不强。目前内生细菌中如假单胞菌属、肠杆菌属、沙雷菌属、产碱菌属、志贺菌属、柠檬细菌属及革兰氏阳性细菌的一些属，都属于兼性内生菌。红苍白草螺菌或织片草螺菌只能够生活在高粱和甘蔗等作物的组织内，属于只存在于植物内部而在植物根际无法分离得到的专性内生菌。

（2）忍耐性内生菌　这一类内生菌又可分为持久内生菌和暂时内生菌。其中持久内生菌可以永久存在于植物组织内，而暂时内生菌只存在于植物生育期的一段时间内。如甜菜中的腐烂棒杆菌和水稻中的成团肠杆菌可以在宿主植物的整个生活史中存在，而大部分内生菌只存在于植物生活史的部分时期。

（3）专一性内生菌和非专一性内生菌　专一性内生菌只存在于单一寄主中，而非专一性内生菌可以存在于多种寄主中。大部分内生菌属于非专一性，如荧光假单胞菌可从菜豆、小麦、番茄、柠檬、甜菜、玉米中分离得到，成团杆菌也可以从玉米、柠檬、黄瓜、土豆中分离得到，而重氮营养醋杆菌只存在于甘蔗中。

（三）按照微生物种类划分

按照微生物种类划分，内生菌可分为内生真菌、内生细菌、内生放线菌。几乎所有植物中都存在内生菌，在一种植物上可分离得到几种至几十种内生菌，其种类极其丰富。植物内生菌的分布不仅与植物的种类、基因型有关，还与植物的生长阶段、环境条件及组织器官有关。不同植物中分离出的内生菌不同，但它们在宿主植物科的水平上具有专一性。最近的研究表明，有的内生菌群落可以在宿主种的水平上具有专一性。同一种植物，其内生菌的种类和数量也会随着植株生长时间的增加而增多。健康植株与胁迫条件下的植株相比，其内生菌的种类和数量都比较多。生物多样性越丰富的地区，植物中内生菌的种类和数量也越丰富。生长在热带、亚热带地区的植物，其内生菌的种类和数量就比生长在干燥、寒冷地区的植物中的更多。

1. 内生真菌

近十几年，分离得到的内生真菌（endophytic fungi）达 171 属，包括子囊菌

（Ascomycetes）、担子菌（Basidiomycete）、接合菌（Zygomycetes）、卵菌（Oomycota）、有丝分裂孢子真菌和无孢菌类等（孙剑秋等，2006；Vijayarahavan 等，2008）。大多数植物内生真菌属于子囊菌类及其无性型，包括核菌纲（Pyrenomyete）、盘菌纲（Discomyetes）和腔菌纲（Loculoascomyete）的许多种类以及它们的一些衍生菌。内生真菌在药用植物中的研究较多，而且有些内生真菌在宿主科的水平上具有专一性（华永丽等，2008）。如镰刀菌属、交链孢属、青霉属、根霉属、芽枝霉属、毛壳菌属、曲霉菌属、盘多毛孢属、向基孢属、枝顶孢属、头孢霉属等，其生物多样性十分丰富。

2. 内生细菌（endophytic bacteria）

目前在植物不同部位中分离得到的内生细菌超过 80 属 129 种，其中大部分为革兰氏阴性杆状细菌的假单胞菌属（*Pseudomonas*）、肠杆菌属（*Enterobacter* Hormaeche and Edwards）和土壤杆菌属（*Agrobacterium* Conn）3 个属，以及革兰氏阳性的芽孢杆菌属（*Bacillus* Cohn）。根据内生细菌对宿主植物的影响，可将植物内生细菌分为有益内生细菌、中性内生细菌和有害内生细菌，其中中性内生细菌最多。有益内生细菌能增强植物对病虫害的防御能力，是具有抑菌活性的内生细菌菌株分离的主要来源。

3. 内生放线菌（endophytic actinomycete）

放线菌是一类以孢子繁殖为主、菌丝状的原核生物（曹理想等，2004），广泛分布于土壤、海洋、植物内生环境及其他极端自然生态环境中。放线菌是产生活性物质最多的一类微生物，也是抗生素的主要生产菌。植物内生放线菌的种类较多，是发掘新的生物活性物质的重要来源。常见的植物内生放线菌有链霉菌属（*Streptomyces*）、小双孢菌属（*Microbispora*）、小单孢菌属（*Micromonospora*）、诺卡菌属（*Nocardia*）、拟诺卡菌属（*Nocardiopsis*）和链孢囊菌属（*Streptosporangtum*）。其中内生放线菌抑菌效果较好的菌株大多属于链霉菌属（赵珂等，2011；Song 等，2015）。

◎ 第二节　内生菌的活性与应用

内生菌依靠其丰富的种类，在植物微生态系统中占据重要的位置，具有极大的发展潜力，吸引着各行业研究者不断探索。目前，内生菌及其次生代谢产物在医学和农业方面的研究较多，且部分高活性、多功能的内生菌得到了广泛的应用。

一、内生菌的活性

（一）医学活性

1. 抗肿瘤作用

内生菌可以产生结构丰富的次生代谢产物，是科研人员挖掘高活性物质，特别是新的抗肿瘤活性物质的重要资源。如 Gary 和 Strobel 等（1997）从欧洲红豆杉中分离到的内生真菌 *Acremxonium* sp. 能产生一系列抗癌的肽类活性物质，其中白灰制菌素能抑制某些肿瘤细胞。黄玖利等（2010）发现海南粗榧内生真菌 S15 能产生具有抗肿瘤作用的细胞松弛素。代金霞等（2017）从宁夏枸杞内生菌中筛选出曲霉与翘孢霉属的 4 株内生真菌，该菌具有较好的抗肿瘤活性。

2. 抗氧化作用

Huang 等（2007）从 29 种植物中分离出 292 种植物内生菌。经检测发现，这些内生菌都能产生酚类等抗氧化物质，且 65% 的内生菌有较高的抗氧化活性。Wu 等（2009）从番荔枝（*Annonaceae squamosal* L.）中分离得到一株拟无枝酸菌（*Amycolatopsis* sp.），其次生代谢产物的甲醇提取物具有抗氧化活性。Christhudas 等（2013）从曼陀罗（*Datura stramonium* L.）根部分离的一株链霉菌能产生具有抗氧化活性的酚类物质。Savi 等（2015）从蜡烛树（*Vochysia divergens* L.）中发现了一株小双孢菌（*Microbispora* sp.），其代谢物总酚具有抗氧化活性。王兰英等（2019）从珊瑚中分离获得两株枝孢属的球孢枝孢菌（*Cladosporium sphaerospermum*），其中一株具有很强的高价铁离子还原能力，另一株具有很强的 ABTS 自由基清除活性。

（二）农用活性

1. 抗病活性

曾松桑等（2005）从虎杖（*Polygonum cuspidatum* Sieb）的根状茎中分离出 24 株内生真菌，分别对其发酵液进行抗菌活性检测，结果筛选出 3 株具有抗菌活性的内生真菌，它们分别属于曲霉属、青霉属和无孢菌类。詹刚明等（2005）从银杏中分离获得内生放线菌，并对其中拮抗活性较强的两株菌进行了皿内及盆栽生防活性检测，结果发现，M 菌和 EAF-1 菌均显示出良好的生防效果，EAF-1 菌对番茄灰霉病有明显的预防作用。骆焱平等（2011）从变叶木中分离出的 BYG2-5 菌对香蕉炭疽病有很好的防效，病情控制率达到 80.60%，经鉴定，该菌株为岸滨芽孢杆菌（*Bacillus litoralis*）。谢颖等（2011）从南药植物变叶木、益智、阴香、槟榔、椰子和菠萝蜜中分离获得 91 株内生菌，其中 YXG2-3、BYG2-5 等 4 株内生细菌具有很强的拮抗活性，尤其是菌株 YXG2-3 对盆栽香蕉枯萎病有明显的防治效果。随后张斯颖等（2018）证实，YXG2-3 也可以有效防治香蕉炭疽病，将其鉴定为荧光假单胞杆菌（*Pseudomonas fluorescens*）。王兰英等（2012）对九里香内生菌进行分离，获得的 28 株内生菌中有 8 株真菌、9 株细菌，对芒果炭疽病菌和芒果蒂腐病菌有很强的拮抗活性，其中菌株 HBS-1 的发酵滤液能明显降低芒果采后病害的发病率，经鉴定，该菌株为枯草芽孢杆菌（*B. subtilis*）。随后，王兰英等（2012，2014）对砂仁和三桠苦的内生细菌和真菌进行分离筛选，从砂仁中获得的 27 株内生细菌中有 4 株对水稻纹枯病菌具有较好的抑菌活性，其中菌株 SRJ2-4 的盆栽防效及田间防效分别为 80.7% 与 79.4%，经鉴定，该内生菌为糖蜜草固氮螺菌（*Azospirillum melinis*）；从三桠苦分离的内生真菌中有 10 株具有较好的拮抗活性，其中 SCK-Y9 的拮抗效果最好，该菌的发酵液上清液的氯仿萃取物对 6 种供试靶标菌的抑制中浓度均小于0.5mg/mL。韩丹丹等（2017）对槟榔进行内生细菌分离，共获得 16 株内生细菌。经筛选发现菌株 BLG1 的抑菌谱较广，尤其是对水稻纹枯病菌的皿内抑菌率可达 95.0%。Hu 等（2017）筛选出一株内生细菌（*Bacillus cereus*）对番茄根结线虫有很好的防治效果。

2. 抗虫活性

内生菌的抗虫作用表现在其代谢产物如生物碱等对害虫的防御或毒杀作用，导致昆虫拒食、体重减轻、生长发育受抑制甚至死亡等。如 Findlay 等（1997）发现，从加拿大白株树中分离的内生真菌的代谢产物苯并呋喃衍生物对云杉卷叶蛾有很高的活性。兰琪等（2004）从杀虫植物苦皮藤（*Celast rusangulatus* Max）的根、茎、叶、果实中共分离到 57 株内生真菌，其中 3 个菌株能产生苦皮藤素类似物，菌株的丙酮粗提物对 3 龄黏虫有毒杀作用。

3. 诱抗作用

内生菌能有效促进植物对温度、pH 值、盐、渗透压、紫外线、虫及病害的防御，产生诱抗作用。研究表明，生长于美国黄石公园的二型花属植物（*Dichanthelium lanugunasum*）与优势内生真菌弯孢属（*Curvularia protuberata*）真菌共生才能适应 38℃ 的地热高温，而单独培养就会死亡（Redman 等，2002）。优势真菌黄色镰孢霉（*Fusarium culmorum*）与宿主植物滨麦（*Leymus mollis*）共生能够抵抗高盐环境，而从非海水中获得的镰刀菌（*Fusarium culmorum*）则不具有这种功能（Rodriguez 等，2008）。内生真菌印度梨形孢（*Piriformospora indica*）能很好地在大麦根部定殖，使其具有较强的抗氧化能力，并能诱导系统抗病性，能增加大麦对根部病原菌镰刀菌（*F. culmorum*）和叶部病原菌白粉病菌（*Blumeria graminis*）的抵抗能力（Franken，2012）。

4. 固氮作用

内生放线菌能促进宿主植物对 N、P、K 等无机离子的吸收，弗兰克菌属（*Frankia*）是最早被发现的内生放线菌。弗兰克菌种类多，抗逆性强，比根瘤菌更易生长，且固氮酶活性高，在农业上具有广阔的应用前景。弗兰克菌属的宿主广泛，能与 7 目 8 科 24 属共 200 多种非豆科植物共生，形成放线菌根瘤（actinorhizas）。随后，人们先后在玉米、高粱、水稻等作物中也分离到了具有生物固氮作用的内生放线菌。Benson 等（1993）发现了生长于植物根际的链霉菌属具有共生固氮作用。在甘蔗的根、茎、叶内均发现存在新型内生固氮菌——重氮营养醋杆菌（*Acetobacterdiazot rophicus*）（Cavalcante 和 Dobereiner，1988；陈丽梅等，2000），这种内生菌具有严格的寄主专一性以及较强的抗酸能力，能在高糖环境中生长和保持高效的固氮活性，并与甘蔗建立联合固氮作用。杨海莲等（2001）从水稻中分离出的内生细菌阴沟肠杆菌（*Enterobacter cloacae*）不仅具有固氮活性，而且对水稻稻瘟病和水稻纹枯病具有较好的防治能力。这些内生菌的固氮作用，减少甚至替代了化肥的使用。

5. 促生作用

内生菌促进植物生长发育至少有两条途径：①产生赤霉素（GA）、吲哚乙酸（IAA）等植物生长激素（Khan 等，2016）；②参与宿主植物的 C、N、P、K、Ca 等元素的循环和吸收（Sessitsch 等，2012；Johri 等，2015）。植物体内存在的大量内生菌在提高植株的成活率以及增强植株的生长势等方面均有促进作用。张集慧等（1999）从兰科药用植物中分离出 5 种内生真菌，从其真菌发酵液和菌丝体中分别提取出 5 种植物激素，如赤霉素、吲哚乙酸、脱落酸、玉米素、玉米核苷等，它们对兰花的生长发育有较好的促进作用。Lu 等（2000）发现大多数黄花蒿内生真菌在体外培养时，能产生对小麦和黄瓜幼苗生长有不同程度的抑制或促进作用的植物生长激素 IAA。郭顺星等（2000）对我国云南、四川等地的野生铁皮石斛和金钗石斛根中的内生真菌进行研究，发现有 5 种内生真菌可促进铁皮石斛种子萌发，3 种真菌可与铁皮石斛和金钗石斛幼苗形成共生关系并促进幼苗的生长。何红等（2002）研究发现，对辣椒和白菜具有促生作用的辣椒内生细菌 BS-2 菌株，其在进入植株体内后，植物生长素、玉米素和赤霉素等激素含量有所提高，而脱落酸含量减少。唐明娟等（2004）研究发现，内生真菌能提高台湾金线莲的成活率，显著增加台湾金线莲的鲜重、干重。Khan 等（2015）发现内生菌青霉（*Penicillium resedanum*）能产生赤霉素 GA_3，促进川椒（*Capsicum annuum*）在盐、高温、干旱条件下根的生长，以及提高生物量和叶绿素的含量。Han 等（2018）从薇甘菊中分离获得两株内生放线菌 WZS1-1 和 WZS2-1，该菌能够产生 IAA，能溶磷解钾，能定殖到小麦根部，具有明显的促生作用。

（三）环境工程领域活性

1. 环境污染修复能力

植物与植物内生菌联合作用可以促进根际污染物的降解。根际无法降解的有机污染物有时会通过植物吸收水分或养料而进入植物体内，并在植物体内累积。

某些存在于植物体内的细菌将这些有害物质降解到植物安全水平，减轻污染物对植物的毒害作用，协助植物自我修复（Arnold 等，2000）。爱荷华州立大学从爆炸物修复植物白杨中分离得到一株内生菌 *Metlmlobacterium* sp.，能降解易爆化合物，这些化合物包括三硝基甲苯（TNT）、HMX、三次甲基三硝基胺（RDX）等污染物（Siciliano 等，2001；Barac，2004）。胡桂萍等（2010）从珠江入海口的红树中分离到的植物内生菌可以有效降解工业废水中的有害物质，有助于净化海水。

2. 抗重金属能力

Lodewyckx 等（2001）分离出具有超富集 Zn 和 Cd 能力的天蓝遏蓝菜（*Thlaspi caerulescens*）内生菌；Guo 等（2010）从具有超级富集镉能力的龙葵植株中分离出一株 *Bacillus* sp. L14 菌株，该菌株对二价重金属 Cu（Ⅱ）、Cd（Ⅱ）及 Pb（Ⅱ）元素具有较强的抗性能力。Kuffner 等（2010）分离出具有抗 Zn/Cd 能力的根际微生物及内生菌。

二、 内生菌的应用

（一）内生菌在植物品质改良中的应用

利用内生菌进行植物品质改良，主要通过改造单个菌或重建内生菌群落来实现，具有环保、绿色、可持续性强等诸多优点。目前，已经有一些菌株得到大规模的商业化应用。如长柄木霉（*Trichoderma harziamum*）、淡紫拟青霉（*Paecilomyces lilicinus*）、球孢白僵菌（*Beauveria bassiana*）、尖孢镰刀菌（*F. oxysporum*）等菌应用于生防控制，其优势是可以直接处理种子或幼苗，具有可持续性好、减少污染、降低成本等优点（Mendoza 等，2009；Sikora 等，2010；Wani 等，2015）。在澳大利亚批准的商业化生产中，内生真菌（*Neotyphodium lolii*）经过基因改造成为新菌株 AR1（EAR1）和 AR37（EAR37），接种于黑麦草（*Lolium perenne*），极大地改变后者的代谢谱，产生原本不存在的生物碱，如麦角缬碱（ergovaline）、震颤素 B（lolitrem B）和波胺（peramine）等，使宿主具备无毒、产量高、抗逆性强等优良品质（Woodfield 等，2004；Qawasmeh 等，2012）。

（二）内生菌在植物保护中的应用

Strobel 等（2001）从锡兰肉桂（*Ginnamoum zeylanicum*）、心叶船形果木（*Eucryphia cordifolia*）等植物中分离得到内生真菌（*Muscodor albus*）和赫黏帚霉（*Gliocladium* sp.），能够产生抗菌活性较强的挥发性物质，并获得专利保护，后来被开发出真菌熏蒸剂。

（三）促生应用

中国微生物肥料经过近 10 年的快速发展取得了举世瞩目的成就，尤其是以营养菌种与生防促生菌种复合为特点的第三代肥料的问世，使得中国微肥迎来了前所未有的发展机遇（李俊等，2006）。第三代微肥中的促生菌主要采用的是枯草芽孢杆菌（*B. subtilis*）、地衣芽孢杆菌（*B. licheniformis*）等植物体内常见的内生菌，这些内生菌因具备上述众多的生物学作用而使作物抗逆、耐害、高产。因此，内生菌在肥料中的应用实现了肥料的"营养、调理、植保"的"三效合一"（周法永等，2015）。

利用内生菌促进植物种子萌发以及植株生长的生物学作用，开发应用内生菌。如在野生条件下，天麻（*Gastrodia elata* Bl.）种子的萌发率极低。研究者发现，分离自天麻发芽种子中的内生真菌，能显著提高种子的发芽率（徐锦堂等，1989；郭顺星等，2001）；张维经等（1980）也发现蜜环菌（*Armillaria mellea*）能促进天麻幼苗健康生长，这些解决了天麻育种和栽培的难题。

参考文献

Arnold A E，Maynard Z，Gilbert G S，et al. Are tropical fungal endophytes hyper diverse. Ecology letters，2000，3（4）：267-274.

Barac T，Taghavi S，Borremans B，et al. Engineered endophytic bacteria improve phytoremediation of water-soluble，volatile，organic pollutants . Nature biotechnology，2004，22（5）：583-588.

Benson D R，Silvester W B. Biology of Frankia strains，actinomycete symbionts of actinorhizal plants. Microbiological Reviews，1993（2）：293-319.

Cavalcante V，Dobereiner J. A new acid tolerant nitrogen fixing bacterium associated with sugarcane. Plant and Soil，1988，108：23-31.

Christhudas I V S N，Kumar P P，Agastian P. *In vitro* alpha-glucosidase inhibition and antioxidative potential of an endophyte species（*Streptomyces* sp. loyola UGC）isolated from *Datura stramonium* L.. Current Microbiology，2013，67（1）：69-76.

Findlay J A，Buthelezi S，Li G Q，et al. Insect toxins from an endophytic fungus from winter green. Journal of Natural Products，1997（60）：1214-1215.

Franken P. The plant strengthening root endophyte *Piriformospora indica*：potential application and the biology behind. Applied Microbiology & Biotechnology，2012，96（6）：1455-1464.

Guo H，Luo S，Chen L，et al. Bioremediation of heavy metals by Growing hyperaccumulaor endophytic bacterium *Bacillus* sp. L14. Bioresource Technology，2010，101（22）：8599-8605.

Hallmann J，Quadt-Hallmann A，Mahffee W F，et al. Bacterial endophytes in agriculture crops. Canadian Journal of Microbiology，1997，43：895-891.

Han D D，Wang L Y，Luo Y P. Isolation，identification，and the growth promoting effects of two antagonistic actinomycete strains from the rhizosphere of *Mikania micrantha* Kunth. Microbiological Research，2018，208：1-11.

Hu H，Chen Y，Wang Y，et al. Endophytic *Bacillus cereus* effectively controls Meloidogyne incognita on tomato plants through rapid rhizosphere occupation and repellent action. Plant Disease，2017，101

(3): 448-455.

Huang W Y, Cai Y Z, Xing J, et al. A potential antioxidant resource: Endophytic fungi from medicinal plants. Economic Botany, 2007, 61 (1): 14-30.

Johri A K, Oelmüller R, Dua M, et al. Fungal association and utilization of phosphate by plants: success, limitations, and future prospects. Frontiers in Microbiology, 2015, 6: 984-997.

Khan A L, Al-Harrasi A, Al-Rawahi A, et al. Endophytic fungi from frankincense tree improves host growth and produces extracellular enzymes and indole acetic acid. PLoS One, 2016, 11: e0158207.

Khan A L, Waqas M, Lee I J. Resilience of Penicillium resedanum LK6 and exogenous gibberellin in improving *Capsicum annuum* growth under abiotic stresses. Journal of Plant Research, 2015, 128: 259-268.

Kuffner M, De Maria S, Puschenreiter M, et al. Culturable bacteria from Zn- and Cd-accumulating Salix caprea with differential effects on plant growth and heavy metal availability. Journal of Applied Microbiology, 2010, 108 (4): 1471-1484.

Lodewyckx C, Taghavi S. The effect of recombinant heavy metal resistant endophytic bacteria in heavy metal uptake by their host plant. International Journal of Phytoremediation, 2001, 3 (2): 173-187.

Lu H, Zou W X, Meng J C, et al. New bioactive metabolites produced by Colletotrichum span endophic fungus in Artemi siaannua. Plant Science, 2000, 151: 67-73.

Lynch J M, Fletcher M, Latham M J. Mycorolial ecology a conceptual approach. UK: Black Well Scientific Publications, 1979: 33-61.

Mcinroy J A, Kloepper J W. Survey of indigenous bacterial endophytes from cotton and sweet corn. Plant and Soil, 1995, 173 (2): 337-342.

Mendoza A R, Sikora R A. Biological control of Radopholus similis by coapplication of the mutualistic endophyte *Fusarium oxysporum* strain 162, the egg pathogen *Paecilomyces lilacinuss* train 251 and the antagonistic bacteria *Bacillus firmus*. Biocontrol, 2009, 54: 263-272.

Qawasmeh A, Obied H K, Raman A, et al. Influence of fungal endophyte infection on phenolic content and antioxidant activity in grasses: interaction between *Lolium perenne* and different strains of *Neotyphodium lolii*. Journal of Agricultural and Food Chemistry, 2012, 60: 3381-3388.

Redman R S, Sheehan K B, Stout T G, et al. Thermotolerance generated by plant/fungal symbiosis. Science, 2002, 298: 1581.

Rodriguez R, Redman R. More than 400 million years of evolution and some plants still can't make it on their own: plant stress tolerance via fungal symbiosis. Journal of Experimental Botany, 2008, 59: 1109-1114.

Savi D, Haminiuk C, Sora G, et al. Antitumor, antioxidant and antibacterial activities of secondary metabolites extracted by endophytic antinamycetes isolated from *Vochysia divergens*. International Journal of Pharmaceutical, Chemical and Biological Sciences, 2015, 5 (1): 347-356.

Sessitsch A, Hardoim P, Döring J, et al. Functional characteristics of an endophyte community colonizing rice roots as revealed by metagenomic analysis. Molecular Plant-Microbe Interactions Journal, 2012, 25: 28-36.

Siciliano S D, Fortin N, Mihoc A, et al. Selection of specific endophytic bacterial genotypes by plants in response to soil contamination. Applied and environmental microbiology，2001，67（6）：2469-2475.

Sikora R A，ZumFelde A，Mendoza A，et al. In planta suppressiveness to nematodes and long-term root health stability through biological enhancement-do we need a cocktail. Acta Horticulturae（SHS），2010，879：553-560.

Song Y P，Zhang J，Chen G. Isolution and characterization of thiolutin from *Streptomyces* sp. KIB0393. Heterocyclic Letters，2015，5（1）：21-26.

Stierle A，Strobel G，Stierle D. Taxol and taxane production by taxomyces andreanae，an endophytic fungus of Paific yew. Science，1993，260：214-216.

Strobel G A，Dirkse E，Sears J，Markworth C. Volatile antimicrobials from *Muscodor albus*，a novel endophytic fungus. Microbiology，2001，147：2943-2950.

Strobel G A，Hess W M. Glucosylation of the peptide leucinostatin A，produced by an endophytic fungus of European yew，may protect the host from leucinostatin toxicity. Chemistry & biology，1997，4（7）：529-536.

Vijayarahavan K，Yun Y S. Bacterial biosorbents and biosorption. Biotechnology Advances，2008，26（3）：266-291.

Wani Z A，Ashraf N，Mohiuddin T，et al. Plant-endophyte symbiosis，an ecological perspective. Applied Microbiology and Biotechnology，2015，99：2955-2965.

Woodfield D R，Easton H S. Advances in pasture plant breeding for animal productivity and health. New Zealand Veterinary Journal，2004，52：300-310.

Wu Y；Lu C，Qian X，et al. Diversities within genotypes，bioactivity and biosynthetic genes of endophytic actinomycetes isolated from three pharmaceutical plants. Current Microbiology，2009，59（4）：475-482.

曹理想，周世宁. 植物内生放线菌研究. 微生物学通报，2004（4）：93-96.

曾松桑，徐倩雯，叶保童，等. 虎杖内生真菌的分离及产抗菌活性物质的筛选. 菌物研究，2005，3（2）：24-26.

陈丽梅，樊妙姬，李玲. 甘蔗固氮内生菌——重氮营养醋杆菌的研究进展. 微生物学通报，2000，27（1）：63-66.

代金霞，杜晓宁. 宁夏枸杞内生菌的抗菌和抗肿瘤活性研究. 中国中药杂志，2017，42（11）：2072-2077.

丁文珺，王珊珊，任婧祺，等. 植物内生菌研究进展. 生物技术进展，2015，5（06）：425-428.

方珍娟，张晓霞，马立安. 植物内生菌研究进展. 长江大学学报（自科版），2018，15（10）：41-45.

郭顺星，曹文芩，高微微. 铁皮石斛和金钗石斛菌根真菌的分离及其生物活性测定. 中国中药杂志，2000，25（6）：338-340.

郭顺星，王秋颖. 促进天麻种子萌发的石斛小菇优良菌株特性及作用. 菌物系统，2001（03）：408-412.

韩丹丹，骆焱平，侯文成，等. 槟榔内生细菌 BLG1 的抗菌活性及其对水稻纹枯病的防效. 河南农业科学，2017，46（2）：60-63.

何红，蔡学清，陈玉森，等．辣椒内生枯草芽孢杆菌 BS-1 和 BS-2 防治香蕉炭疽病的研究．福建农林科技大学学报，2002，31（4）：441-443．

胡桂萍，郑雪芳，尤民生，等．植物内生菌的研究进展．福建农业学报，2010，25（2）：226-234．

华永丽，欧阳少林，陈美兰，等．用植物内生真菌研究进展．世界科学技术-中药现代化，2008，10（4）：105-111．

黄玖利，戴好富，王辉，等．海南粗榧内生真菌 S15 的细胞毒活性产物．微生物学杂志，2010，30（3）：10-14．

兰琪，姬志勤，顾爱国，等．苦皮藤内生真菌中杀虫杀菌活性物质的初步研究．西北农林科技大学学报，2004，32（10）：79-84．

李俊，姜昕，李力，等．微生物肥料的发展与土壤生物肥力的维持．中国土壤与肥料，2006（04）：1-5．

骆焱平，王兰英，谢颖，等．内生细菌 BYG2-5 的鉴定及其对芭蕉炭疽病的防效．华中农业大学学报，2011，30（4）：470-473．

孙剑秋，郭良栋，臧威，等．药用植物内生真菌及活性物质多样性研究进展．西北植物学报，2006，26（7）：1505-1519．

唐明娟，郭顺星．内生真菌对台湾金线莲栽培及酶活性的影响．中国中药杂志，2004，29（6）：517-520．

汪福源，顾觉奋，高向东，等．动物内生真菌研究进展．国外医药（抗生素分册），2017，38（02）：58-61．

王兰英，韩丹丹，邓恒，等．蜂巢珊瑚共生真菌的分离、鉴定及其抗氧化活性研究．西北农业学报，2019，28（3）：459-465．

王兰英，廖凤仙，骆焱平．九里香内生细菌 HBS-1 的鉴定及其对芒果采后病害的防效．江苏农业学报，2012，28（1）：45-49．

王兰英，王琴，冉杜，等．三桠苦拮抗内生真菌 SCK-Y9 筛选及其抑菌活性研究．中国植保导刊，2014（8）：10-13．

王兰英，谢颖，廖凤仙，等．水稻纹枯病生防内生菌糖蜜草固氮螺菌的分离与鉴定．植物病理学报，2012，42（4）：425-430．

王志伟，纪燕玲，陈永敢．植物内生菌研究及其科学意义．微生物学通报，2014，42：349-363．

谢颖，张孝峰，王瑀莹，等．香蕉枯萎病拮抗内生菌的分离，筛选及盆栽防效试验．植物检疫，2011，25（5）：4-7．

徐锦堂，郭顺星．供给天麻种子萌发营养的真菌——紫萁小菇．真菌学报，1989（03）：221-226．

杨海莲，孙晓璐，宋未，等．水稻内生阴沟肠杆菌 MR12 的鉴定及其固氮和防病作用研究．植物病理学报，2001，31（1）：92-93．

詹刚明，荣晓莹，孙广宇．两种颉颃内生放线菌的分离及生物活性检测．陕西农业科学，2005（5）：38-39．

张集慧，王春兰，郭顺星，等．兰科药用植物的 5 种内生菌产生的植物激素．中国医学科学院学报，1999，21（6）：460-465．

张斯颖，骆焱平，胡坚，等．阴香内生菌 YXG2-3 的抑菌活性、鉴定及生长条件优化．西北农林科技大学学报（自然科学版），2018，46（07）：87-94．

张维经，李碧峰．天麻与蜜环菌的关系．植物学报，1980，22：57-62.

赵珂，徐宽，陈强，等．几种野生药用植物内生放线菌的遗传多样性及抗菌活性．四川农业大学学报，2011，29（2）：225-229.

周法永，卢布，顾金钢，等．我国微生物肥料的发展阶段及第三代产品特征探讨．中国土壤与肥料，2015（01）：12-17.

邹文欣，谭仁祥．植物内生菌研究新进展．植物学报，2001，43（9）：881-892.

第二章

内生菌研究方法的前期准备

◎ 第一节 显微镜基础知识及使用

微生物的个体极小，最小的细菌不足 $1\mu m$；病毒的个体为纳米数量级，不借助工具很难开展此类研究。随着列文虎克（Antony van Leeuwenhoek，荷兰，1632—1723）自制的第一台显微镜的诞生，细菌及一些原生动物开始进入人类研究的领域，微生物世界逐渐被揭示。因此，显微镜是研究微生物不可缺少的工具之一。当今，除了观察微生物常用的传统光学显微镜外，还陆续出现了荧光光学显微镜、扫描电子显微镜、透射电子显微镜以及原子力电子显微镜等，这些显微镜在内生菌的研究中发挥着重要的作用。

一、普通光学显微镜

光学显微镜（optical microscope）可分辨大于 $0.2\mu m$ 的物体。有效放大倍数为数值孔径（numerical aperture，N. A.）的 $500\sim1000$ 倍。如数值孔径为 1.25 的物镜，其最高有效放大倍数为 1250。

（一）工作原理及结构组成

光学显微镜的光学系统包括目镜、物镜、聚光器、反光镜和光源等。

（1）物镜　物镜安装在镜筒下端的物镜转换器上，因接近被观察物体，故又称接物镜。其作用是将标本做第一次放大，是决定成像质量和分辨能力的重要部件。

物镜上通常标有数值孔径、放大倍数、工作距离等主要参数，如 N. A. 0.25、$10\times$、$160/0.17$，其中"N. A. 0.25"表示数值孔径为 0.25，"$10\times$"表示物镜的放大倍数为 10 倍,"160/0.17"分别表示物镜镜筒长度和所需盖玻片厚度(mm)。

(2)目镜 装于镜筒上端,由两块透镜组成。目镜把物镜成的像再次放大,不增加分辨力。其顶端一般标有 5×、10×、15×等放大倍数,可根据需要选用。一般可按与物镜放大倍数的乘积为物镜数值孔径的 500～700 倍,最大不能超过1000 倍来选择。若目镜的放大倍数过大,反而影响观察效果。

(3)聚光器 光源射来的光线,通过聚光器汇聚成光锥照射标本,增强照明强度和寻找适宜的光锥角度,提高物镜的分辨力。聚光器由聚光镜和虹彩光圈组成。聚光镜由透镜组成,其数值孔径可大于 1,当使用数值孔径大于 1 的聚光镜时,需在聚光镜和载玻片之间加香柏油,否则只能达到 1.0。虹彩光圈由薄金属片组成,中心形成圆孔,推动把手,可随意调整透进光的强弱。调节聚光镜的高度和虹彩光圈的大小,可得到适当的光照和清晰的图像。

(4)反光镜 反光镜是一个双面镜子,一面是平面,另一面是凹面,它把外来光线送到聚光器或直接送到物镜中。在使用低倍镜和高倍镜放大时用平面反光镜,使用油镜时或光线弱时可用凹面反光镜。有的显微镜灯直接照射聚光器,此时光的强弱由虹彩光圈控制。

(5)滤光片 可见光是由不同颜色的光组成的,不同颜色的光线波长不同。如只需某一波长的光线,就用滤光器。选用适当的滤光片,可以提高分辨力,增加影像的反差和清晰度。滤光片有紫、青、蓝、绿、黄、橙、红等各种颜色,能够分别透过不同波长的可见光,可根据标本本身的颜色,在聚光器下加相应的滤光片。

(二)显微镜的使用

(1)调节光照 室内有良好散射光时即可用自然光作光源,但用灯光(日光灯或显微镜灯)作光源更稳定。当电灯的黄色光影响观察时,最好加蓝色滤光片。先在低倍物镜下调节光亮度。旋转反光镜,使光线照射在反光镜中央,然后升降聚光器或开闭虹彩光圈,使视野内得到均匀柔和而明亮的照明。转到高倍物镜时无需再动反光镜,只用升降聚光器或开闭虹彩光圈调节即可。

(2)镜检 先用低倍物镜找到被观察物。将物镜放到接近盖玻片处,然后旋转粗准焦螺旋使镜筒上升到能看见物像时,再用细准焦螺旋调至物像清晰。齐焦的物镜,从低倍转换至高倍无需调焦,只要微调细准焦螺旋即可。若用的不是齐焦的物镜,每转换一次物镜都要先将物镜下降至接近盖玻片处,然后使之上升,直到见到被观察物。用油镜时要在载玻片上滴一滴香柏油。镜检完毕要及时用擦镜纸蘸少许乙醚乙醇(1:3)轻轻拭去镜头上的香柏油。必须注意,擦拭香柏油时乙醚乙醇不宜用得太多,擦拭后还需用擦镜纸拭去多余的乙醚乙醇,以防乙醚乙醇浸入物镜,损坏镜头。在用油镜观察时,切不可用粗准焦螺旋下降镜筒或上升载物台,以免碰坏镜头。

二、 相差显微镜

（一）工作原理

相差显微镜（phase contrast microscope）是荷兰科学家 Zernike 于 1935 年发明的，用于观察未染色标本。活细胞和未染色的生物标本，因细胞各部细微结构的折射率和厚度不同，光波通过时，波长和振幅并不发生变化，仅相位发生变化（x 相位差），这种相位差人眼无法观察。相差显微镜就是将经过物体的直射光经阻滞或提前 1/4 波长，和绕射光结合，使它们同相或反相。而相差显微镜通过改变这种相位差，并利用光的衍射和干涉现象，把相位差变为振幅差来观察活细胞和未染色的标本（朱晓辉等，2007）。

相差显微镜和普通显微镜的区别是：用环状光阑代替可变光阑，用带相板的物镜代替普通物镜，并带有一个合轴用的望远镜。

（二）结构组成

（1）环形光阑（annular diaphragm） 位于光源与聚光器之间，作用是使透过聚光器的光线形成空心光锥，聚焦到标本上。

（2）相位板（annular phase plate） 在物镜中加涂有氟化镁的相位板，可将直射光或衍射光的相位推迟 1/4 λ。相位板分为两种：

① A＋相板 将直射光推迟 1/4 λ，两组光波合轴后光波相加，振幅加大，标本结构比周围介质变亮程度更大，形成亮反差（或称负反差）。

② B＋相板 将衍射光推迟 1/4 λ，两组光波合轴后光波相减，振幅变小，形成暗反差（或称正反差），标本结构比周围介质变暗程度更大。

（3）合轴调节望远镜 用于调节环状光阑的像使其与相板共轭面完全吻合。

取下目镜，换上合轴调整望远镜，伸缩望远镜筒，使看清物镜相板上暗环和环状光阑上的亮环；移动虹彩光圈，使暗环和亮环圆心重合；升降聚光器，使两环完全重合，即在亮环内外侧看到暗环的边缘。取下望远镜，换上补偿目镜进行镜检。镜检时只能微动螺旋调焦而不能转动聚光器，否则需重新进行合轴调整。更换物镜时也要重新进行合轴调整，然后才能观察。

相差显微技术需用水作封载剂并加盖玻片。载玻片和盖玻片的厚度分别为 1.0～1.2mm、0.17～0.18mm，清洁无损。

三、 荧光显微镜

荧光显微镜（fluorescence microscope）是以紫外线为光源，照射被检物体，使之发出荧光，然后在显微镜下观察物体的形状及其所在位置。

荧光显微镜用于研究细胞内物质的吸收、运输、化学物质的分布及定位等。

细胞中有些物质，如叶绿素等，受紫外线照射后可发荧光；另有一些物质本身虽不能发荧光，但如果用荧光染料或荧光抗体染色后，经紫外线照射亦可发荧光，荧光显微镜就是对这类物质进行定性和定量研究的工具之一。因此，荧光显微镜的特点主要在于它的光源，即这种光源必须能供给充分的特定波长范围的光，使受检标本的荧光物质得到一定程度的激发。由于紫外光和紫光的能量大，所以荧光显微镜以产生紫外光或紫光的灯作光源。

（一）工作原理及组成

1. 光源

多采用200W的超高压汞灯作光源，它是用石英玻璃制作的，中间呈球形，内充一定数量的汞，工作时两个电极间放电，引起水银蒸发，球内气压迅速升高，当水银完全蒸发时，可达 $50\sim70atm$ （1atm＝101325Pa），这一过程一般约需 $5\sim15min$。超高压汞灯的发光是电极间放电使水银分子不断解离和还原的过程中发射光量子的结果。它发射很强的紫外光和蓝紫光，足以激发各类荧光物质，因此，为荧光显微镜普遍采用。

超高压汞灯也散发大量热能。因此，灯室必须有良好的散热条件，工作环境温度不宜太高。新型超高压汞灯在使用初期不需高电压即可引燃，使用一些时间后，则需要高压启动（约为15000V），启动后，维持工作电压一般为 $50\sim60V$，工作电流约4A左右。200W超高压汞灯的平均寿命，在每次使用2h的情况下约为200h，开动一次的工作时间愈短，则寿命愈短，如开一次只工作20min，则寿命降低50％。因此，使用时应尽量减少启动次数。灯泡在使用过程中，其光效是逐渐降低的。灯熄灭后要等待完全冷却才能重新启动。点燃灯泡后不可立即关闭，以免水银蒸发不完全而损坏电极，一般需要等15min。由于超高压汞灯的压力很高，紫外线强烈，因此灯泡必须置于灯室中方可点燃，以免发生爆炸时伤害眼睛。

超高压汞灯（100W或200W）光源的电路包括变压、镇流和启动三个部分。在灯室上有调节灯泡发光中心的系统，灯泡球部后面置有镀铝的凹面反射镜，前面置有集光透镜。

2. 滤色系统

滤色系统是荧光显微镜的重要部位，由激发滤板和压制滤板组成。滤板型号，各厂家名称常不统一。滤板一般都以基本色调命名，前面的字母代表色调，后面的字母代表玻璃，数字代表型号特点。如德国产品（Schott）BG12，就是一种蓝色玻璃，B是蓝色的第一个字母，G是玻璃的第一个字母；我国产品的名称已统一用拼音字母表示，如相当于BG12的蓝色滤板名为QB24，Q是青色（蓝色）拼音的第一个字母，B是玻璃拼音的第一个字母。不过有的滤板也可以透光分界滤长命名，如K530，就是表示压制滤长530nm以下的光而透过530nm以上的光。还有的厂家的滤板完全以数字命名，如美国 Corning 厂的 NO：5-58，即相当于 BG12。

（1）激发滤板　根据光源和荧光色素的特点，可选用以下三类激发滤板，提供一定波长范围的激发光。

① 紫外光激发滤板　此滤板可使 400nm 以下的紫外光透过，阻挡 400nm 以上的可见光。常用型号为 UG-1 或 UG-5，外加一块 BG-38，以除去红色尾波。

② 紫外蓝光激发滤板　此滤板可使 300～450nm 范围内的光通过。常用型号为 ZB-2 或 ZB-3，外加 BG-38。

③ 紫蓝光激发滤板　它可使 350～490nm 的光通过。常用型号为 QB24（BG12）。

最大吸收峰在 500nm 以上的荧光素（如罗丹明色素）可用蓝绿滤板（如 B-7）激发。

采用金属膜干涉滤板，由于针对性强，波长适当，激发效果比玻璃滤板更好。如西德 Leitz 厂的 FITC 专用 KP490 滤板和罗丹明的 S546 绿色滤板，均远比玻璃滤板的效果好。

激发滤板分薄厚两种，一般暗视野选用薄滤板，亮视野荧光显微镜可选用厚一些的。基本要求是以获得最明亮的荧光和最好的背景为准。

（2）压制滤板　压制滤板的作用是完全阻挡激发光，提供相应波长范围的荧光。与激发滤板相对应，常用以下 3 种压制滤板：

① 紫外光压制滤板　可通过可见光阻挡紫外光。能与 UG-1 或 UG-5 组合。常用 GG-3K430 或 GG-6K460。

② 紫蓝光压制滤板　能通过 510nm 以上波长的光（绿到红），能与 BG-12 组合。通常用 OG-4K510 或 OG-1K530。

③ 紫外紫光压制滤板　能通过 460nm 以上波长的光（蓝到红），可与 BG-3 组合，常用 OG-11K470AK 490、K510。

3. 反光镜

反光镜的反光层一般是镀铝的，因为铝对紫外光和可见光的蓝紫区吸收少，反射达 90% 以上，而银的反射只有 70%；一般使用平面反光镜。

4. 聚光镜

专为荧光显微镜设计制作的聚光器是用石英玻璃或其他透紫外光的玻璃制成的，分为明视野聚光器和暗视野聚光器两种，还有相差荧光聚光器。

（1）明视野聚光器　在一般荧光显微镜上多用明视野聚光器，它具有聚光力强、使用方便的特点，特别适于低、中倍放大的标本观察。

（2）暗视野聚光器　暗视野聚光器在荧光显微镜中的应用日益广泛。因为激发光不直接进入物镜，因而除散射光外，激发光也不进入目镜。可以使用薄的激发滤板，增强激发光的强度，压制滤板也可以很薄。因紫外光激发时，可用无色滤板（不透过紫外）产生黑暗的背景，从而增强了荧光图像的亮度和反衬度，提高了图像的质量，观察舒适，容易发现亮视野难以分辨的细微荧光颗粒。

（3）相差荧光聚光器　相差聚光器与相差物镜配合使用，可同时进行相差和荧光联合观察，既能看到荧光图像，又能看到相差图像，有助于荧光的准确定位。一般的荧光观察很少需要这种聚光器。

5. 物镜

各种物镜均可应用，但最好用消色差的物镜，因其自体荧光极微且透光性能（波长范围）适合于荧光。由于图像在显微镜视野中的荧光亮度与物镜镜口率的平方成正比，而与其放大倍数成反比，所以为了提高荧光图像的亮度，应使用镜口率大的物镜。尤其是在高倍放大时其影响非常明显。因此，对荧光不够强的标本，应使用镜口率大的物镜，配以倍数尽可能低的目镜（4×、5×、6.3×等）。

6. 目镜

在荧光显微镜中多用低倍目镜，如5×和6.3×。过去多用单筒目镜，因为其亮度比双筒目镜高一倍以上，但研究型荧光显微镜多用双筒目镜，观察很方便。

7. 落射光装置

新型的落射光装置是从光源来的光射到干涉分光滤镜后，波长短的部分（紫外光和紫蓝光）由于滤镜上镀膜的性质而反射，当滤镜对向光源呈45°倾斜时，则光垂直射向物镜，经物镜射向标本，使标本受到激发，这时物镜直接起聚光器的作用。同时，滤长波部分（绿、黄、红等），对滤镜是可透的，因此，不向物镜方向反射，滤镜起了激发滤板的作用，由于标本的荧光处在可见光长波区，可透过滤镜而到达目镜观察，荧光图像的亮度随着放大倍数的增大而提高，在高放大时比透射光源强。落射光装置除具有透射式光源的功能外，更适用于不透明及半透明标本，如厚片、滤膜、菌落、组织培养标本等的直接观察。研制的新型荧光显微镜多采用落射光装置，称之为落射荧光显微镜（杨广烈，2001）。

（二）荧光显微镜和普通显微镜的区别

照明方式通常为落射式，即光源通过物镜投射于样品上。

光源为紫外光，波长较短，分辨力高于普通显微镜。

有两个特殊的滤光片，光源前的用以滤除可见光，目镜和物镜之间的用以滤除紫外线来保护人眼。

荧光显微镜也是光学显微镜的一种，主要的区别是二者的激发波长不同。由此决定了荧光显微镜与普通光学显微镜结构和使用方法上的不同。

荧光显微镜是研究免疫荧光细胞化学的基本工具。它是由光源、滤板系统和光学系统等主要部件组成的，是利用一定波长的光激发标本发射荧光，通过物镜和目镜系统放大以观察标本的荧光图像。

四、 扫描电子显微镜

扫描电子显微镜（scanning electron microscope，SEM）是 1965 年发明的较现代的细胞生物学研究工具，主要是利用二次电子信号成像来观察样品的表面形态，即用极狭窄的电子束去扫描样品，通过电子束与样品的相互作用产生各种效应，其中主要是样品的二次电子发射。

扫描电镜是介于透射电镜和光学显微镜之间的一种微观形貌观察仪器，可直接利用样品表面材料的物质性能进行微观成像。扫描电镜的优点是：①有较高的放大倍数，20～20 万倍之间连续可调；②有很大的景深，视野大，成像富有立体感，可直接观察各种试样凹凸不平表面的细微结构；③试样制备简单。

（一） 工作原理及组成

目前的扫描电镜都配有 X 射线能谱仪或电子能谱仪装置，这样也能与 X 射线衍射仪或电子能谱仪相结合，构成电子微探针，用于物质成分分析，因此，它是当今十分有用的科学研究仪器。

扫描式电子显微镜的电子束不穿过样品，仅在样品表面扫描激发出次级电子。放在样品旁的闪烁晶体接收这些次级电子，通过放大后调制显像管的电子束强度，从而改变显像管荧光屏上的亮度。显像管的偏转线圈与样品表面上的电子束保持同步扫描，这样显像管的荧光屏就显示出样品表面的形貌图像。扫描式电子显微镜的分辨率主要取决于样品表面上电子束的直径。放大倍数是显像管上扫描幅度与样品上扫描幅度之比，可从几十倍连续地变化到几十万倍。扫描式电子显微镜不需要很薄的样品；图像有很强的立体感；能利用电子束与物质相互作用而产生的次级电子、吸收电子和 X 射线等信息分析物质成分。

（二） 扫描电镜样品的制备

制备步骤包括取样、固定、梯度脱水、置换、干燥、黏合及喷金（李剑平，2007）。

1. 样品的初步处理

（1）取样　取材样品面积可达 8mm×8mm，厚度可达 5mm。对于易卷曲的样品如血管、胃肠道黏膜等，可固定在滤纸或卡片纸上，以充分暴露待观察的组织表面。

（2）样品的清洗

① 用等渗的生理盐水或缓冲液清洗。

② 用 5% 的苏打水清洗。

③ 用超声振荡或酶消化的方法进行处理。

（3）固定　固定所用的试剂和透射电镜样品制备相同，常用戊二醛及锇酸双固定。由于样品体积较大，固定时间应适当延长。也可用快速冷冻固定。

（4）脱水　样品经漂洗后用逐级增大浓度的乙醇或丙酮脱水，然后进入中间液，一般用醋酸异戊酯作中间液。

2. 样品的干燥

（1）空气干燥法　空气干燥法又称自然干燥法，就是将经过脱水的样品暴露在空气中，使脱水剂逐渐挥发干燥。这种方法最大的优点是简便易行和节省时间；它的主要缺点是在干燥过程中，组织会由于脱水剂挥发时表面张力的作用而发生收缩变形。因此，该方法一般只适用于表面较为坚硬的样品。

（2）冷冻干燥法

① 置于冷冻保护剂中　将样品置于冷冻保护剂中浸泡数小时。常用的冷冻保护剂为10%～20%二甲基亚砜水溶液，或15%～40%甘油水溶液。

② 骤冷　将经过保护剂处理的样品迅速投入用液氮预冷至 -150℃ 的冷冻剂中，使样品中的水分很快冻结。

③ 干燥　将已冻结的样品移到冷冻干燥器内已预冷的样品台上，抽真空，经几小时或数天后，样品即达到干燥。

本方法不需要脱水，避免了有机溶剂对样品成分的抽提作用，不会使样品收缩，也是较早使用的方法。但是，由于花费时间长，消耗液氮多，容易产生冰晶损伤，因此未被广泛应用。

3. 样品的导电处理（真空镀膜法）

真空镀膜法是利用真空膜仪进行的。其原理是在高真空状态下把所要喷镀的金属加热，当加热到熔点以上时，会蒸发成极细小的颗粒喷射到样品上，在样品表面形成一层金属膜，使样品导电。喷镀用的金属材料应选择熔点低、化学性能稳定、在高温下和钨不起作用以及有高的二次电子产生率、膜本身没有结构的材料。现在一般选用金或金和碳。为了获得细颗粒，用铂或金-钯、铂-钯合金。金属膜的厚度一般为10～20nm。真空镀膜法所形成的膜，金属颗粒较粗，膜不够均匀，操作较复杂并且费时，目前已经较少使用。

五、 透射电子显微镜

透射电子显微镜（transmission electron microscope，TEM）是使用最为广泛的一类电镜。透射电镜具有分辨率高和放大倍数高的优点。其分辨率为0.1～0.2nm，放大倍数为几万到几十万倍。目前透射电镜已经广泛应用到癌症研究、病毒学研究、微生物学研究、细胞学研究等生物领域。透射电镜是以电子束透过超薄样品，经过聚焦与放大后所产生的物像，投射到荧光屏上或照相底片上进行观察。电子与样品中的原子碰撞而改变方向，从而产生立体角散射。散射角的大小与样品的密度、厚度相关，因此可以形成明暗不同的影像。由于电子易散射或被物体吸收，故穿透力低，必须制备超薄切片（通常为 $50\sim100nm$）。要在机体死亡后的数分钟内取材，组织块要小（$1mm^3$ 以内），常用戊二醛和锇酸双重固定，包埋介质包埋，用超薄切片机切成薄片，再经醋酸铀和柠檬酸铅等进行电子染色。

透射电镜样品的制备步骤包括取样、前固定、后固定、梯度脱水、渗透、包埋、聚合、半超薄切片、定位、超薄切片和复染（贾志宏，2015）。

实验流程如下：

（1）取样及前固定　取材样品面积可达 $3mm\times7mm$，厚度约 $3mm$。将样品固定于戊二醛溶液中，$4℃$过夜。

（2）样品漂洗

① 用等渗的生理盐水或缓冲液漂洗。

② 用 5% 的苏打水漂洗。

③ 用超声振荡或酶消化的方法进行处理。

（3）后固定　1% 的锇酸 $4℃$ 固定 $1.5\sim2.5h$，随后用漂洗液漂洗 5 次。

（4）梯度脱水　样品经漂洗后用逐级升高浓度的乙醇或丙酮脱水。

（5）渗透　样品用乙醇或丙酮配制的逐级升高浓度的胶溶液渗透。

（6）包埋与聚合　将样品包埋入装满纯胶液的胶囊中，低温（一般 $55℃$）聚合。

（7）切片　聚合后的包埋块进行半超薄切片、定位、超薄切片。

（8）复染　将切片后的样品依次用 2% 醋酸双氧铀、柠檬酸铅液染色，干燥后即可在透射电镜下观察拍照。

六、 原子力显微镜

（一）工作原理

原子力显微镜（AFM）是一种研究固体材料表面结构的分析仪器。它通过检测待测样品表面和一个微型力敏感元件之间的极微弱的原子间相互作用力来研究物质的表面结构及性质。将一个对微弱力极端敏感的微悬臂一端固定，另一端的微小针尖接近样品，这时微悬臂将与样品相互作用，作用力将使得微悬臂发生形变或运动状态发生变化。扫描样品时，利用传感器检测这些变化，就可获得作用力分布信息，从而以纳米级分辨率获得表面形貌结构信息及表面粗糙度信息（刘岁林，2006）。

（二）结构组成

在原子力显微镜的组成系统中，可分成三个部分：力检测部分、位置检测部分、反馈系统。

（1）力检测部分　在原子力显微镜的系统中，所要检测的力是原子与原子之间的范德华力。所以在本系统中是使用微小悬臂（cantilever）来检测原子之间力的变化量的。微悬臂通常由一个 $100\sim500\mu m$ 长和 $500nm\sim5\mu m$ 厚的硅片或氮化硅片制成。微悬臂顶端有一个尖锐的针尖，用来检测样品-针尖间的相互作用力。微小悬臂有一定的规格，例如：长度、宽度、弹性系数以及针尖的形状，而这些规格的选择是依照样品的特性以及操作模式的不同而选择不同类型的探针。

（2）位置检测部分　在原子力显微镜的系统中，当针尖与样品之间有了交互作用之后，会使得悬臂摆动，当激光照射在微悬臂的末端时，其反射光的位置也会因为悬臂摆动而有所改变，这就造成了偏移量的产生。在整个系统中，依靠激光光斑位置检测器将偏移量记录下来并转换成电的信号，以供 SPM 控制器做信号处理。

（3）反馈系统　在原子力显微镜（AFM）的系统中，信号经由激光检测器进入后，在反馈系统中会将此信号当作反馈信号，作为内部的调整信号，并驱使通常由压电陶瓷管制作的扫描器做适当的移动，以保持样品与针尖之间的作用力。

（三）样品制备

应用原子力显微镜可研究活细胞或固定细胞，如红细胞、白细胞、细菌的动态行为。这些研究大都把样品直接放置在玻片上，不需要染色和固定，样品制备和操作环境相当简单。

⊙ 第二节　常规器具和设备

一、 常用器皿

试管：有 1.8cm×15cm 和 1.0cm×10cm 的，以厚管壁的为宜。

培养皿：常用的直径为 6cm、9cm、12cm。

锥形瓶：100mL、250mL、500mL 和 1000mL。

吸管：0.1mL、1mL、5mL、10mL 的刻度吸管。

量筒：10mL、50mL、100mL、500mL 和 1000mL。

漏斗：直径 3cm、6cm 和 10cm。

烧杯：50mL、100mL、250mL、500mL、800mL 和 1000mL。

烧瓶：平底和圆底两种，常用的大小为 $500\sim1000mL$。

试剂瓶和滴瓶：各种容量（白色和棕色）。

干燥器：不同直径的普通干燥器和真空干燥器。

载玻片：2.5cm×7.5cm，厚 $0.10\sim0.13cm$。

盖玻片：1.8cm×1.8cm 或 2.0cm×2.0cm，厚 0.17mm。

试管架：50 孔和 100 孔，可由铅丝编成。

铝锅：直径 18cm、20cm、24cm 和 28cm。

注射器：5mL、10mL、20mL 和 50mL。

二、 接种工具

接种工具包括接种针、接种环、接种钩、玻璃涂棒等。接种针、接种环、接种钩可用 500W 电炉丝或白金丝制成，接种环的直径以 2mm 左右为宜（图 2-1）。

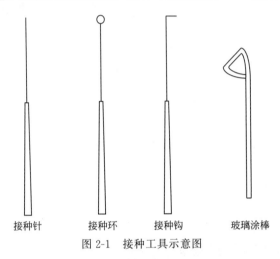

| 接种针 | 接种环 | 接种钩 | 玻璃涂棒 |

图 2-1　接种工具示意图

三、 常规仪器设备

内生菌研究涉及的仪器设备比较多，如电子天平（百分之一天平、千分之一天平、万分之一天平）、各种规格型号的显微镜、电磁炉、微波炉、电热鼓风干燥箱（干热灭菌）、无菌操作台、高压灭菌器、超低温冰箱、普通冰箱、生化培养箱、恒温摇床、离心机、分光光度计、液体发酵罐、固体发酵罐等。

（一）超净工作台

超净工作台是一种提供局部无尘无菌工作环境的单向流型空气净化设备，广泛用于无菌室实验、无菌微生物检验、植物组培接种等。根据气流的方向分为垂直流超净工作台（vertical flow clean bench）和水平流超净工作台（horizontal flow clean bench），根据操作结构分为单边操作及双边操作两种形式，按其用途又可分为普通超净工作台和生物（医药）超净工作台。一般操作规程如下：

① 开通电源，打开照明灯。

② 使用前需将超净工作台面用 75% 酒精消毒，随后将实验所需用品如酒精

灯、接种环、培养皿等放入超净台中，关闭挡风玻璃。

③ 开启紫外线灯，照射 15～30min，如果长时间未使用超净台，适当增加照射时间。

④ 30min 后，关闭紫外线灯，打开风扇，打开照明灯。

⑤ 用 75％的酒精棉球擦拭双手。

⑥ 适当打开挡风玻璃，点燃酒精灯，开始实验。

⑦ 实验完毕后，熄灭酒精灯，关闭风扇和挡风玻璃。

注意事项如下：

① 酒精灯中的酒精不要超过其体积的 2/3。

② 待手上酒精挥发干后再点燃酒精灯，避免引燃手上未干的酒精。

③ 接种环加热后，不要立即浸入 75％酒精消毒，避免引燃酒精。

④ 注意无菌操作，避免染菌。

(二) 高压灭菌器

高压灭菌器是利用压力饱和蒸汽对产品进行迅速而可靠的消毒灭菌的设备，适用于医疗卫生事业、科研、农业等单位，对医疗器械、敷料、玻璃器皿、溶液培养基等进行消毒灭菌。一般操作规程如下：

① 接通电源开关。

② 打开灭菌器盖子。

③ 确保高压灭菌器水位正常，标志一般是 H、M、L，分别代表高水位、中水位、低水位三个档位。通过向桶内添加蒸馏水和灭菌器底部的放水旋钮，将水位调至 M 水位。关闭水位阀。

④ 将待灭菌的物品放入灭菌器中，盖上灭菌器盖子。

⑤ 开启灭菌，在 121℃灭菌 20～30min。

⑥ 灭菌结束，放气，温度降低后，取出灭菌物品。

注意事项如下：

① 压力没有降为 0，绝不可以打开灭菌器盖子。

② 确保水位是 M 水位，不能太高也不能太低。

③ 温度降低后再取出物品，以免烫伤。

◎ 第三节　常规器具的洗涤

各种器皿要洗净后方可使用。使用过的器皿要及时洗涤，如不能立即清洗，应浸泡在水中。培养病原微生物的器皿用水煮或蒸汽灭菌，或在消毒液中浸过后再洗涤；盛过有毒物品的器皿应根据毒物类型分别进行处理，不要与其他器皿混放在一起；有油污与无油污的器皿要分开处理，以免增加洗涤的麻烦；使用过的强酸、强碱和强氧化剂及剧毒和挥发性的有毒、易燃物品不要倾倒在水槽内，应根据废液类型分别倒入不同的废液缸，集中到指定的废液回收公司进行处理。

一、 洗涤剂

现如今市面上的洗涤剂种类繁多，大多数洗涤剂都可以在实验室中使用，用以清除玻璃等器皿表面的污渍。肥皂、洗衣粉、洗洁精等是很好的去污剂，可以除去器皿上沾有的油脂、污物等。水只能洗去可溶解于水的沾污物，凡不溶于水的沾污物则需用其他方法去除之后再用水洗。对于洁净程度要求较高的器皿，水洗以后需用蒸馏水冲洗 2~3 次。

重铬酸钾洗液是一种强氧化剂，去污能力很强，常用来洗去玻璃和瓷质器皿上的有机物。但被油脂、石蜡等沾污的器皿需先用肥皂或有机溶剂去除后方可用此液洗涤。重铬酸钾洗液的配制：取 20g 重铬酸钾，加热使之溶解在 40mL 水中，然后在搅拌下缓慢倒入 360mL 工业浓硫酸中，配好后装入有盖子的广口瓶中保存。配制洗液的过程中，当倒入一定量（50mL 左右）的浓硫酸后，混合液变得很黏稠，如同糨糊，继续倒入浓硫酸后，则又变成红褐色的液态混合液。配制洗液时需要戴口罩和耐酸碱手套，避免浓硫酸和重铬酸钾的腐蚀。

洗液用久后变成墨绿色，此时的洗液失去氧化能力，不能再继续使用，应倒入废液缸中，集中处理。

二、 器皿的洗涤

先去除器皿内的固体培养基，同时要防止培养基上的致病菌扩散及二次污染。去除方法可以先机械去除，或加热熔化去除（加热熔化培养基时需要注意防止熔化的培养基进入下水道后因凝固堵塞下水道），然后用清水洗涤，并用毛刷或海绵擦洗内壁，以除去粘在壁上的污垢。

三、 载玻片和盖玻片的洗涤

新载玻片和盖玻片先在 2% 的盐酸溶液中浸 1h，然后用自来水冲洗，必要时可在重铬酸钾洗液中浸几小时或在稀释的重铬酸钾洗液中煮沸半小时，然后取出用水冲洗。用过的载玻片上如沾有油污，则先用洗洁精或肥皂进行清洗，随后用自来水冲洗。洗后的载玻片在稀释的重铬酸钾洗液内浸 2h 后取出，用自来水冲洗到无色为止，最后用蒸馏水洗涤数次，烘干备用。

器皿的包扎和棉塞的制作

为防止空气中的杂菌对灭过菌的培养基或器皿的再次污染，必须在盛有培养基的器皿口上塞以棉塞。培养用的器皿及其他用具也都应包扎后灭菌（图 2-2）。

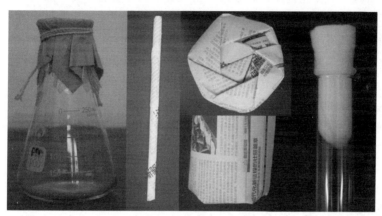

图 2-2　器皿的包扎

一、 移液管的包扎

准备好宽 5cm 的报纸，将移液管的头部倾斜（15°～45°）放在距离纸条边缘 2cm 处。用报纸将移液管的头部包裹，将移液管连同报纸顺势卷起，剩余报纸部分打结即可。然后用手指连同报纸一起转动，同时把两旁多余的报纸压下，包在移液管两端。

二、 培养皿的包扎

取十个培养皿，方向一致。纵向排列，用拇指和无名指夹紧，放在报纸的中央边缘部位。将报纸连同培养皿一起滚动，至报纸完全包裹培养皿。最后将包裹好的培养皿竖放，然后将两旁剩余的报纸塞紧即可。

三、 锥形瓶的包扎

取大小合适的报纸覆盖在锥形瓶的上部并压下。首先用左手拇指压住一个绳头，顺时针绕过拇指缠绕一圈，然后在拇指上方缠绕，至剩余少许绳。最后向上拉紧左手拇指压住的绳头即可。

注意：包扎锥形瓶时，不要过度倾斜！将剩余的绳子放入左手拇指的绳圈里。

四、 棉塞的制作

按试管或锥形瓶口径大小，取适量棉花，使成形后的棉塞大小适合试管或锥形瓶口径及棉塞在口内的长度。将棉絮铺成近方形或圆形片状（若制成试管棉塞，则其直径为5～6cm），中间较厚，边缘薄而纤维外露。将近方形的棉花块的一角向内折（此折叠处的棉花较厚，制成塞后为试管棉塞外露的"头"部位置），其形状呈五边形状。用拇指和食指将五边形状的下脚折起，然后双手卷起棉塞成圆柱状，使柱状内的棉絮心较紧。在卷折的棉塞圆柱状基础上，将另一角向内折叠后继续卷折棉塞成形。这时双手的六指稍竖起旋转棉塞，使塞外边缘的棉絮绕缚在棉塞柱体上，从而使棉塞的外表光洁如幼蘑菇状。

棉塞的直径和长度常依试管或锥形瓶口大小而定，一般约3/5塞入口内。要松紧适宜，紧贴管内壁而无缝隙。对较粗的试管棉塞，若在其外再包上一层纱布，则既增加美感，又可延长其使用寿命。

⊙ 第五节 常规灭菌方法

利用物理和化学的方法杀死或除去培养基内和所用器皿中的微生物，是分离和获得微生物纯培养的必要条件。灭菌方法有加热灭菌法、过滤除菌法、辐射灭菌法和化学灭菌法等。

一、 加热灭菌法

（一）湿热灭菌法

湿热灭菌法是指用饱和水蒸气、沸水或流通蒸汽进行灭菌的方法，以高温高压水蒸气为介质，由于蒸汽潜热大，穿透力强，容易使蛋白质变性或凝固，最终导致微生物死亡，是最常用的灭菌方法。湿热灭菌法一般采用121℃灭菌20～30min，如果是产孢子的微生物，则应采用灭菌后适宜温度下培养几小时，再灭菌一次，以杀死刚刚萌发的孢子。

湿热灭菌法可分为煮沸灭菌法、巴氏消毒法、高压蒸汽灭菌法、流通蒸汽灭菌法和间歇蒸汽灭菌法。

（1）流通蒸汽灭菌法　是指在常压条件下，采用100℃流通蒸汽加热杀灭微生物的方法，灭菌时间通常为30～60min。该法适用于消毒以及不耐高热制剂的灭菌，但不能保证杀灭所有芽孢，是非可靠的灭菌方法。

（2）间歇蒸汽灭菌法　利用反复多次的流通蒸汽加热，杀灭所有微生物，包括芽孢。方法同流通蒸汽灭菌法，但要重复 3 次以上，每次间歇时将要灭菌的物体放到 37℃ 温箱过夜，目的是使芽孢发育成繁殖体。若被灭菌物不耐 100℃ 高温，可将温度降至 75～80℃，每次加热的时间延长为 30～60min，并增加次数。该法适用于不耐高热的含糖或牛奶的培养基。

间歇灭菌既麻烦，灭菌效果又差，仅在没有高压蒸汽灭菌器和对于一些易受高温破坏的培养基或其中某些成分易受高温破坏时才采用这种方法灭菌。

（3）高压蒸汽灭菌法　1atm 蒸汽温度 121.3℃ 下维持 15～20min。使用高压灭菌器灭菌。其用法和注意事项如下。

先加适量水于灭菌器内（水过少，有蒸干而烧坏灭菌器以致发生炸裂的危险；水过多，会延长沸腾时间，消耗燃料）。待灭菌物品放好后，关闭灭菌器，打开气门，加热，等灭菌器内的空气排除后关上气门，继续加热至压力计读数升到所需指标后开始计算灭菌时间，调节热源或安全阀来保持压力不变。到灭菌所需时间时，停止加热，待压力回到零时，打开气门，开盖取出物品。如急用物品，可在停止加热后微启气门放气，但切不可开得太大，以防压力突然下降而使液体冲出，污染棉塞。通常，容器内所盛培养液不超过容器容积的 1/3 时，从停止加热到排完蒸汽的时长控制在 6～7min 即可。

高压蒸汽灭菌时注意灭菌器内不要装得太满，否则会影响灭菌效果；同时，排除灭菌器内的空气很重要，如果不排尽空气，即使达到预定压力，却没有达到应有的温度，影响灭菌效果。

湿热灭菌法可在较低的温度下达到与干热法相同的灭菌效果，因为：①湿热下蛋白质吸收水分，更易凝固变性；②水分子的穿透力比空气大，更易均匀传递热能；③蒸汽有潜热存在，每 1g 水由气态变成液态可释放出 529cal（1cal＝4.1868J）热能，可迅速提高物体的温度。

（二）干热灭菌法

干热灭菌法是指利用干热空气或火焰使微生物的原生质凝固，并破坏微生物的酶系统而杀灭微生物的方法，多用于容器及用具的灭菌。该法适用于耐高温的玻璃、金属等用具。

微生物细胞内的蛋白质，在无水时于 160℃ 始能凝固。因此，在烘箱内进行干热灭菌时，应加热至 160～170℃ 维持 2h，达到完全灭菌。干热灭菌的温度不能超过 180℃，免得烤焦包装的纸张而酿成意外事故。烘箱内也不宜装得太满，以免影响温度的均匀上升。灭菌结束，必须待温度下降到 50℃ 以下时方可打开箱门，以防止温度骤然下降而使玻璃炸裂。培养皿、吸管等玻璃器皿可在前述温度和时间下进行干热灭菌；将土壤进行干热灭菌时应摊成薄层，在烘箱内加热至 160～

170℃，维持 4～6h。带橡皮塞或橡皮管的器皿不宜用干热灭菌，需用高压蒸汽灭菌。接种针、镊子等金属用具可在火焰上灼烧灭菌。

二、 过滤除菌法

对于含热不稳定物质如抗生素、血清、维生素和糖类等的溶液，可用过滤方法得到无菌的滤液。这种滤器叫做细菌过滤器，是由孔径极小、能阻挡细菌通过的陶瓷、硅藻土、石棉或玻璃砂等制成的。为了加快过滤，可加压或减压（加压比减压的过滤效果好），但一般以抽气减压使用较广。无论用加压或减压过滤，压力差不能太大，不然过滤太快，滤液中将混入细菌以致除菌不完全。使用减压过滤时，为防止回流空气的污染，应加空气过滤装置。所有滤器装置使用前都需灭菌。

微孔滤膜是目前常见的滤器，由纤维素酯制成。孔径有 $0.025\mu m$、$0.05\mu m$、$0.1\mu m$、$0.22\mu m\cdots12.0\mu m$ 等各种规格。细菌过滤器有亲水和疏水之分（图 2-3）。除菌用的是耐高压蒸汽灭菌的、孔径 $0.22\mu m$ 的滤膜。微孔滤膜除了用于除菌外，还可用来测定液体或气体中的微生物。

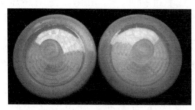

图 2-3　细菌过滤器
［(左)有机相过滤器；(右)水相过滤器］

三、 辐射灭菌法

根据辐射源不同，辐射灭菌使用不同的设备，采用不同的方法（丁东等，2018）。采用放射性同位素的 γ 射线杀灭微生物和芽孢的方法，辐射灭菌剂量一般为 25000 Gy（1Gy=1J/kg）。该法适合于热敏物料和制剂的灭菌，常用于维生素、抗生素、激素、生物制品、中药材和中药方剂、医疗器械、药用包装材料以及高分子材料的灭菌。其特点是不升高产品温度，穿透力强，灭菌效率高；但设备费用较高，对操作人员存在潜在的危险性，可能使某些药物（特别是溶液型）的药效降低或产生毒性和发热物质等。

利用紫外辐射和电离辐射杀灭微生物，如杀灭空气中或物体表面的微生物。紫外线不仅能使核酸蛋白变性，而且能使空气中的氧气产生微量臭氧，从而达到共同杀菌的作用。用于紫外线灭菌的波长一般为 200～300nm，以波长 265～266nm 的杀菌力最强。该法属于表面灭菌，适于照射物体表面灭菌、无菌室空气及蒸馏水的灭菌；不适用于药液的灭菌及固体物料的深度灭菌。由于紫外线是以直线传播的，可被不同的表面反射或吸收，穿透力微弱，普通玻璃可吸收紫外线，因此，装于容器中的药物不能用紫外线来灭菌。紫外线使被照射物分子或原子的内层电子提高能级，但不引起电离。该法在医院、实验室、无菌操作台等都得到广泛的应用。由于紫外线对人的皮肤有杀伤作用，因此，不能利用紫外线直接照射人的皮肤和眼睛。

四、 化学灭菌法

化学灭菌法是指利用某些化合物来破坏原生质，使蛋白质变性，从而造成微生物死亡的方法，这类化合物称之为杀菌剂，可分为气体杀菌剂和液体杀菌剂。杀菌剂仅对微生物繁殖体有效，不能杀灭芽孢。化学杀菌剂的杀灭效果主要取决于微生物的种类与数量、物体表面的光洁度或多孔性以及杀菌剂的性质等（郭维图，2006）。化学灭菌的目的在于减少微生物的数目，以保持一定的无菌状态。

气体灭菌法指采用气体杀菌剂（如臭氧、环氧乙烷、甲醛、丙二醇、甘油和过氧乙酸蒸气等）进行灭菌的方法。该法特别适合环境消毒以及不耐加热灭菌的医用器具、设备和设施的消毒。

液体灭菌法指采用液体杀菌剂进行消毒的方法。该法常作为其他灭菌法的辅助措施，适合于皮肤、无菌器具和设备的消毒。常采用的消毒液有75％乙醇、1％聚维酮碘溶液、0.1％～0.2％苯扎溴铵（新洁尔灭）、2％左右的酚或煤酚皂溶液等。

◆ 第六节 　常规接种方法

在无菌条件下，用接种环或接种针等把微生物转移到培养基或其他基质上称为移植或接种。这是微生物学实验中最重要的基本操作。根据实验目的不同，接种方法有划线接种法（邓媛红，2016）、穿刺接种法（聂峰杰等，2010）和点接种法（刘小平，2007）等（见图2-4）。

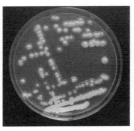

图2-4　划线接种

一、 划线接种法

① 用左手斜握（或将管底置于掌心）菌种管和待移植的培养基斜面试管。

② 将接种环或接种针用酒精灯外焰灭菌，即垂直于酒精灯火焰上方，使接种环自顶端直至整条烧红后再将接种环在火焰上通过几次。

③ 菌种管用右手小指与无名指相夹，或用右手小指和无名指与手掌相夹拔出棉塞，并将管口迅速通过火焰 2~3 次，以 45°角斜持于灯焰附近。

④ 将灭菌的接种环伸入菌种管内，取出少量菌体（勿使接种环碰到管壁和管口及其外面的物品，也勿使接种环再通过火焰），放入待接种试管内培养基斜面上，自斜面底端以直线或曲线上拖。注意勿将斜面划破。

⑤ 接种完毕，将试管口再通过火焰 2~3 次，塞好棉塞（如在接种过程中碰到物体，应在火焰上烧去表面棉绒），置于试管架上，再将接种环放置在火焰上灼烧灭菌。

二、 穿刺接种法

该法是将斜面菌种接种到固体深层培养基的方法，操作过程同上，不同之处在于用接种针（必须十分挺直）取出少许菌苔，自固体培养基中心垂直刺入直到管底，然后轻轻拔出。这样可使接种线整齐，便于观察菌的培养特征。在保藏厌氧菌种或研究微生物的动力时常采用此法。做穿刺接种时，接种工具是接种针，培养基一般是半固体培养基。

三、 点接种法

对于生长快的微生物，如真菌，多采用此法接种。即用接种针或吸管取少量菌丝、菌饼或孢子悬浮液，接种于斜面中央或培养基平板上。

⊙ 第七节 培养基及其配制

内生菌具有多样性，不同内生菌对营养条件的需求不一样，因此，选择合适的营养条件很有必要。培养基就是按照内生菌的生长需要，由不同组合的营养物质配制而成的。

一、 培养基的成分

一般培养基应含有供内生菌生长和繁殖利用的下列主要成分。

（1）水 所有生活的细胞都需要水。

（2）氮化物 氮化物是组成细胞蛋白质的主要成分，分有机氮和无机氮两类。

常用的有机氮化物有蛋白胨、肉浸汁、氨基酸等。无机氮化物有铵盐、硝酸盐等。此外，还有气态氮。

（3）碳水化合物　碳水化合物为异养微生物的生命活动提供能源，如各种糖类、淀粉、醇类、纤维素等。

（4）无机盐类　钠、钾、镁、铁、硫酸盐、磷酸盐等，后两种盐类还兼有缓冲作用。

（5）凝固剂　如果制备固体培养基，可用琼脂或硅胶作为凝固剂。一般培养异养微生物时均采用琼脂，而分离某些自养细菌时才用硅胶。

（6）其他　微量元素及生长素等。

二、 培养基的种类

（一）按成分划分

（1）自然培养基　植物性的，如马铃薯、麦芽、酵母膏等。动物性的，如蛋白胨、牛肉膏等。这些自然物的化学成分复杂，每次使用原料的成分也不完全一致。

（2）合成培养基　由已知成分的化学药品配制而成，可以精确地掌握各成分的性质和数量，如高氏1号培养基、察氏培养基等（见附录一）。

（二）按状态划分

（1）固体培养基　添加凝固剂琼脂。如培养一般真菌、细菌、放线菌等时加入琼脂的培养基。

（2）液体培养基　不添加凝固剂。如培养硝化细菌、反硝化细菌、硫化细菌、反硫化细菌、某些固氮菌和纤维分解菌等生理群的培养基。

表 2-1　生理生化特征鉴定培养基

名称	配方
黑色素产生培养基	酵母膏 1.0g，L-酪氨酸 1.0g，NaCl 8.5g，琼脂 20.0g，陈海水 1000mL
脲酶培养基	蛋白胨 1g，NaCl 0.5g，葡萄糖 1g，KH_2PO_4 2g，酚红 0.012g，琼脂 20g，蒸馏水 1000mL，pH 6.8～6.9
明胶液化培养基	固体明胶 200.0g，蛋白胨 5.0g，葡萄糖 20.0g，蒸馏水 1000mL，pH 7.0。加热溶化后分装于试管中，105℃、30min 间歇灭菌 2～3 次
硝酸盐还原培养基	$MgSO_4 \cdot 7H_2O$ 0.5g，NaCl 0.5g，K_2HPO_4 0.5g，KNO_3 1g，蔗糖 20g，蒸馏水 1000mL，pH 7.2
酯酶培养基	蛋白胨 1g，NaCl 5g，$CaCl_2 \cdot 7H_2O$ 0.1g，琼脂 9g，蒸馏水 1000mL，pH 7.4
纤维素分解培养基	$MgSO_4$ 0.5g，NaCl 0.5g，K_2HPO_4 0.5g，KNO_3 1g，蒸馏水 1000mL，滤纸条（长 5cm，宽 0.8cm）
H_2S产生培养基	柠檬酸铁 0.5g，蛋白胨 10.0g，琼脂 20.0g，水 1000mL，pH 7.2

名称	配方
淀粉水解培养基	K_2HPO_4 0.3g,可溶性淀粉 10.0g,$MgCO_3$ 1.0g,KNO_3 1.0g,NaCl 0.5g,琼脂 20.0g,水 1000mL,pH 7.2
碳源利用培养基	KI 0.1g,$FeCl_3$ 0.2g,$MnSO_4$ 0.2g,H_3BO_3 0.5g,$ZnSO_4$ 0.4g,Na_2MoO_4 0.2g,$CuSO_4$ 0.04g,蒸馏水 1000mL
氮源利用基础培养基	D-葡萄糖 10g,$MgSO_4 \cdot 7H_2O$ 5g,NaCl 0.5g,$FeSO_4 \cdot 7H_2O$ 0.01g,K_2HPO_4 0.1g,蒸馏水 1000mL,pH 7.2

（三）按用途划分

（1）基础培养基　如牛肉膏蛋白胨琼脂培养基,其中包括一般腐生性细菌所需的营养成分,并可作为一些特殊培养基的成分。

（2）选择培养基　在培养基中加入某些物质或除去某些营养物质以阻止一般腐生性微生物的生长,只能满足某一个类群或某一种微生物的生长。例如,无氮培养基上只有能够固定氮素的固氮菌生长,纤维素培养基只适合于能够分解利用纤维素作为碳源的纤维素分解菌生长。pH5.0～5.5 的培养基对真菌有选择性,而中性及微碱性培养基则对细菌和放线菌的发育更有利。有在培养基中加染料或抗生素抑制某些菌的生长以提高培养基的选择性,也有根据某些种对碳源或氮源的选择性来制订培养基的配方。

（3）加富培养基　这种培养基中通过缺少某些成分或加入某种物质,来分离为数较少的某些种或某类微生物（郑慧,2008）。通过加富培养可以富集这种或这类微生物,使它们成为数量较多、生命活动旺盛的种类。

（4）鉴别培养基　鉴别培养基是供检查微生物的个别生理特性用的培养基。如黑色素产生培养基等（表 2-1）。

三、 培养基及其配制

（一）内生真菌分离培养基及其配制

用于分离培养内生真菌的分离培养基配方见表 2-2。

表 2-2　内生真菌的分离培养基

名称	配方
马铃薯葡萄糖琼脂（PDA)培养基	马铃薯(去皮)200g,葡萄糖(或蔗糖)20g,琼脂 20g,水 1000mL。用少量乙醇溶解 0.1g 氯霉素,加入 1000mL 培养基中,分装灭菌
马丁(Martin)培养基	葡萄糖 10g,蛋白胨 5g,K_2HPO_4 1g,$MgSO_4 \cdot 7H_2O$ 0.5g,孟加拉红 33.4g,琼脂 20g,蒸馏水 1000mL,pH 5.5～5.7 每 10mL 培养基中加入 1mL 0.03% 链霉素溶液(链霉素含量为 $30\mu g/mL$),用于分离真菌

名称	配方
查(察)氏培养基	NaNO₃ 2g,K₂HPO₄ 1g,KCl 0.5g,MgSO₄·7H₂O 0.5g,琼脂 18g,蔗糖 30.0g,FeSO₄·7H₂O 0.01g,蒸馏水 1000mL
高盐察氏培养基	NaNO₃ 2g,KH₂PO₄ 1g,KCl 0.5g,MgSO₄·7H₂O 0.5g,琼脂 20g,蔗糖 30g,FeSO₄·7H₂O 0.01g,NaCl 60g,蒸馏水 1000mL
麦芽汁琼脂培养基	麦芽汁 20g,葡萄糖 20g,琼脂 20g,蛋白胨 1g,蒸馏水 1000mL。当 pH5~6,用于培养酵母菌;pH7.2,用于培养细菌
沙保琼脂培养基	蛋白胨 10g,葡萄糖 40g,琼脂 20g,水 1000mL,pH5.5~5.7 添加氯霉素或放线菌酮抑制各种细菌或腐生真菌的生长

（二）内生细菌培养基及其配制

用于分离培养内生细菌的培养基配方见表 2-3。

表 2-3 内生细菌的分离培养基

名称	配方
牛肉膏蛋白胨琼脂培养基	牛肉膏 3g,蛋白胨 5g,琼脂 18g,pH 7.0~7.2,水 1000mL
LB 培养基	酵母浸粉 5g,胰蛋白胨 10g,NaCl 5g,水 1000mL
KB 培养基	蛋白胨 20g,甘油 10g,K₂HPO₄ 1.5g,MgSO₄·7H₂O 1.5g,琼脂 15g,pH 7.2,水 1000mL 可选择分离荧光假单胞菌
亚硝酸细菌培养基	(NH₄)₂SO₄ 20g,MgSO₄·7H₂O 0.03g,NaH₂PO₄ 0.25g,CaCO₃ 5.0g,K₂HPO₄ 0.75g,MnSO₄·4H₂O 0.01g,pH 7.2,蒸馏水 1000mL 每 10mL 培养基中加入 1mL 0.03%链霉素溶液(链霉素含量为 30μg/mL),用于分离真菌
硝酸细菌培养基	NaNO₃ 1.0g,MgSO₄·7H₂O 0.03g,MnSO₄·4H₂O 0.01g,K₂HPO₄ 0.75g,NaH₂PO₄ 0.25g,Na₂CO₃ 1.0g,蒸馏水 1000mL
反硝化细菌培养基	柠檬酸钠 5.0g,KH₂PO₄ 1.0g,KNO₃ 2.0g,K₂HPO₄ 0.75g,pH 7.2~7.5,MgSO₄·7H₂O 0.2g,水 1000mL
碳化细菌培养基	Na₂S₂O₃·5H₂O 5.0g,NH₄Cl 0.1g,NaHCO₃ 1.0g,MgCl₂ 0.1g,Na₂HPO₄ 1.0g,水 1000mL
反硫化细菌培养基	酒石酸钾钠 5.0g,天冬酰胺 2.0g,FeSO₄·7H₂O 0.01g,MgSO₄·7H₂O 2.0g,K₂HPO₄ 1.0g,蒸馏水 1000mL
解磷细菌培养基（有机磷培养基）	葡萄糖 10g,(NH₄)₂SO₄ 0.5g,NaCl 0.3g,KCl 0.3g,MgSO₄·7H₂O 0.3g,FeSO₄·7H₂O 0.03g,MnSO₄·4H₂O 0.03g,CaCO₃ 5g,卵磷脂 0.2g,琼脂 15~18g,pH7.0~7.5,蒸馏水 1000mL
解磷细菌培养基（无机磷培养基）	葡萄糖 10g,(NH₄)₂SO₄ 0.5g,NaCl 0.3g,KCl 0.3g,MgSO₄·7H₂O 0.3g,FeSO₄·7H₂O 0.03g,MnSO₄·4H₂O 0.03g,Ca₃(PO₄)₂ 10g,琼脂 15~18g,pH 7.0~7.5,蒸馏水 1000mL
硅酸盐细菌培养基	蔗糖 10g,Na₂HPO₄ 2.0g,MgSO₄·7H₂O 0.5g,FeCl₃ 0.005g,CaCO₃ 0.1g,土壤矿物 1.0g,琼脂 15~18g,pH7.0~7.5,蒸馏水 1000mL

（三）内生放线菌培养基

用于分离培养内生放线菌的培养基配方见表 2-4。

表 2-4　内生放线菌的分离培养基

名称	配方
腐殖酸-维生素培养基（HV）	腐殖酸 1g，$CaCO_3$ 0.02g，Na_2HPO_4 0.5g，$MgSO_4 \cdot 7H_2O$ 0.5g，KCl 1.7g，$FeSO_4 \cdot 7H_2O$ 0.01g，H_2O 1000mL，琼脂 18g，pH 7.2。复合维生素（核黄素 0.5mg，硫胺素 0.5mg，维生素 B_6 0.5mg，烟酸 0.5mg，肌醇 0.5mg，泛酸 0.5mg，生物素 0.25mg，对氨基苯甲酸 0.5mg） 注：腐殖酸处理——首先用 1% 的盐酸（100mL 蒸馏水和 1mL 浓盐酸混合）加热溶解，过滤，方可使用
葡萄糖-天冬氨酸琼脂培养基（GA）	葡萄糖 2g，天冬酰胺 1g，$MgSO_4 \cdot 7H_2O$ 0.5g，K_2HPO_4 0.5g，土壤浸汁 200mL＋H_2O 800mL，琼脂 18g，pH 7.2～7.4。复合维生素（核黄素 0.5mg，硫胺素 0.5mg，维生素 B_6 0.5mg，烟酸 0.5mg，肌醇 0.5mg，泛酸 0.5mg，生物素 0.25mg，对氨基苯甲酸 0.5mg）
淀粉-酪蛋白培养基（SIM）	酪蛋白 0.4g，可溶性淀粉 1g，$CaCO_3$ 0.1g，KH_2PO_4 0.2g，KNO_3 0.2g，$MgSO_4$ 0.1g，琼脂 18g，蒸馏水 1000mL，pH 7.2～7.4。抑制剂：25mg/L 制霉菌素；25mg/L 放线菌酮；4mg/L 庆大霉素
淀粉干酪素琼脂培养基（SCA）	可溶性淀粉 10g，干酪素 0.3g，KNO_3 2g，NaCl 2g，K_2HPO_4 2g，$MgSO_4 \cdot 7H_2O$ 0.05g，$CaCO_3$ 0.02g，$FeSO_4 \cdot 7H_2O$ 0.01g，H_2O 1000mL，琼脂 18g，pH 7.2～7.4。抑制剂：50mg/L 重铬酸钾；50mg/L 放线菌酮；30mg/L 制霉菌素
高氏 1 号培养基（GS1）	KNO_3 1.0g，$FeSO_4 \cdot 7H_2O$ 0.01g，K_2HPO_4 0.5g，淀粉 20.0g，$MgSO_4 \cdot 7H_2O$ 0.5g，琼脂 18g，NaCl 0.5g，水 1000mL 临用时在已熔化的高氏 1 号培养基中加入重铬酸钾溶液，以抑制细菌和霉菌的生长。每 300mL 培养基中加 3% 重铬酸钾 1mL
改良高氏 2 号培养基（GS2）	葡萄糖 1g，蛋白胨 0.5g，胰蛋白胨 0.3g，NaCl 0.5g，复合维生素（核黄素 0.5mg，硫胺素 0.5mg，维生素 B_6 0.5mg，烟酸 0.5mg，肌醇 0.5mg，泛酸 0.5mg，生物素 0.25mg，对氨基苯甲酸 0.5mg），H_2O 100mL，琼脂 2g，pH 7.2
1/10 ATCC 172（合成培养基）	葡萄糖 1g，可溶性淀粉 2g，酵母浸汁 0.5g，$CaCO_3$ 1.5g，琼脂 2g，N-Z-Amine A（酶水解酪蛋白）0.5g，琼脂 18g，H_2O 1000mL，pH 7.2～7.4。抑制剂：20mg/L 重铬酸钾；50mg/L 制霉菌素；10mg/L 萘啶酸；10mg/L 新生霉素
淀粉酪素琼脂（SC）培养基	可溶性淀粉 10g，干酪素 0.3g，KNO_3 2g，NaCl 2g，K_2HPO_4 2g，$MgSO_4 \cdot 7H_2O$ 0.05g，$CaCO_3$ 0.02g，$FeSO_4$ 0.01g，H_2O 1000mL，琼脂 18g，pH 7.2～7.4。抑制剂：20mg/L 重铬酸钾；50mg/L 制霉菌素；10mg/L 萘啶酮酸；10mg/L 新生霉素

参考文献

邓媛红. 平板培养基接种法的实验探讨. 广东职业技术教育与研究，2016（06）：172-173.

丁东，于德洋. 辐照灭菌：一种新的感控方法. 中国医疗器械信息，2018，24（07）：40-41.

郭维图. 正确选择灭菌和除菌方法是提高药品与食品质量之保证. 机电信息，2006（29）：13-21.

贾志宏，丁立鹏，陈厚文. 高分辨扫描透射电子显微镜原理及其应用. 物理，2015，44（07）：446-452.

李剑平. 扫描电子显微镜对样品的要求及样品的制备. 分析测试技术与仪器，2007（01）：74-77.

刘岁林，田云飞，陈红，等. 原子力显微镜原理与应用技术. 现代仪器，2006（06）：9-12.

刘小平. 联合接种法在假丝酵母菌培养中的应用. 中国真菌学杂志，2007（05）：273-275.

聂峰杰，左叶信，黄丽丽，等. 陕西省核盘菌不同分离株对油菜的致病性. 植物保护学报，2010，37（06）：499-504.

杨广烈. 荧光与荧光显微镜. 光学仪器，2001（02）：18-29.

郑慧. 加富培养基中镁浓度对黄伞生长发育影响的研究. 现代农业科技，2008（10）：13.

朱晓辉，朱忠勇. 相差显微镜的原理、结构和临床应用. 临床检验杂志，2007（04）：308-310.

第三章

内生菌的分离

　　由于内生菌广泛存在于动植物的组织器官中，所以分离时可选取生长健康的样品。通常可通过直接切取组织块或研磨组织获得汁液进行分离，然后采用顶端逐级纯化法和逐级划线法纯化分离的菌株，纯化后的菌株进行斜面低温保存，供进一步筛选使用。但最终获得的菌株往往受多种因素的影响，如样品的采集、消毒时间与消毒方式的选择、分离平板的营养成分等，如果处理不当，将会减少内生菌的数量和种类。

● 第一节　样品的收集与处理

　　内生菌在自然界分布广泛，其分布特征没有明显的规律可遵循。一般不同宿主内、同种宿主不同生育期内，甚至同一宿主不同组织器官内内生菌的种类和数量都存在明显的差异。因此，进行内生菌样品收集时要有一定的目的性。如果实验没有特别要求，一般考虑获得样品的全面性，要采集生长健壮的整个宿主，如植物样品要采集根、茎、叶、花、果实，甚至种子；如果实验有特定目标，可以依据实验要求采集相应需要的组织器官，如植物根、茎、叶、花、果实中的某一组织，或者昆虫的某一器官。但考虑到某些组织器官（如植物的花）的内生菌不易消毒，处理不当致使获得量较少等原因，采样时不必作为采集的目标。

　　另外，由于内生菌分离目的不同，样品的采集量也存在差异。如果为了调查一定区域内某种宿主内生菌的分布特征，样品采集一定要注意采样点尽可能覆盖该区域；如果为了调查某种宿主样品不同区域的内生菌分布特征，样品采集一定要注意采样点尽可能覆盖该宿主分布的所有区域；如果仅为了从特定区域特定宿主内获得具有一定应用价值的内生菌，样品采集应注意宿主采集数量的重复性。总之，内生菌宿主样品的采集要依据实验目标尽可能采集具有代表性的实验样本。

采集的样品一般建议用自来水冲洗干净后，阴干，尽量立即分离。不能马上分离的样品一般放于4℃保存，植物样品的保存时间一般不能超过1周，动物昆虫等样品最好不要超过3d。

◆ 第二节 样品的表面消毒

表面消毒试剂根据宿主的种类以及宿主组织类型的不同而不同。对宿主材料进行表面消毒通常选用一种强氧化剂或一般的消毒剂进行短期处理，然后用无菌水冲洗表面残留的消毒剂。目前常用的表面消毒剂有漂白粉、次氯酸钠、福尔马林、双氧水、氯胺、乙醇等。

漂白粉可作为杀菌消毒剂，它由氢氧化钙、氯化钙、次氯酸钙组成，主要成分是次氯酸钙 [$Ca(ClO)_2$]，有效氯含量为30%～38%。漂白粉为白色或灰白色的粉末或颗粒，有显著的氯臭味，很不稳定，吸湿性强，易受光、热、水和乙醇等的作用而分解。

次氯酸钠，化学式 $NaClO$，是钠的次氯酸盐，是强氧化剂，具有漂白、杀菌、消毒的作用。次氯酸钠与二氧化碳反应产生的次氯酸是漂白剂的有效成分。

甲醛，化学式 $HCHO$，又称蚁醛。无色气体，有特殊的刺激气味，对人眼、鼻等有刺激作用。易溶于水和乙醇。40%水溶液俗称福尔马林（formalin），是有刺激气味的无色液体。有强还原作用，特别是在碱性溶液中。能燃烧，其蒸气与空气形成爆炸性混合物，爆炸极限7%～73%（体积）。着火温度约300℃。用作农药和消毒剂。

过氧化氢，化学式 H_2O_2。可任意比例与水混溶，是一种强氧化剂，水溶液俗称双氧水，为无色透明液体。其水溶液适用于医用伤口消毒及环境消毒和食品消毒。在一般情况下会缓慢分解成水和氧气，不易久存。2017年10月27日，世界卫生组织国际癌症研究机构公布过氧化氢在3类致癌物清单中。

氯胺，由氯气遇到氨气反应生成的一类化合物，是常用的饮用水二级消毒剂，主要包括一氯胺、二氯胺和三氯胺（NH_2Cl、$NHCl_2$ 和 NCl_3），副产品少于其他水消毒剂。

氯化汞，化学式 $HgCl_2$，俗称升汞、氯化高汞、二氯化汞。有剧毒；溶于水、醇、醚和醋酸。氯化汞是分析化学的重要试剂，还可作消毒剂和防腐剂。

各种物质进行表面消毒处理的常用浓度为：2%～10%的 $NaClO$ 漂白剂、40%的福尔马林、5%～35%的 H_2O_2、75%～95%的乙醇、0.1%和0.2%的升汞与75%的乙醇结合使用等。在消毒过程中，有时不只用一种表面消毒剂，而是将两种或多种表面消毒剂相结合使用，表面消毒剂的种类和浓度均可根据研究对象的不同进行适当的调整。

表面消毒时间根据消毒剂的种类不同而不同。升汞的消毒能力很强，其表面消毒时间不宜过长，一般不超过1min；75%的酒精的消毒时间为1～5min，其他表面消毒剂的消毒时间为5～10min。

紫外线消毒是利用适当波长的紫外线破坏微生物机体细胞中的DNA或RNA的分子结构，造成生长性细胞死亡和（或）再生性细胞死亡，从而达到杀菌消毒的效果。紫外线主要通过对微生物（细菌、病毒、芽孢等病原体）的辐射损伤和破坏核酸的功能使微生物死亡，从而达到消毒的目的。紫外线消毒是一种物理方法，没有副作用。

不同的宿主或宿主的不同部位、不同生育期，其结构或生理特征都不同，因此，对其表面所采取的消毒方式也不同（表3-1）。Samish等（1961，1959，1963）对不同的消毒技术进行比较，并形成标准的程序：首先用商品净化剂、自来水等反复冲洗分离材料，再按照分离材料的质地等来决定表面消毒剂灭菌的时间，最后用次氯酸钠、乙醇、硫代硫酸钠、无菌水等上述消毒剂多次冲洗。该方法在目前内生菌的分离操作中广泛使用。为了验证表面灭菌的效果，用0.1mL或0.05mL最后一次冲洗植物的无菌水涂于营养平板，经过培养后，观察是否有微生物生长，进而判断植物表面的灭菌情况，以保证获取的菌株是植物组织内生菌（宋子红等，1999）。

表3-1 表面消毒试剂与方案

消毒剂，浓度，时间	宿主/组织	参考文献
75%乙醇 8min，无菌水洗 3 次；0.1% 升汞 2～3min，无菌水洗 5 次	变叶木、益智、阴香、槟榔、椰子和菠萝蜜、九里香的根和茎	谢颖等，2011；王兰英等，2012
75%乙醇 3min，无菌水洗 3 次；0.1% 升汞 2～3min，无菌水洗 5 次	变叶木、益智、阴香、槟榔、椰子和菠萝蜜、九里香的叶	谢颖等，2011；王兰英等，2012
75%乙醇 8min，无菌水洗 3 次；0.1% 升汞 2～3min，无菌水洗 5 次	槟榔的根	韩丹丹等，2017
75%乙醇 5min，无菌水洗 3 次；0.1% 升汞 2～3min，无菌水洗 5 次	槟榔的茎	韩丹丹等，2017
75%乙醇 1min，无菌水洗 3 次；0.1% 升汞 2～3min，无菌水洗 5 次	槟榔的叶	韩丹丹等，2017
0.1% 升汞 16min，无菌水洗 3 次；75%乙醇 3min，无菌水洗 5 次	三叉苦的根和茎	张阿伟等，2014
0.1% 升汞 5min，无菌水洗 3 次；75%乙醇 3min，无菌水洗 5 次	三叉苦的叶	张阿伟等，2014
22.5%次氯酸钠 5min，无菌水洗 3 次；75%乙醇 3min，无菌水洗 5 次	三叉苦的叶	张阿伟等，2014
22.5%次氯酸钠 20min，无菌水洗 3 次；75%乙醇 3min，无菌水洗 5 次	三叉苦的根和茎	张阿伟等，2014

消毒剂,浓度,时间	宿主/组织	参考文献
22.5%过氧化氢 1min,无菌水洗 3 次;75%乙醇 3min,无菌水洗 5 次	三叉苦的根和茎	张阿伟等,2014
22.5%过氧化氢 0.5min,无菌水洗 3 次;75%乙醇 3min,无菌水洗 5 次	三叉苦的叶	张阿伟等,2014

第三节 内生菌分离培养基的选择

一、 内生真菌分离培养基的选择

内生真菌（特别是小型丝状真菌）分离鉴定用的培养基有马丁（Martin）琼脂培养基、PDA 培养基、察氏琼脂培养基、麦芽汁培养基、LCA 培养基、Pfeffer 液体培养基、沙保（Sabouraud）琼脂培养基等（见附录一）。可根据样品选择适当的培养基，一般分离植物样品选马丁琼脂培养基或 PDA 培养基等；分离昆虫样品多用沙保琼脂培养基或牛肉浸汁（血）琼脂培养基等；分离生霉材料样品则多用（高糖）察氏琼脂培养基或 PDA 培养基等（苏印泉等，2004）。

对植物内生真菌的研究，常用的分离培养基有 PDA 培养基、察氏培养基和马丁培养基等；虽然许多真菌在营养贫乏的培养基（weak media）上易扩散而生成不易识别的菌落，但是一些工作者在分离时还是习惯用水琼脂培养基（water agar）进行分离，目的是减少污染。

在培养基中加入选择性生长抑制剂，对分离特定的内生真菌很有效（见表 3-2）（Stone 等，2004），而且，使用抗生素抑制一些细菌的生长对某些组织来说是非常必要的。有时表面活性剂（benzyltrimethylammonium 苄基三甲铵盐，氢氧化物、SDS、十二烷基苯磺酸钠）和有机酸（丹宁酸、乳酸）也在培养基中用作选择性试剂。

表 3-2　内生真菌分离中常用的选择性分离试剂

试剂	抑菌活性	浓度
ampicillin(氨苄青霉素)	细菌	100～300mg/L
chloramphenicol(氯霉素)	细菌	50～200mg/L
oxgall(牛胆汁)	细菌、毛霉目、卵菌纲	0.5～1g/L
penicillins(青霉素)	革兰氏阳性菌	30～100 IU/mL
rifampicin(利福平)	细菌	5～25mg/L
rose Bengal(孟加拉红)	细菌、丝状真菌	50～500mg/L

试剂	抑菌活性	浓度
streptomycin（链霉素）	革兰氏阴性菌	50～500mg/L
tetracycline（四环素）	细菌	25～100mg/L
vancomycin（万古霉素）	细菌	50～200mg/L
gentamicin（庆大霉素）	细菌	50～200mg/L

张阿伟等（2014）研究不同培养基对三叉苦的影响时发现，从三叉苦根部和叶部分离内生真菌时，察氏培养基获得的菌株最多；从三叉苦茎部分离内生真菌时，马丁培养基获得的菌株最多；如果在培养基内添加植物组织，当添加量为20g/L时，从根部和叶部分离的内生真菌种类最多。

有时生长快的内生真菌常常会阻止或掩盖其他生长缓慢的菌种的生长与存在，因此，在最初分离时，常选用营养贫乏的培养基阻止其过度生长；其中LCA培养基具有较低的葡萄糖含量，可以抑制一些真菌过度生长，从而有利于慢性真菌的生长（陈晖奇等，2006）。有时在培养基中添加选择性生长抑制剂和抗生素来延缓和抑制某些菌的生长。在选择性培养基中获得的内生真菌应尽快转移到无抑制剂的培养基中二次培养，以便提高正常孢子的形成及进行后续的鉴定。

培养条件的选择对内生真菌的分离也非常重要。培养温度、培养时间和培养湿度等会影响内生真菌的生长。培养温度根据样品自然条件的温度情况确定，一般温度范围是20～30℃。培养时间视真菌种类而变化，一般为3～7d。有些真菌的培养很缓慢，需要延长培养时间，有时培养基会脱水变干燥，不利于菌的培养，这时需要在恒温恒湿的培养箱中培养。

二、 内生细菌分离培养基的选择

内生细菌分离一般常用的培养基为牛肉膏蛋白胨培养基（NA）和蛋白胨酵母膏培养基（LA）、LB培养基等（见附录一）。在细菌常用培养基中添加无机盐、各种糖等成分，能最大程度地满足内生细菌代谢生长的需要，进而在内生菌分离过程中获得种类和数量更完全的植物内生细菌。针对那些不能离开寄主生活的细菌，则可以在培养基中加入一定量的植物组织提取液来进行分离。

很多学者能分离出许多从未分离培养到的内生菌种类，原因是他们在分离内生菌时，对同一种分离植物材料采用多种不同营养成分的培养基进行分离，最后分离到各种各样的、在种类和数量上都不同的植物内生菌（Mcinroy等，1995a，1995b）。Barraquio等（1997）为了获得最大数量的水稻内生固氮细菌，在分离时选用不同的培养基，例如无氮葡萄糖培养基、秸秆提取液培养基等。因此，要增加分离到的植物内生细菌的种类和数量，增加培养基的各种营养成分是一个比较好的选择。

随着细菌遗传学的发展以及对植物与内生细菌关系的进一步研究，为了获得不同种类的内生细菌，可根据其特性选择不同的培养基，例如，分离荧光假单胞菌可选择 KB 培养基（2%蛋白胨、1%甘油、0.15% K_2HPO_4、0.15% $MgSO_4 \cdot 7H_2O$、1.5%琼脂，pH 7.2）培养，然后在紫外线灯下检测是否有荧光。

表 3-3　内生细菌分离中常用的选择性分离试剂

试剂	抑菌活性	浓度
nystatin(制霉菌素)	真菌	50mg/L
potassium dichromate(重铬酸钾)	真菌	25mg/L
benzimidazole fungicides(苯并咪唑杀真菌剂)	真菌	50~500mg/L
amphotericin B(两性霉素 B)	丝状真菌	0.5~10mg/L
PCNB(pentachloronitrobenzene)(五氯硝基苯)	曲霉属,丝状真菌	100~1000mg/L
cycloheximide(环己酰亚胺)	丝状真菌	100~200mg/L
cyclosporin A(环孢菌素 A)	丝状真菌	10mg/L
natamycin、pimaricin(游霉素、匹马菌素)	丝状真菌	2~30mg/L
nystatin(制霉菌素)	丝状真菌	2~10mg/L
OPP(orthophenylphenol)(邻苯基苯酚)	啪霉	5~50mg/L

此外，在分离所需内生细菌的培养基中加入抑制剂（表 3-3），抑制杂菌生长。不同的植物材料选择不同的培养温度和培养时间，尽可能地获得更多的内生细菌。尽管如此，组织分离的方法还是存在一定的局限性，除了培养基的成分选择受到一定的限制外，那些寄生程度高、与植物密切相关的内生细菌也会被漏筛，因此，内生细菌的分离方法还有待于更进一步改进。

三、 内生放线菌分离培养基的选择

内生放线菌的分离通常选择高氏 1 号培养基，但由于内生放线菌需要的营养成分比土壤等其他环境中需要的更为复杂，因此，分离用的培养基还有 AC、HV、GS、SC、GA 培养基（见第二章内生放线菌培养基），特别需要注意的是，内生放线菌培养的时间较长，一般培养 1~3 周。

分离内生放线菌时既要同时避免细菌和真菌的干扰，又要不影响放线菌的生长，因此，选用的培养基应含有较少的有机物含量（徐宽，2011）以达到抑制细菌和真菌生长的目的。同时，培养基也可以根据需要在其中加入真菌、细菌抑制剂以达到更好的分离效果，如重铬酸钾（洪亮等，2004）、制霉菌素、卡那霉素、$\varphi=0.25\%$酚（林岚等，2011）和萘定酮酸（黄海玉等，2011）。常用的抑制剂见表 3-4。

表 3-4　内生放线菌分离中常用的选择性分离试剂

试剂	抑菌活性	浓度
nystatin(制霉菌素)	真菌	50mg/L

试剂	抑菌活性	浓度
potassium dichromate(重铬酸钾)	真菌	25mg/L
benzimidazole fungicides(苯并咪唑杀真菌剂)	真菌	50～500mg/L
amphotericin B(两性霉素 B)	丝状真菌	0.5～10mg/L
PCNB(pentachloronitrobenzene)（五氯硝基苯）	曲霉属,丝状真菌	100～1000mg/L
cycloheximide(环己酰亚胺)	丝状真菌	100～200mg/L
cyclosporin A(环孢菌素 A)	丝状真菌	10mg/L
natamycin、pimaricin(游霉素、匹马菌素)	丝状真菌	2～30mg/L
kanamycin(卡那霉素)	细菌	50mg/L
OPP(orthophenylphenol)（邻苯基苯酚）	啪霉	5～50mg/L
ampicillin(氨苄青霉素）	革兰氏阴性菌	10mg/L
nalidixic acid(萘啶酮酸)	革兰氏阴性菌	25mg/L
streptomycin(链霉素)	革兰氏阴性菌	50～500mg/L
rifampicin(利福平)	细菌	5～25mg/L
oxgall(牛胆汁)	毛霉目、卵菌纲	0.5～1g/L

第四节　内生菌的分离方法

一、植物样品的分离方法

植物内生菌广泛存在于植物的根、茎、叶、花、果实等器官的组织中，所以分离时可选取长势好、无病害的植株。分离方法通常采用植物组织分离法（内生真菌分离）或研磨法（内生放线菌或细菌分离）。

（1）组织分离法（徐大可，2007）　采集植物样品（一般为根、茎、叶），清洗后自然晾干，进行组织表面消毒：在 75％酒精中浸泡 3～8min（根、茎 8min，叶 3min），无菌水冲洗 3～4 次，随后用 0.1％升汞浸泡 2～3min，无菌水冲洗 5次。在超净工作台上将消毒后的叶片切成 0.5cm×0.5cm 或 1cm×1cm 的方块，根茎去表皮后切成 1cm 长的片段，然后纵向剪为 4 个部分，将其切口紧贴于 PDA 培养基上，每皿均匀放置 5 块组织块，每个处理 5 次重复，分离平板适温培养 3～7d。采用顶端逐级纯化法纯化获得的菌株，斜面保存，备用，此方法在内生真菌的分离实验中最常见。

（2）研磨法（王兰英，2012）　将消毒后的植物组织（根、茎去除表皮）在无菌下切碎，于无菌研钵中研磨至浆液，稀释 10 倍，用移液器移取 50μL，涂抹于牛肉膏蛋白胨培养基或者高氏 1 号培养基上，28℃培养 2～10d。采用划线法纯化菌株，所得菌株斜面保存，备用。这种方法主要用于内生细菌及放线菌的分离。

以上实验均做以下空白对照以检验表面消毒是否彻底（谢洁，2009）。

（1）压组织块法　将表面消毒后的组织压在 PDA 培养基、NA 培养基以及高氏 1 号培养基上 15min，取出组织块后，将平板与上述分离平板在同等条件下培养，观察是否有微生物长出，如果长出证明表面消毒不彻底，分离平板上的菌株不能排除有表面微生物的可能性，分离实验需要重做。

（2）表面消毒的无菌水涂抹法　将最后一次表面消毒的无菌水涂抹于分离培养基上，同分离平板共同培养，如果该处理无任何菌落长出，证明表面消毒比较彻底，否则分离平板上长出的菌株不能完全视为内生菌。

对那些难以研磨成碎片的植物组织，一些不需要进行任何表面灭菌处理的方法已发展起来。例如，一种真空压力差技术已经被用来提取柑橘和葡萄藤等植物坚硬的木质部的汁液（Bell 等，1995；Gardner 等，1982）；另外，Scholander 压力泵技术也被用来提取玉米等质地较为坚硬的农作物的根部的汁液（Hallmann 等，1997），与研磨技术相比，压力泵技术虽然分离得到的内生细菌的种类和数量都要少，但是压力泵技术能够选择性地从植物导管组织中分离出存在于特定部位的内生细菌。草本植物或幼苗等软组织材料的质地特点决定了压力泵技术在这些植物组织上的应用受到限制。

除此以外，还有很多分离植物内生菌的技术，例如针对某些多汁植物的果实，可以在表面灭菌后，用消毒移液管刺入果实的内部吸取果实汁液，然后用果实汁液涂抹平板，或者是剖开果实后切取薄片组织，铺于培养基平板上让内生菌生长（Hollis，1951；Meneley 等，1974a，1974b）。以上这些技术的不足之处是分离得到的内生细菌的种类和数量相对而言都比较少，但优点是程序简单、污染较少。

二、 海洋生物样品的分离方法

1. 海洋植物样品内生菌的分离

参考秦云等（2015）的方法并进行改进：将海洋植物样品用无菌水冲洗干净，切成 3cm×3cm 的小块，置于 75% 乙醇中消毒 1min，2.5% 次氯酸钠消毒 10min 后，再用 75% 乙醇消毒 1min，无菌水冲洗 5 次，切去边缘。然后参照植物内生菌分离方法分离内生真菌、放线菌及细菌。分离用培养基应用海水配制。

2. 海洋动物样品内生菌的分离

参考张连茹等（2008）的方法并进行改进：将海洋动物样品洗净（有的需要去皮，如海胆），于 75% 酒精中灭菌 2min，无菌水冲洗 5 次。采用组织块法分离内生真菌：将海洋动物组织剪碎至小块，取组织块接种于半海水 Zobell 平板中，每板接 3～4 块，37℃培养。待菌落长出后，采用顶端逐级纯化法纯化获得的菌株，斜面保存，备用。采用研磨法分离内生细菌及放线菌：将组织块于无菌研钵中研磨至浆液，稀释 10 倍，取少量涂抹于半海水 LB 培养基上分离内生细菌，同时取少量涂抹于 HV、GA、SIM、SCA、GS、OA、ATCC、SC 培养基上分离内生放线菌（见第二章内生放线菌培养基）。

半海水 Zobell 培养基：酵母膏 1g；蛋白胨 5g；$FeSO_4$ 0.1g；琼脂 15g；淡水 500mL；海水 500mL；pH7.6，121℃高压湿热灭菌 20min。

三、 昆虫等其他生物样品的分离方法

昆虫是地球上数量最多、种类最丰富的生物体，占整个动物生物多样性的 80%～90%（Dossey，2010），其体内分布着大量的内生菌（刘娟等，2014），因此，昆虫体内内生菌在种类和功能上具有丰富的多样性，是能够产生良好活性物质的内生菌资源。分离方法通常采用研磨法。

以美洲大蠊内生菌分离为例，介绍昆虫体内内生菌的分离方法。

1. 表面消毒

将试虫用自来水冲洗干净，用吸水纸将虫体外的多余水分吸干，随后放入 75%酒精中浸泡 1～2min（如果试虫体壁较厚可适当延长酒精消毒的时间），随后用无菌水漂洗 3 次，然后浸入 10%次氯酸钠中浸泡 5min，再用无菌水漂洗 10 次。保留最后一次无菌水进行涂皿，以检测该虫体表面灭菌是否彻底（阮传清，2015）。

2. 内生菌分离

将上述经过表面消毒的虫体（可依据具体需要进行相应器官的解剖，如分离中肠，可解剖中肠进行分离）放在灭菌研钵中研磨，用灭菌水将研磨液进行稀释，依次稀释至 10^{-3}～10^{-4}，用移液器移取 50μL 涂抹于 PDA、NA 和高氏 1 号平板培养基上进行内生菌分离。内生菌纯化方法同植物内生菌。

● 第五节 内生菌的分离实例

实例一　三叉苦内生真菌的分离

将新鲜的三叉苦根、茎、叶用自来水冲洗、室内晾干，初次组织表面消毒处理见表 3-5，用无菌水冲洗 3～4 次，继而用 75%乙醇浸泡 3min，无菌水冲洗 5 次。将消毒后的组织块剪切成边长约 5mm 的小块，放置在 PDA 培养基上分离培养，每皿均匀放置 5 块组织块，每个处理 5 次重复，分离平板适温培养 2～7d。以压组织块法及涂抹最后一次消毒的无菌水法检验外植体消毒是否彻底。采用顶端逐级

纯化法纯化获得的菌株，所得菌株斜面保存，备用（张阿伟等，2014）。

表 3-5　不同消毒剂处理浓度与时间

处理	消毒剂	浓度/％	时间/min	
			根、茎	叶
1	升汞	0.1	8	3
2			16	5
3	30％次氯酸钠	7.5	10	5
4			20	10
5	7.5％过氧化氢	30.0	1	0.5
6			2	1

采用不同的消毒方法分离三叉苦内生真菌，结果发现，处理 2（0.1％升汞：根、茎 16min，叶 5min）的消毒效果最好，分离出的内生真菌种类最多，分别为茎点霉属（*Phoma*）、曲霉属（*Aspergillus*）、壳球孢属（*Macrophomisis*）、炭疽菌属（*Colletotrichum*）和链格孢属（*Alternaria*），与其他处理差异显著；其次为处理 5（7.5％过氧化氢：根、茎 1min，叶 0.5min），但与其他处理差异不显著。3种表面消毒剂所获得的菌株种类多少为 0.1％升汞＞30％次氯酸钠＞7.5％过氧化氢。

实例二　砂仁内生细菌的分离

砂仁内生细菌的分离培养及纯化：采集新鲜砂仁的根、茎、叶，用自来水冲洗干净，室内晾干，进行常规组织表面消毒：在 75％酒精中浸泡 3～8min（根、茎 8min，叶 3min），无菌水冲洗 3～4 次，随后用 0.1％升汞浸泡 2～3min，无菌水冲洗 5 次。将消毒后的植物组织（根、茎去除表皮）在无菌条件下切碎，于无菌研钵中研磨至浆液，稀释 10 倍，取少量涂抹于牛肉膏蛋白胨培养基上，28℃培养2d。以压组织块法及最后一次表面消毒的无菌水涂抹法检验外植体表面消毒是否彻底。采用划线法纯化菌株，所得菌株斜面保存，备用。

采用组织表面消毒法，对砂仁的根、茎、叶进行了内生细菌的分离，经过 2d的培养，在未发现对照组有菌落长出的情况下，共获得 27 株内生细菌。其中从茎部分离得到 14 株，从叶部分离得到 13 株，在根部未检测到菌株（王兰英等，2012）。

实例三　变叶木、阴香内生放线菌的分离

将采集的新鲜健康的变叶木植株的根、茎、叶用自来水冲洗干净，在室内晾干后，用 75％酒精浸泡 3～8min（根、茎 8min，叶 3min），无菌水冲洗 3～4 次，再用 0.1％升汞浸泡 2～3min，无菌水冲洗 5 次。无菌条件下将上述处理的各组织

在培养基上做印迹，同时将最后一次表面消毒的无菌水涂抹于供试培养基上，做对照处理，检测植物表面消毒是否彻底。将做完印迹后的组织块切小用组织研磨法分离内生放线菌，取少量涂抹于高氏 1 号分离培养基上，将平板放入恒温培养箱，28℃培养 7d。

采用研磨法对变叶木及阴香的根、茎、叶进行内生放线菌的分离纯化，结果共分离获得 8 株内生放线菌，其中变叶木根部分离获得 8 株，阴香根部分离获得 1 株。从供试植物茎部及叶部未分离获得放线菌（谢颖等，2011）。

实例四　珊瑚内生菌的分离

将采集的丛生盔形珊瑚、蜂巢珊瑚样品用无菌海水清洗干净，于 75％酒精中灭菌 2min，无菌水冲洗 5 次。分别称取两份 2g 珊瑚样品，于灭菌研钵内研磨至泥浆状，放入 50mL 锥形瓶中，加入 20mL 无菌海水，120r/min 振荡 30min，静置 20min，取其上清液 1mL，在上清液中加入 9mL 无菌海水稀释至 10^{-2}g/mL，同上依次稀释到 10^{-3}g/mL、10^{-4}g/mL、10^{-5}g/mL。每个浓度的样品取 50μL 于 PDA 培养基中，用灭菌涂布棒涂布均匀，28℃恒温培养 5～10d，待菌落长出后，采用顶端逐步纯化法纯化菌落。纯化后的菌株接种到试管斜面培养基上，4℃保存待用。

采用研磨法从珊瑚中共分离获得 35 株内生真菌，其中从丛生盔形珊瑚中分离获得 19 株，从蜂巢珊瑚中分离获得 16 株。

实例五　白蚁成虫内生菌的分离

在收集的白蚁成虫中随机选取 10 只，用自来水冲洗干净，然后用 75％酒精浸泡 1min，用无菌水漂洗 3 次，再用 10％次氯酸钠浸泡 5min，无菌水漂洗 10 次。切去头胸部，将白蚁腹部置于培养基平板上滚动擦拭，将此平板与分离平板一起培养，以检验白蚁表面消毒是否彻底。然后将滚动擦拭后的腹部置于消过毒的研钵中，研磨成浆，用无菌水依次稀释至 10^{-3}～10^{-4} 倍，用移液器取 50μL 涂抹于 PDA、NA 和高氏 1 号平板培养基上进行内生菌分离。

采用组织研磨法从白蚁腹部共分离获得 20 株内生真菌，21 株内生细菌，7 株内生放线菌。

参考文献

Barraquio W L，Revilla L，Ladha J K. Isolation of endophytic diazotrophic bacteria from wetland rice. Plant Soil，1997，194：15-24.

Bell C R，Kicltie G A，Harvey W L G. Endophytic bacteria in grapevine. Canadian Journal of

Microbiology，1995，41：46-53.

Dossey A T. Insects and their chemical weaponry：New potential for drug discovery. Natural Product Reports，2010，27（12）：1737-1757.

Gardner J M，Feldman A W，Zablotowicz R M. Identity and behavior of xylemresiding bacteria in rough lemon roots of florida citrus trees. Applied and Environmental Microbiology，1982，43：1335-1342.

Hallmann J，Kleopper J W，Rodriguez-Kabana R. Application of the Scholander pressure bomb to studies on endophytic bacteria of plants. Canadian Journal of Microbiology，1997，43：411-416.

Hollis J P. Bacteria in the healthy potato tissue. Phytopathology，1951，41：197-209.

Mcinroy J A，Kleopper J W. Population dynamics of endophytic bacteria in field-grown sweet corn and cotton. Canadian Journal of Microbiology，1995a，41：895-901.

Mcinroy J A，Kleopper J W. Survcy of indigenus bacterial endophytic from cotton and sweet coin. Plant Soil，1995b，173：337-342.

Meneley J C，Stanghellini M E. Detection of enteric bacteria within locular tissue of healthy cucumbers. Journal of Food Science，1974a，39：1267-1268.

Meneley J C，Stanghellini M E. Establishment of *Erwinia carotovora* in healthy cucumber tissue. Annu Proc Am Phytopathol Soc，1974b，1：91.

Samish Z，Dimant D. Baterial population in fresh，healthy cucumbers. Food manufacturing，1959，34：1-20.

Samish Z，Etinger-Tulczynska R，Bick M. Microflora within healthy tomatoes. Applied Microbiology，1961，9：20-25.

Samish Z，Etinger-Tulczynska R，Bick M. The microflora within the tissue of fruits and vegetables. Journal of Food Science，1963，28：259-266.

Stone J K，Polishook J D，White J F. Endophytic Fungi//Mueller GM，Bills GF，Foster MS. Biodiversity of Fungi，Inventory and Monitoring Methods. New York：Elsevier Academic Press，2004：241-270.

陈晖奇，徐炎平，谢丽华，等. 茶树内生真菌的分离及其在寄主组织中的分布特征. 莱阳农学院学报（自然科学版），2006，23（4）：250-254.

韩丹丹，骆焱平，侯文成，等. 槟榔内生细菌 BLG1 的抗菌活性及其对水稻纹枯病的防效. 河南农业科学，2017，46（2）：60-63.

洪亮，解修超，陈绍兴，等. 云南萝芙木内生放线菌分离研究. 红河学院学报，2004，8（2）：52-54.

黄海玉，李洁，赵国振，等. 灯台树内生放线菌多样性及抗菌活性评价. 微生物学通报，2011，38（2）：780-785.

林岚，李靖. 中国红豆杉内生放线菌 En-1 的分离、鉴定及其次生代谢物的研究. 生态环境学报，2011，20（10）：1411-1417.

刘娟，刘晓飞，关统伟，等. 中华蜂体内放线菌的分离、多样性及抗菌活性研究. 微生物学通报，2014，41（12）：2410-2422.

秦云，王凤舞. 裙带菜内生菌的分离鉴定及其抑制 AChE 活性的研究. 现代食品科技，2015（1）：53-58.

阮传清，刘波，吴珍泉，等．美洲大蠊内生菌的分离鉴定及酶活性、抑菌作用测定．微生物学杂志，2015（5）：36-42.

宋子红，丁立孝，马伯军．花生内生菌的种群及动态分析．植物保护学报，1999，26（4）：309-314.

苏印泉，孙奎，马养民，等．无花果内生真菌的分离及其鉴定．西北植物学报，2004，24（7）：1281-1285.

王兰英，廖凤仙，骆焱平．九里香内生细菌 HBS-1 的鉴定及其对芒果采后病害的防效．江苏农业学报，2012，28（1）：41-45.

王兰英，谢颖，廖凤仙，等．水稻纹枯病生防内生菌糖蜜草固氮螺菌的分离与鉴定．植物病理学报，2012，42（4）：425-430.

谢洁，夏天，林立鹏，等．一株桑树内生拮抗菌的分离鉴定．蚕业科学，2009，35（1）：121-125.

谢颖，张孝峰，王瑀莹，等．香蕉枯萎病拮抗内生菌的分离、筛选及盆栽防效试验．植物检疫，2011，25（5）：4-7.

徐大可．一株具有抑菌活性的越橘内生细菌的研究．大连：大连理工大学，2007.

徐宽．几种药用植物内生放线菌的分离、抗菌活性初探及遗传多样性研究．雅安：四川农业大学，2011.

张阿伟，王兰英，刘诗诗，等．不同分离条件对三叉苦内生真菌的影响．贵州农业科学，2014，42（7）：101-106.

张连茹，杨梅，于淼，等．海胆卵内生菌分离及其生物活性的初步探讨．厦门大学学报（自然版），2008，47（5）：728-732.

第四章
内生菌的鉴定

一、 细菌的特征及分类依据

细菌是一群形体微小、只能在显微镜下才能观察到的单细胞有机体，行二分裂繁殖，细胞核结构不完整，属原核生物。

由于细菌菌体很小，构造简单，单从形态构造上的异同不足以达到鉴别的目的。因此，细菌分类学除形态特征外，更重要的是应用细菌的培养性状、生理生化特性以及生态条件等作为综合的分类依据。对于动植物寄生菌，还需检验其致病性。有的菌有时还需用血清反应和噬菌体敏感性等特殊试验作为种、亚种或型的鉴别依据。

二、 细菌鉴定的一般程序

从自然界中分离获得的菌株，应尽快进行鉴定，以免在人工培养条件下发生变异。开始鉴定之前，一般用营养琼脂平板划线法，根据平板上出现单菌落的形态和折光特性以及革兰氏染色反应等检查菌株的纯度。如果菌株不纯，则需反复用划线法或稀释法进行纯化。

染色镜检确定该菌株是否生成芽孢。对于某些不产生芽孢但怀疑其为芽孢菌的菌株，需接种至生孢培养基内，作进一步判定。

在确定其革兰氏反应和是否可以生成芽孢之后，分别进行下列试验：

（1）革兰氏阳性芽孢杆菌　测定与氧的关系、接触酶以及葡萄糖产酸与否等项目。

（2）革兰氏阳性无芽孢杆菌　抗酸染色，镜检菌体有无分枝，是否使葡萄糖发酵产酸，对产酸菌再用纸色谱法检查所产的酸是否为乳酸，并观察菌体在不同培养时间的形态变化。

（3）革兰氏阴性无芽孢杆菌　进行葡萄糖氧化发酵、氧化酶、接触酶、鞭毛染色及色素等试验。

（4）菌体形态是球形者　用固体培养基及液体培养基培养，观察幼龄菌的菌体形态、细胞排列，不应有杆状菌，在无氮培养基上的生长对糖的作用及产物等。

根据以上各项试验，有些菌大致可鉴定到属，或可判断此菌株属于哪一类群。然后全面考察这一大群内各属之间的异同，选择几个突出的鉴别特征，继续鉴定到属。最后，再按检索表上各种之间的异同，进一步鉴定到种。

进行各项鉴定试验时最好同时用特征明确的已知菌作为对照，取得试验结果后进行检索分类。

三、　内生细菌鉴定方法

（一）细菌形态特征、大小及运动情况

细菌的基本形态有球状、杆状和螺旋状三大类。在这些形状之间又有许多过渡类型。根据它们的排列方式，球菌又分为单球菌、双球菌、四联球菌、八叠球菌、链球菌、葡萄球菌；杆菌又分为单杆菌（长杆菌、短杆菌）、双杆菌和链杆菌。菌体两端有的呈平截状，有的稍圆，有的略尖，有的膨大；螺旋菌又分为弧菌和螺旋状菌。有些细菌还有荚膜、鞭毛或芽孢等特殊构造，所以研究细菌的形态，不仅要观察其外部形状，测定其大小，而且要研究其内部构造。

1. 细菌形态的观察

由于细菌体形很小，通常为无色半透明，折射率强，所以必须经过染色以后才能在光学显微镜下观察其形状、大小及其细胞结构等。细菌的形态明显地受环境条件（如培养的温度、时间和培养基成分等）的影响，一般处于对数生长期时，细菌形态正常、整齐，表现其特定的形态。所以观察细菌形态应在一定的培养条件下选择对数生长期的菌株进行。

（1）染料　分为天然染料和人工染料两大类。目前主要采用人工染料。大部分染料是带色的有机酸类和碱类，难溶于水，易溶于有机溶剂。为使其易溶于水，通常制成其盐类。染料一般有碱性、酸性和中性三类。酸性染料的离子带阴电，如伊红、刚果红、苯胺黑、苦味酸等；碱性染料的离子带阳电，如美蓝、结晶紫、碱性复红、番红、孔雀绿等；中性染料是前二者的结合物，又称复合染料，如伊红美蓝等。由于细菌的等电点较低，约在 pH 2～5 之间，原生质带阴电，与阳离子染料相结合，因此在细菌学上常用碱性染料。

（2）染色方法

① 单染色　单染色是微生物工作中常用的普通染色法，只用一种染色液使菌体着色，所有的苯胺类染料都可用于单染色。以吕氏（Loeffler）美蓝液为例，介绍如下：

a. 染色剂

A 液：将 0.3g 美蓝溶于 30mL 95％乙醇中。

B 液：0.01％氢氧化钾水溶液 100mL。

将两液混合备用。

b. 操作步骤

Ⅰ. 涂片。取干净载玻片，将其一面在火焰上微微加热，除去油脂。冷却后，加一小滴无菌水或新鲜蒸馏水于载玻片上，用灼烧并冷却后的接种环沾取少许菌苔，与载玻片上的水混匀后摊涂成薄层。若是液体培养物，即可直接取菌液涂片。自然晾干或微微加热干燥。

Ⅱ. 固定。将涂有细菌的一面向上，迅速通过火焰 2～3 次，其目的在于杀死细菌，改变它对染料的通透性，同时固定了菌体形态。这一操作还可以使菌体固定在载玻片上，利于染色。但火焰固定的温度不宜过高，否则菌体容易变形，可用手背感应载玻片的温度，以感觉微热为宜。

Ⅲ. 染色。加染液 1～2 滴于涂片上，染色约 1min。

Ⅳ. 水洗。倾去染液，斜置载玻片，用蒸馏水轻轻冲洗至流下的水变清为止。

Ⅴ. 干燥。自然晾干或用吸水纸轻压以吸去载玻片上的水分，但注意勿将菌体擦掉。玻片晾干后即可镜检。

② 负染色　负染色是指背景着色，从而衬托出不着色的细胞，故又称背景染色法。常用的染料有墨汁、刚果红和水溶性苯胺黑等。可以观察相对处于自然状态下的细胞形态。此外，由于死细胞可被酸性染料着色，所以也有人用以区分死细胞和活细胞。

a. 染色剂

A 液：2％刚果红水溶液。

B 液：1％HCl 乙醇溶液。

b. 操作步骤。将 1 滴刚果红溶液与 1 滴菌悬液于载玻片上混合，涂成薄层，不加热固定，待其自然风干后加 1 滴 1％HCl 乙醇溶液。再次风干后镜检，细胞无色，背景呈蓝色。

③ 革兰氏染色　革兰氏染色是细菌学中一个重要的鉴别染色法。其染色原理有各种学说，人们普遍认为，不同的细菌其细胞壁结构不同，因而对结晶紫-碘复合物的渗透性不同。也有人认为细菌体内是否有核糖核酸镁盐是导致革兰氏反应不同的原因。总之，细胞被结晶紫初染时染上的紫色不能被乙醇脱色者为革兰氏阳

性细菌；被乙醇脱色而复染时又染上红色者为革兰氏阴性细菌。也有些不稳定类型。

该染色法也可用以观察细菌个体形状、排列、大小，芽孢有无及其形状、大小和着生位置。

a. 染色剂

A液：赫克尔（Hackers）氏结晶紫液。

· 甲液：结晶紫 2g，乙醇（95％）20mL。

· 乙液：草酸铵 0.8g，蒸馏水 80mL。

将甲、乙两液混合，静置 8h 后使用。

B液：卢戈氏（Lugol's）碘液。

碘（I_2）片 1g；碘化钾（KI）2g；蒸馏水 300mL。先将碘化钾溶于 5～10mL 水中，再加入碘，待全溶后，加水至 300mL。

C液：脱色液乙醇（95％）。

D液：复染液（0.5％番红水溶液。5g 番红溶于 20mL 95％的乙醇溶液中，加入蒸馏水 80mL 制成）。

b. 操作步骤

Ⅰ. 取 18～20h 的幼龄或对数生长期的菌涂片，并以已知菌株同时涂片作为对照。涂片要薄而均匀，否则菌体群集往往呈现假阳性。

Ⅱ. 在固定过的涂片上滴结晶紫液，染色约 1min，用水冲洗。

Ⅲ. 用媒染剂（即能增强细菌和染料之间的亲和力的物质）碘液冲去残水，并覆盖 1min，水洗。

Ⅳ. 倾斜载玻片，尽量减少玻片上残留的水分。流滴 95％乙醇脱色 20～30s 至无紫色，紫色褪下时立即用水缓缓冲洗。脱色时间不可过短，因为脱色不彻底会造成假阳性；也不可过长，因为过长会损坏细胞壁结构，造成假阴性。

Ⅴ. 用番红液复染 1～2min，使已脱色的细胞重新着色，便于鉴别观察。水洗，待干，镜检。

Ⅵ. 用油镜观察单独分散的菌体，菌体呈蓝紫色者为革兰氏阳性菌（G^+），红色者为革兰氏阴性菌（G^-）。

④ 鞭毛染色　细菌鞭毛是非常纤细的原生质丝，由原生质向细胞壁外穿出，通常做波状弯曲，可以收缩，是细菌的运动器官。它的特点是前后宽度一致。直径约 $0.02～0.03\mu m$，只能用电子显微镜或在暗视野下才能看到。在光学显微镜下，只有采用不稳定的胶体溶液作媒染剂，在鞭毛上生成沉淀，使鞭毛的直径加粗后再进行染色，才能把鞭毛显示出来。由于菌龄较长的细菌鞭毛容易脱落，所以做鞭毛染色时要用在短期内经多次反复移植的新鲜培养物。

细菌鞭毛的数目及其在菌体着生的位置因细菌的种类不同而异，有单生鞭毛、丛生鞭毛或周生鞭毛。因此，细菌有无鞭毛及其着生状态是分类学上的一个重要指标。

a. 染色剂

A液：鞣酸 5g，$FeCl_3$ 1.5g，甲醛（15%）2mL，NaOH（1%）1mL，蒸馏水 100mL。

B液：$AgNO_3$ 2g，蒸馏水 100mL。

待 $AgNO_3$ 溶解后，取出 10mL 备用，向剩余 90mL $AgNO_3$ 中滴入浓 NH_4OH 溶液至形成浓厚沉淀，继续滴加到沉淀刚溶解时，再将备用的 10mL $AgNO_3$ 慢慢边滴边摇，至出现的薄雾能稳定时为止。如雾重，则银蓝沉淀析出，不宜使用。因该染色液不稳定，在配制后 4h 以内使用为宜，最多不得超过 2d。

b. 载玻片的准备。选择光滑无伤痕的载玻片，先用洗涤剂溶液煮沸，冷却后用清水冲洗，再放入浓洗液中浸泡 24h，取出后用清水冲洗，再用蒸馏水洗净、沥干，浸于 95% 乙醇中备用。使用时用镊子夹取并通过火焰烧去乙醇，冷却后即可涂片。洗净的载玻片应表现为滴上水滴后水滴立即均匀地扩散开来。

c. 操作步骤

I. 将待染色的菌株活化后移植在新配制的营养琼脂斜面上，培养 16～24h。如所用菌种久未移接，最好在斜面上每天移接一次，连续移接 2～3 次后使用。为保证本实验的成功率，也可以预先采用悬滴法做菌体的运动实验（见本章细菌运动性的检查），确定菌体是否存在泳动情况，以及菌体泳动的关键时间。然后将菌株培养至泳动的关键时间时进行鞭毛染色。

II. 在载玻片的上端滴加一滴蒸馏水，用接种环沾取少许菌苔，在水滴中轻沾几下，然后将载玻片稍倾斜，使菌液随水滴缓缓流向另一端，再平放，自然晾干。

III. 在涂片上滴加甲液，染 3～5min 后用蒸馏水充分冲洗。沥干或用乙液冲去残水后再加乙液染色，否则染片的背景混杂。滴加乙液，在酒精灯上方微微加热 30～60s，使其稍冒气而不干，用蒸馏水冲洗，风干。

IV. 镜检。菌体为褐色，鞭毛为深褐色。

注意：因鞭毛很脆且易脱落，操作时动作要轻。

⑤ 芽孢染色　某些细菌生长到一定阶段，于细胞内形成一个圆形、圆柱形或椭圆形的芽孢。能否形成芽孢以及芽孢的形状、位置及大小等也是细菌分类的重要依据之一。芽孢在细胞中着生的位置不同，而使菌体呈鼓槌状、棱状或棍棒状，有的芽孢并不膨大，因而菌体仍为杆状。

细菌的芽孢具有不易渗透的厚壁，折光性强，着色、褪色均较困难。在用革兰氏染色时细胞呈紫色或红色而芽孢不着色，游离的芽孢只有孢壁微着紫色或红色圈。而用芽孢染色法则可使细胞与芽孢分别呈现不同的颜色，便于鉴别观察。石炭酸复红染色法——抗酸染色法，它既是芽孢染色的方法之一，又是鉴别分枝杆菌属细菌的重要染色法。

a. 染色剂

A 液：齐氏（Ziehl）石炭酸-品红液。

· 甲液：碱性品红（basic fuchsine）0.3g，95％乙醇 10mL。

· 乙液：石炭酸 5g，蒸馏水 95mL。

将甲、乙两液混合。

B 液：酸性乙醇液（95％乙醇 100mL，浓盐酸 3mL）。

C 液：吕氏美蓝液，见单染色。

b. 操作步骤

Ⅰ. 将经过固定的涂片放在水浴上（烧杯中盛水加热也可以）缓缓加热，在涂片上不断滴加石炭酸-品红液，使染液冒气而不沸腾，如此热染 5min。或取浓菌液 2～3 滴与大体等量的石炭酸-品红液混合于试管中，置沸水浴中煮 10min（也可以用夹子夹住试管在乙醇灯上加热近沸腾，管口勿对人，注意安全）。再按常规方法涂片。

Ⅱ. 涂片冷却后，用酸性乙醇脱色至红色洗脱为止，用流水缓缓冲洗。

Ⅲ. 用吕氏美蓝液染 2～3min，水洗。

Ⅳ. 干后镜检，芽孢为红色，菌体为蓝色。

如用于抗酸染色，则抗酸性细菌菌体呈红色，即抗酸染色阳性；非抗酸性细菌菌体呈蓝色。

⑥ 荚膜染色　荚膜是由细菌胞壁分泌并聚积在细胞壁外的多糖类衍生物（糊精）、糖蛋白或多肽等的一层松散的黏质，没有明显的边缘，与染料的结合力很弱，不易着色。但荚膜的渗透性较好，染料可透过荚膜，使菌体着色而在菌体周围呈现一浅色或无色透明圈，即为荚膜。荚膜的大小往往超过菌体本身，有时荚膜不仅围绕着一个细胞，且围绕着许多细胞而形成菌胶团。具有荚膜的细菌，在含碳量高、含氮量较低的培养基上容易形成较厚的荚膜。可用负染色法使暗色背景与折光性很强的菌体间形成透明区而易见。用单染色法有时也能看到荚膜。

a. 染色剂

A 液：2％刚果红（Congo red）水溶液。

B 液：0.01％～0.1％明胶水溶液。

C 液：1％盐酸。

D 液：吕氏美蓝液，见单染色法。

b. 操作步骤

Ⅰ. 将刚果红液和明胶溶液各一滴滴于载玻片上。

Ⅱ. 用接种环各挑取少许菌龄不同的菌苔，于载玻片上与两滴溶液混匀，风干，切勿加热固定，以防荚膜收缩变形。

Ⅲ. 滴加 1％盐酸冲洗，使涂片呈蓝色，再用水洗去盐酸。

Ⅳ. 用美蓝液复染 1min，干后镜检。菌体蓝色，荚膜无色，背景蓝紫色。

⑦ 细胞壁染色　细胞壁是细胞表面的一层较为坚韧而富有弹性的薄膜，所以当原生质收缩后仍不失去它固有的形态；而在低渗透压溶液中细胞会膨大，它对菌体细胞有一定的保护作用。

细胞壁的化学组成很复杂，而主要成分是肽聚糖（peptidoglycan）。它对染料的结合力很弱，用特殊染料或经化学物质处理后方能在光学显微镜下看到，但细胞壁常较原生质的着色浅。

Bisst 和 Hale 曾用磷钼酸处理涂片，再经甲基绿染色，使细胞壁形成单独着色的复合物。

a. 染色剂

A 液：1％磷钼酸水溶液。

B 液：1％甲基绿水溶液。

b. 操作步骤

Ⅰ. 将培养 24h 内的斜面菌苔涂成厚片。

Ⅱ. 稍干后，在室温（约 25℃）下浸入媒染剂磷钼酸 3～5min。

Ⅲ. 用 1％甲基绿染色 3～5min，水洗。

Ⅳ. 风干后镜检，细胞壁呈绿色，细胞质无色。

⑧ 晶体染色　芽孢杆菌中如苏云金杆菌、青虫菌、杀螟杆菌等，具有伴随芽孢而产生的斜方形、菱形或正方形晶体，又称伴孢晶体。这种晶体是多肽类毒素，能杀死鳞翅目的幼虫。该晶体可用复红染料染色后观察。其大小因菌种不同而不同，或因培养基中蛋白质成分多少而异，而且大多在培养 8～12h 后形成。一般在营养琼脂上培养 48h，即可经染色观察伴孢晶体。

a. 染色剂：碱性品红 0.1g，乙醇（95％）10mL，石炭酸水溶液（3％）90mL，三者混合即得石炭酸-品红液。

b. 操作步骤

Ⅰ. 滴石炭酸-品红液于涂片，染色 1min，水洗。

Ⅱ. 风干或吸干，镜检。红色菱形状为晶体，红色圈状为游离芽孢。

⑨ 类脂粒染色　细菌体内常储藏有类脂物质，如聚 β-羟基丁酸（poly-β-hydroxybutyric acid），一般在高碳低氮的环境中更易形成。用革兰氏染色时此类物质不着色，易被误认为空胞。但若用脂溶性染料染色，则可将其与细胞内的空胞相区别。

a. 染色剂：苏丹黑 B（Sudan black B）0.3g，乙醇（70％）100mL。

混合后摇匀，过夜备用。

褪色剂：二甲苯。

复染剂：0.5％番红水溶液，见革兰氏染色。

b. 操作步骤

I. 滴 0.3％苏丹黑液于涂片上，染色 10min。水洗，吸干。

II. 用二甲苯冲洗涂片至黑色素洗脱。

III. 用 0.5％番红水溶液复染 1～2min，水洗。

IV. 干后镜检。蓝紫色为类脂类，红色为菌体其他部分。

⑩ 异染粒染色　异染粒又名掼转菌素（volutin），是细菌细胞中储存的蛋白质颗粒，随着菌龄增加，异染粒变大，易被蓝色染料（如甲苯胺蓝、甲基蓝）染色而呈红色或紫红色，不呈现蓝色，因此称异染颗粒。如用吕氏美蓝单染 5min，异染粒呈深蓝色，菌体呈淡蓝色。也可用阿氏（Albert）异染粒染色法。

a. 染色剂

A 液：甲苯胺蓝（toluidine blue）0.15g，孔雀绿 0.2g，冰醋酸 1mL，乙醇（95％）2mL，蒸馏水 100mL。

B 液：碘 2g，KI 3g，蒸馏水 300mL。

b. 操作步骤

I. 滴 A 液于涂片，染色 5min 后倾去。

II. 滴加 B 液冲去 A 液，再染色 1min，水洗。

III. 吸干，镜检。异染粒呈黑色，细胞体呈暗绿色或浅绿色。

2. 细菌运动性的检查

许多细菌具有鞭毛或其他运动器官帮助运动，细菌能否运动也是对细菌进行分类鉴定的特征之一。真细菌以鞭毛运动。其运动又分真运动和布朗运动两种。真运动是指具有鞭毛的细菌由一处游向另一处，或向不同方向游动，有的急行游动，有的翻滚前进。布朗运动即分子运动，是细菌由于水分子的撞击而在一定位置上的颤动，不发生位移或只随水流方向移动，这都不是真正的运动。因此，要特别注意观察运动性弱的菌，因为这些细菌的运动往往易与布朗运动相混淆。

观察细菌运动一般采用悬滴法、压滴法（水浸片法）、半固体穿刺法和暗视野显微镜法。最常用的是在暗视野、相差或油镜下观察以悬滴法或压滴法制备的载玻片。

（1）悬滴法

① 在厚度约为 70～170μm 的盖玻片中央加一滴培养 18～24h 的菌液。

② 在凹玻片的凹穴周围或盖玻片四角涂上少量凡士林。

③ 将滴有菌液的盖玻片迅速翻转（勿让菌液流散），轻轻地使液滴悬于载玻片凹穴上方，略按盖玻片，使凡士林密封边缘，以固定盖玻片及防漏防蒸发。

④ 用低倍镜确定部位后改用油镜，下降聚光器，缩小光圈，在略暗的光源下观察。

（2）压滴法

① 在载玻片上滴无菌水，用接种环在培养 18～24h 的斜面上沾少许菌苔于水

滴处制成菌悬液或直接滴加菌液。

② 在上面轻轻加盖玻片（勿留气泡），可用普通高倍镜、相差显微镜的高倍相差镜头或相差油镜观察。

细菌的运动与温度有关，室温过低时最好在30℃恒温箱中预热后再制片观察。做菌悬滴时，水滴量应适当。水量过少，可能使原来运动的菌不运动；水量过多，则盖玻片浮动或挤出玻片而影响镜检。若观察到菌体向一个方向流动，应注意可能是由于水量过多，菌体随水流动，需静置片刻再观察。

（3）半固体穿刺法

① 可结合葡萄糖氧化发酵试验观察运动性。也可用营养琼脂培养基，但琼脂用量应减至0.3%～0.6%（不同的琼脂用量不一），使试管斜放时琼脂不流动，而在手上轻敲即破。每试管分装培养基高约4～5cm，经灭菌直立冷却后备用。

② 用接种针穿刺接种试验菌，适温培养。生长2～3d后进行观察，如不明显可延至5～6d再观察。菌的运动性可透过光目测，能运动的菌沿穿刺线向外有明显的扩散带。

另一种检查方法是在培养皿中做软琼脂，在中央接一小滴菌液。如果细菌是运动的，它将从中央游出，通过连续的细胞分裂，扩散生长区域将覆盖整个平板。

（二）细菌大小的测定

细菌的大小也是形态鉴定中的主要特征之一。测量其大小可借助电子显微镜或目镜测微尺，在光学显微镜下直接进行。并以微米（μm）为测量单位。球菌以直径，杆菌与螺旋菌（一般测量其弯曲形长度，而不是其真正的长度）以长×宽来衡量。

由于细菌个体大小有差异，以及所用的固定和染色方法不同，测定结果可能不一样，所以有关细菌个体大小的记载，常是平均值或代表性数值。影响细菌形态变化的因素，同样也影响细菌的大小。一般幼龄细菌比成熟的或老年的细菌要大。另外，培养基中渗透压增加也会引起细胞变小。

（三）细菌菌落特征

培养性状指细菌群体在培养基上的形态和生长习性。各种细菌在某一鉴定培养基上都能产生固有的菌落形态和生长特征。除鉴定需要外，培养性状对检查菌株纯度、认识及管理菌株等都很重要，因此，需要注意观察细菌的培养性状，并做好记录（表4-1）。

1. 针面菌苔特征

① 用小接种环沾少许菌液在营养琼脂斜面上，由下而上拉一直线，适温培养。注意在移植前，斜面切勿平放，否则底部凝结水倒流回表面，划线培养后菌苔随水扩散，以致菌苔特征不典型。

② 一般培养1～7d内观察并记载以下各项：生长量（良好、微弱、不生长

等）；生长型：丝状，小刺状，念珠状，扩散状，假根状，树状，薄膜状等；光泽、菌苔与培养基颜色、气味、黏度等。

2. 平板菌落特征

① 将营养琼脂熔化后凉至不烫手就可倒入培养皿，每皿（直径 9cm）约 15～20mL，凝固后成琼脂平板，待平板表面无水珠后方可使用。

② 用接种环沾少量菌苔或菌液在平板上划线，或将菌液稀释后滴在平板表面，然后用刮刀涂抹均匀，适温培养使其长出单个菌落。

③ 适温培养 3～7d。由于菌落的形状、大小不仅取决于组成菌落的细胞的结构与生长行为，而且也受其邻近菌落及培养基厚薄的影响：互相靠近的菌落较小，分散开的菌落较大；长在薄培养基上的菌落较小，长在厚培养基上的菌落较大。所以要注意观察分布疏密适中的单菌落形态：大小与形状、表面（光滑、粗糙、皱纹、同心环、辐射状等）、隆起（凸、凹、平）、边缘（光滑、锯齿状、波浪状、纤维状等）、硬度、透明度等。

表 4-1　细菌的形态特征和培养性状

菌号

	培养温度：　　℃	绘图
形态特征	革兰氏染色： 形状及排列： 大小： 芽孢： 荚膜： 运动及鞭毛： 其他：	
培养性状	营养琼脂皿上菌落　　℃　　天 形状： 表面： 隆起： 边缘： 大小： 颜色： 光学特性：	明胶穿刺培养　　℃　　天 液化与否： 液化型： 液化速度： 培养基颜色：
	营养琼脂斜面　　℃　　天 生长型： 生长量： 光泽： 颜色： 气味： 黏度：	色素 KingA(或 B)培养基： 荧光： 水溶性： 非水溶性： 马铃薯块： 颜色： 生长状况：
	培养液　　℃　　天 生长型： 浑浊度： 气味： 沉淀物：	石蕊牛奶： 反应： 酸凝： 酶凝： 胨化： 还原：

分离日期：

3. 培养液中的生长特征

① 将配好的牛肉膏蛋白胨培养液经过滤澄清后，于121℃湿热灭菌20min。

② 取少量菌体接入上述培养液中。

③ 在适温下静置培养1～7d，观察培养物的浑浊（整个培养液呈浑浊状态，并均匀一致）、沉淀（絮状、黏液状、颗粒状、块状沉淀等）、结膜（液面呈一层薄膜或厚膜，有的沿试管壁长一圈），有无气泡、气味等现象。

4. 马铃薯块上的生长特征

（1）培养基制备

① 选取较好的马铃薯（薯肉为白色，至少颜色一致），洗净去皮，泡在清水中。用刀切成3.5～4.0cm长、0.5cm宽的楔形薯块斜面，或用直径1cm左右的打孔器打成圆柱状，再对角切成两个斜面，立即泡在水中，否则易氧化变色。

② 为防止薯块干燥，先在试管底部放一团吸饱水分的湿棉花，再将薯块粗端向下，放入试管中，塞上棉塞，常规灭菌。

为了中和细菌分解淀粉而产生过多的酸，也可在灭菌前于薯块斜面上加少量碳酸钙。

（2）操作步骤

① 将培养18～24h的菌苔在薯块斜面上划直线接种，适温培养。

② 在培养后第1天、第3天、第7天、第2周、第3周观察其生长情况（好、中等、差）、菌苔形态（稠密度、有无皱褶及扩散、色素）、薯块的颜色变化等。

马铃薯若用于观察果胶水解，只要用无菌刀将洗净的鲜马铃薯切成适当大小，一块用无菌接种针扎一下为对照，其余的在切面上接种试验菌，适温培养2d。如对照完整，接种斜面软腐者为阳性，未软腐者为阴性。

5. 色素产生试验

细菌产生的色素大致分为两种：一种是水溶性色素（培养基内渗有颜色）；另一种是非水溶性色素（菌苔本身呈色，培养基不呈色）。水溶性色素中有的能在紫外光下产生荧光。培养基成分对色素的产生有很大影响，如在新鲜牛肉汁琼脂斜面上易产生荧光；在用牛肉膏制成的培养基上则不易产生。为便于比较，试验时最好选用同一种培养基。表4-2是鉴定假单胞菌产色素的常用培养基。其中A培养基适用于观察水溶性非荧光色素；B培养基适用于观察荧光色素。但一般情况下，B培养基可以两用。荧光色素只有在紫外光下是可见色素。

表4-2 假单胞菌产色素常用培养基

药品	金（King）氏 A	金（King）氏 B
蛋白胨	20g	20g
K_2SO_4	10g	
$MgCl_2$	1.4g	

药品	金(King)氏 A	金(King)氏 B
K$_2$HPO$_4$		1.5g
MgSO$_4$·7H$_2$O		1.5g
甘油	10g	10g
琼脂粉	20g	20g
蒸馏水	1000mL	1000mL

pH 7.2，121℃湿热灭菌 20min。

操作步骤如下：

① 将幼龄菌种接入上述斜面培养基，适温培养，在第 1 天、第 3 天、第 5 天、第 7 天、第 14 天分别观察一次。

② 观察时，最好将菌苔刮出，用黑（白）纸作背景，在自然光下目测培养基颜色，用紫外线灯检查荧光色素。

若培养基中添加 1%～2% 的葡萄糖，有些细菌更易于产生色素。

（四）细菌的生理生化特征

由于各种细菌的生理特性不同，因而产生的代谢产物也不一样，常规鉴定中的生理生化试验如下：

1. 氧化酶试验

氧化酶又称细胞色素氧化酶，它和细胞色素 a、b 和 c 等构成氧化酶系，参与生物的氧化作用。在有细胞色素和细胞色素氧化酶存在时，加入 α-萘酚和二甲基对苯二胺（N,N-dimethyl-p-phenylenediamine）后，形成吲哚酚蓝，反应式如下：

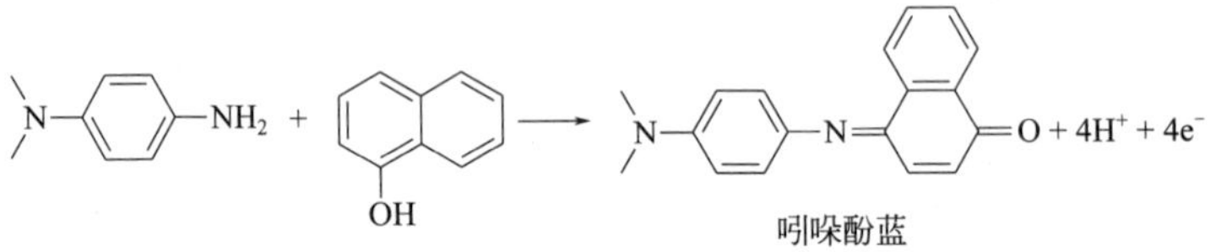

吲哚酚蓝

（1）试剂

① 1% 盐酸二甲基对苯二胺水溶液，于棕色瓶中置冰箱保存。因该溶液极易氧化，保存时间不得超过两周，如溶液转为红褐色后则不能使用。

② 1% α-萘酚乙醇（95%）溶液。

（2）操作步骤

① 取一张滤纸置于培养皿内，滴二甲基对苯二胺液（或滴上述两种试剂等量混合液），滴入量以使滤纸湿润为度。如过湿，有碍菌苔与空气接触，延长呈色时间，造成假阴性。

② 用铂金耳（铁、镍等金属可催化二甲基对苯二胺呈红色，不宜用这些金属制的接种环）挑取培养 18～24h 的菌苔，涂抹在滤纸上，如呈玫瑰红（或蓝色）

则为阳性，在1min以后显色者仍按阴性处理。

③ 也可制成氧化酶试纸。将滤纸用1%的二甲基对苯二胺液浸湿，风干后剪成纸条，放在有橡皮塞的试管中置冰箱密闭保存。使用时，用铂金耳取菌苔直接在纸条上涂抹。

2. 接触酶试验

接触酶又称过氧化氢酶，是一种以正铁血红素作为辅基的酶，能分解过氧化氢为水和氧。一般好氧细菌与兼性厌氧细菌（除某些链球菌、乳酸杆菌等外）都能产生接触酶，而厌氧细菌则不产生接触酶，是用以区别好氧菌和厌氧菌的方法之一。

（1）培养基

① 常规用营养琼脂培养基。培养基中不可含有血红素或红细胞，以免产生假阳性结果。

② 在鉴定乳酸菌时，培养基中应加入1%的葡萄糖，因为乳酸菌在无糖培养基上生长时，可能产生一种"假过氧化氢酶"（非血红素的过氧化氢酶）。

（2）试剂　3%过氧化氢。

（3）操作步骤

① 接种试验菌，适温培养18～24h。

② 将3%的过氧化氢滴于斜面菌苔上（或涂有菌苔的载玻片上），静置1～3min后，如有气泡产生即为阳性。

3. 葡萄糖氧化发酵试验

细菌从糖类产酸并不均是发酵性产酸，也并非都是不需要分子氧作为最终氢受体。以分子氧为最终氢受体的细菌产酸量较少，且常常被培养基中蛋白胨分解时所产生的氨中和，而不显产酸。为此，休和利夫森（Hugh和Leifson）二氏提出用含低有机氮培养基来鉴别细菌从糖产酸是氧化性的还是发酵性的。一般以葡萄糖为代表，也可用该基础培养基测定细菌从其他糖或醇类产酸的特性。这已广泛用于细菌分类鉴定。

（1）基础培养基　蛋白胨2g，NaCl 5g，K_2HPO_4 0.2g，琼脂（水洗）5～6g，溴麝香草酚蓝水溶液（1%）3mL，蒸馏水1000mL，pH 7.0～7.2。

每试管装培养基高约4～5cm，121℃湿热灭菌20min。使用时将培养基熔化，再用无菌操作把经过滤灭菌的糖液加到试管中，使其浓度达到1%，摇匀，直立冷却后备用。也可把1%葡萄糖直接加入培养基中，121℃湿热灭菌20min。

（2）操作步骤

① 将培养18～24h的幼龄菌体穿刺接种于上述培养基中，每株接4支。培养基在使用前于沸水中熔化后迅速用冷水冷却，凝固后立即使用，以排除因培养基中有空气而影响结果。

② 其中 2 支用灭菌的凡士林（与液体石蜡各半混匀）注入试管（约 0.5～1.0cm 厚）以隔绝空气，为闭管；另 2 支不封油，为开管。同时还要有不接种的开管、闭管作对照。若接种后 24h 内及时进行观察，也可不用凡士林封管。置 30℃ 培养，在第 1 天、第 2 天、第 4 天、第 7 天、第 14 天各观察一次。

③ 观察结果。氧化产酸：仅开管产酸变黄，而且培养基上层产酸变色部分不超过 1cm。48h 后，氧化作用强的菌也只有半管左右因产酸变色。氧化能力弱的菌往往在 1～2d 时，上部产碱变蓝，以后才稍因产酸而变黄。发酵产酸：开管及闭管均产酸，先沿穿刺线产酸变色，发酵作用强的菌培养 24h 内可因产酸而全管变色。如产气，则在琼脂柱内产生气泡。

4. 糖（醇）发酵试验

细菌具有各种酶系统，在厌氧条件下能分解糖类，产生各种有机酸（乳酸、醋酸、丙酸等）、气体（甲烷、二氧化碳、氢等）和其他产物。细菌种类不同，对各种糖类的分解能力各异，因此，这是鉴别细菌种类的一项重要依据。

用以发酵的糖、醇和糖苷的种类有如下几种：

（1）糖类

① 单糖　五碳糖如阿拉伯糖、木糖、鼠李糖等；六碳糖如葡萄糖、果糖、半乳糖、甘露糖等。

② 二糖　还原糖如乳糖、麦芽糖等；非还原糖如蔗糖、纤维二糖、海藻糖等。

③ 三糖　棉子糖、松三糖等。

④ 多糖　淀粉、糊精、纤维素、菊糖、肝糖等。

（2）醇类　如乙醇、甘油、甘露醇、山梨醇、卫茅醇、肌醇、清凉茶醇等。

（3）糖苷类　如水杨苷、七叶苷、松苷等。

酸的产生可根据培养基中溴麝香草酚蓝（pH 7.6～6.0 由蓝变黄）或溴甲酚紫（pH 6.8～5.2 由紫变黄）指示剂颜色的改变来确定。产气可由发酵管气泡的产生予以证实。

发酵管通常以杜氏管为主，艾氏管为辅。用杜氏管时气泡集中在小管顶端；用艾氏管时气泡集中在封闭端的顶部，且气体量可由刻度上显示出来。但细菌鉴定一般只需定性就行了。所以通常用小型的杜氏管，操作简单，又节省糖液。

一般常以牛肉膏蛋白胨为基础培养液，pH7.6，每 1000mL 加入 1.6％溴麝香草酚蓝水溶液 1mL 至呈蓝绿色。定量分装培养液于烧杯中，分别在各烧杯中按培养液容量的 1％加入糖或醇类，然后分别装入试管中，每管装入培养液的高度约为 4～5cm，再在试管内加入倒置的杜氏小玻管（约 0.4cm×2.0cm×2.5cm）一支。灭菌后小管内因空气排除而充满培养液（灭菌前必须将灭菌锅内的冷空气排净，否则小管内会残留气泡），121℃湿热灭菌 20min，或将糖液（过滤灭菌）与基础培养液分别灭菌，然后以无菌操作把糖液按量加入培养液中。配好后最好及时使用，以免存放时间较长时杜氏小管中出现气泡。

操作步骤如下：

① 将试验菌分别接入上述培养液中。置30℃培养48～72h，另以不接种者作对照。

② 如产酸，则培养液 pH 值下降而变黄色。如产气，则必先产酸，并在杜氏小管顶端出现气泡。

③ 结果记录：以"＋"表示产酸，"O"表示产气，"⊕"表示产酸产气，"－"表示无变化，"碱"表示产碱。

5. 乙酰甲基甲醇（Voges-Proskauer，V-P）试验

本试验与甲基红试验都是为了测定细菌发酵葡萄糖的变化情况。某些细菌在代谢过程中发酵葡萄糖生成丙酮酸，2 分子丙酮酸脱羧生成乙酰乳酸，继续脱羧形成乙酰甲基甲醇。乙酰甲基甲醇在碱性溶液中被空气中的氧氧化为二乙酰，二乙酰可与培养基中的精氨酸所含的胍基结合，形成红色的化合物，即 V-P 试验阳性。过程如下：

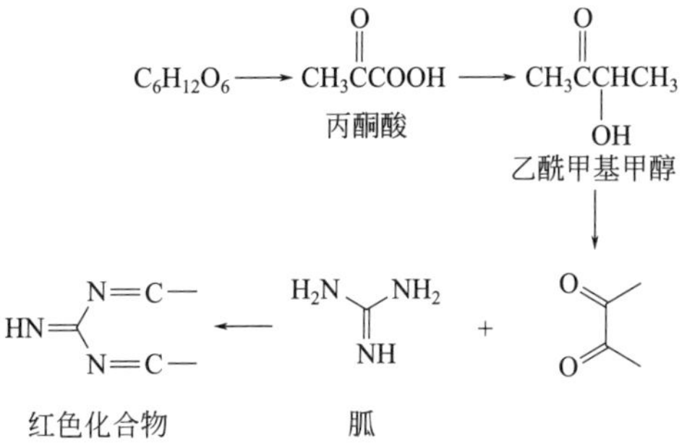

（1）培养基　蛋白胨 5g，葡萄糖 5g，K_2HPO_4 或 NaCl 5g，蒸馏水 1000mL，pH7.0～7.2，每试管分装 4～5mL，121℃湿热灭菌 20min。

（2）试剂

① A 液：5％ α-萘酚（无水乙醇溶液），该液易氧化，只能随配随用。或用 0.3％肌酸水溶液（也可不配成溶液，直接使用）。

② B 液：40％氢氧化钠溶液。

（3）操作步骤

① 将试验菌接种于上述培养液中，适温培养 2d、4d、6d（如试验效果为阴性可适当延长时间）。

② 取培养液 1mL 加等量 40％NaOH 和 0.5mL α-萘酚（或 0.5～1mg 肌酸），用力振荡，静置 15～30min 后观察其颜色变化。红色为阳性，黄色为阴性。

6. 甲基红（M-R）试验

某些细菌在分解葡萄糖产生丙酮酸后，进一步分解为甲酸、乙酸和乳酸等，

使培养液呈酸性。用甲基红指示剂（pH4.4～6.6，红色—黄色）测定培养液，若呈红色，则为甲基红阳性。如产生的是中性物质，则无此种反应。

（1）培养基　同 V-P 试验。若试验菌属芽孢杆菌属，则以 NaCl 代替K_2HPO_4，以防因 K_2HPO_4 有缓冲作用而阻碍 pH 值的降低。

（2）试剂　甲基红 0.1g，95％乙醇 300mL，蒸馏水 200mL。

（3）操作步骤

① 接种培养同 V-P 试验。

② 在培养液中加 1～2 滴甲基红试剂，如呈红色为阳性，呈黄色为阴性。

③ 适温下培养。若试验菌为肠道细菌，要求于 37℃培养 4d，再进行测定。

7. 淀粉水解试验

细菌如产生淀粉酶（胞外酶），则将培养基中的淀粉水解为糊精或糖。淀粉水解后，遇碘不再呈蓝色反应。

（1）培养基　常用营养琼脂加 0.2％可溶性淀粉。配制时先将淀粉用少量水调成糊状，再加入琼脂已熔化的培养基中，以免焦底。

（2）试剂　卢戈氏碘液。

（3）操作步骤

① 将上述培养基倾入培养皿中，待凝固。

② 用接种环取少量菌苔，在此琼脂平板上划线或点植，适温培养 2～7d。

③ 打开皿盖，滴加碘液于菌落上，如菌落周围为蓝色，表示未水解；如菌落周围或菌落下有无色透明圈，或呈红紫色，证明淀粉已被水解。透明圈的大小说明酶活力的强度。

8. 纤维素分解试验

选一适当的培养基，加入纤维素（滤纸或纤维素粉）作为细菌的唯一碳源，观察其能否生长和分解，以示有无纤维素酶。

（1）培养基

① 试管法　基础培养液：蛋白胨 5g，NaCl 5g，蒸馏水 1000mL，pH 7.0～7.2。

每试管分装 5mL，并在管内加入 0.8cm×7cm 的滤纸条（事先去淀粉、去酸处理），121℃湿热灭菌 20min。

② 平板法　培养皿底层为 2％的琼脂 15mL，上层为上述基础培养液加 0.8％～1.5％纤维素粉和 1.5％琼脂共 5mL。

（2）操作步骤

① 试管法　取斜面菌苔少许接种于试管培养液内，并以不接种者为对照。适温培养 5～15d，其中的滤纸折断、变薄或溃散者为阳性，滤纸无变化者为阴性。

② 平板法　在双层平板上，每皿可点接 6 个菌，同时应将接种不含纤维素的

培养基作为对照。经适温培养后，观察菌落四周有无透明圈，如有则为阳性。

9. 明胶液化试验

明胶是一种动物性蛋白质，其分子可在细菌蛋白酶（胞外酶）的水解作用下变小，从而导致明胶由原来的固态变为液态，即所谓的明胶液化，即使在20℃以下也不再凝固。可以细菌能否使明胶液化来表示其有无分解蛋白质的能力。常用的有穿刺法和平板法。

（1）培养基

① 明胶培养基　蛋白胨5g，明胶120g，蒸馏水1000mL，pH 7.2～7.4。

② 明胶琼脂培养基　明胶4g，牛肉膏3g，蛋白胨5g，琼脂15g，水1000mL，pH 7.2～7.4。

配制时，先将烧杯中的水加热近沸腾时，再加入其他药品和明胶，边加热边搅拌（防止粘底，烧杯破裂），待溶化后，调节pH，每试管分装5mL或装锥形瓶，121℃灭菌20min。

（2）操作步骤

① 穿刺法

a. 将培养18～24h的幼龄菌体穿刺接种于上述培养基中，并以不接种者为对照，置20℃培养。

b. 分别在第2天、第4天、第7天、第14天、第30天取出培养基，在20℃以下室温中观察菌的生长情况和培养基是否液化及其液化形状。对于在20℃以下不长的菌株可置于30℃恒温箱中培养，观察时先取出，置冰箱中降温，待同时放入的对照管中明胶凝固后一并取出观察。试管中液化形状有火山口状、芜菁状、漏斗状、囊状和层状。

c. 若长菌，明胶表面无凹陷，凝块稳定，则为明胶液化阴性；若明胶凝块部分或全部在20℃以下变为可流动的液体，则为明胶液化阳性；若长菌，明胶未液化，但明胶表面菌苔下出现凹陷（用对照管比较，因为培养过久明胶失水时也会出现凹陷），这是轻度液化，仍为阳性。

此法仅适用于能在22℃以下生长的细菌。

② 平板法

a. 将明胶琼脂培养基制成平板。

b. 取少量菌苔于平板上划线或点植。28～30℃培养2～3d。

c. 打开皿盖，注入8～10mL酸性升汞溶液（升汞15g，浓盐酸20mL，蒸馏水100mL）至淹没平板，如菌苔周围出现清晰的透明圈，说明该菌分解明胶；如不液化，则形成白色不透明沉淀。此法灵敏度较高。

10. 产氨试验

某些细菌具有脱氨酶，能使氨基酸脱去氨基，生成氨和各种酸类。氨与奈氏试剂作用产生黄色或棕红色沉淀。其反应式如下：

$$2(HgI_2 \cdot 2KI) + KOH + NH_3 \longrightarrow NH_2Hg_2I_3 + 5KI + H_2O$$
棕红色碘化双汞铵

（1）培养基　0.5％蛋白胨液（不含游离氨者方可使用，事先可用奈氏试剂检查），pH7.2。分装试管，121℃湿热灭菌20min。

奈氏（Nessler）试剂：A液为KI 10g，蒸馏水100mL，碘化汞20g；B液为氢氧化钾20g，蒸馏水100mL。

待A、B两液冷却后混合，将上清液储于棕色瓶中备用。当有氨离子存在时产生棕色沉淀。

（2）操作步骤

① 接种试验菌于适温培养1d、3d、5d，并设置不接种的空白对照。

② 取培养液少许，加1～2滴奈氏试剂，如出现黄色或褐色沉淀，表示有氨存在。

11. 产硫化氢试验

某些细菌能分解含硫氨基酸（如胱氨酸或半胱氨酸），产生H_2S。而H_2S遇铅盐（或铁盐）则形成黑色的硫化铅（或硫化铁）沉淀物。其反应式如下：

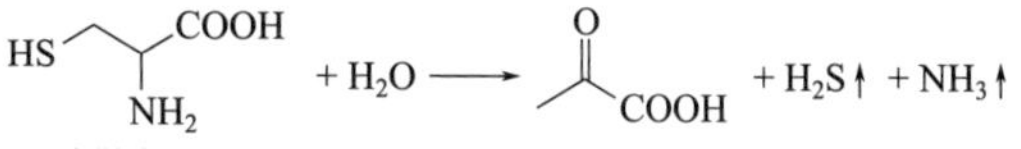

半胱氨酸

$$H_2S + Pb(CH_3COO)_2 \longrightarrow PbS\downarrow + 2CH_3COOH$$

（1）培养基　蛋白胨10g，胱氨酸0.1g，Na_2SO_4 0.1g，蒸馏水1000mL，pH 7.0～7.4。

每试管分装4～5mL，121℃湿热灭菌20min。

另将滤纸剪成0.5～1cm宽的纸条，长度根据试管与培养液高度而定。用5％～10％醋酸铅溶液浸透，取出晾干，放培养皿中高压灭菌，再烘干备用。

（2）操作步骤

① 培养液接种后，用无菌镊子夹取一条醋酸铅滤纸条，借助棉塞悬挂于试管中培养液液面之上，下端接近液面但不可触及液面。同时以不接种的空白及已知呈阴性反应的菌为对照。置适温下培养。

② 培养3d、7d、14d观察。如纸条变黑者为阳性，不变者为阴性。

12. 产吲哚（indole）试验

有些细菌含有色氨酸酶，能将蛋白胨中的色氨酸分解为吲哚（靛基质）。吲哚与对二甲基氨基苯甲醛作用产生红色的玫瑰吲哚。如加过锰酸钾饱和液或过硫酸钾液等氧化剂，可促进反应。其反应式如下：

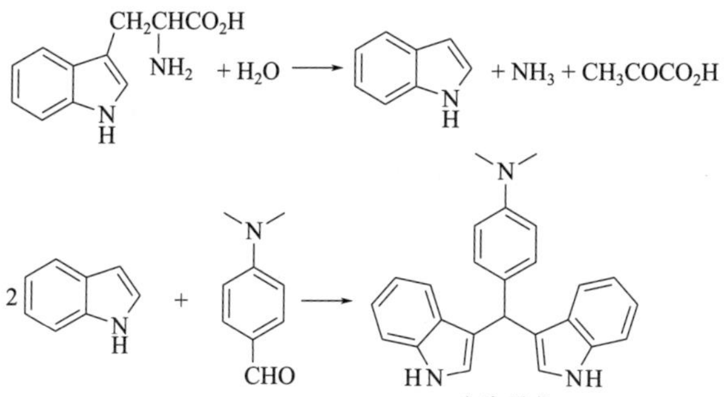

CH_2CHCO_2H ... $+ H_2O \longrightarrow$ ... $+ NH_3 + CH_3COCO_2H$
NH_2

玫瑰吲哚

（1）培养基　1%胰胨水溶液，pH 7.2～7.6。

121℃湿热灭菌 20min。

（2）试剂　对二甲基氨基苯甲醛 2g，乙醇（95%）190mL，浓 HCl 40mL。

（3）操作步骤

① 培养液接种试验菌后于适温下培养。

② 取培养 2～7d 的培养液。沿管壁缓缓加入 3～5mm 高的吲哚试剂，液层界面出现红色，表示产生吲哚，即为阳性。

③ 若颜色不明显，可先加乙醚 4～5 滴（或二甲苯 1mL），充分摇动，静置片刻，待乙醚层浮于液面后，再加吲哚试剂。如有吲哚存在，则试验菌被提取到乙醚层中，显色较为明显（加入试剂后不可再摇动，否则吲哚与培养液混合，红色不明显）。

不同厂家的胰胨（或蛋白胨）产生吲哚的阳性率不一致，最好使用同一厂家的胰胨。此外，培养液中加入微量的色氨酸，可加强吲哚的阳性率。

13. 石蕊牛奶试验

牛奶通常含有乳糖、酪蛋白、无机盐及生长素等。细菌对牛奶的利用主要指对乳糖及酪蛋白的分解作用。牛奶中常加石蕊作为酸碱和氧化还原指示剂（在中性时呈淡紫色，酸性时呈红色，碱性时呈蓝色，被还原时，则自下而上全部或部分褪色），借此识别各种反应。

产酸——细菌发酵乳糖，使石蕊变红。

产碱——细菌分解酪蛋白产生碱性物质，使石蕊变蓝。

陈化——细菌分泌蛋白酶，酪蛋白被水解，使牛奶变清（注意石蕊呈红色、蓝色或无色）。

酸凝——细菌发酵乳糖产酸量很高时，牛奶凝固。

酶凝——细菌分泌凝乳酶，使牛奶中的酪蛋白凝固，石蕊常呈蓝色或紫色，或不变色。

还原——细菌生长旺盛，使培养基氧化还原电位降低，石蕊褪色。在上述五种情况下，石蕊均可还原。

（1）培养基

① 脱脂牛奶的制备　新鲜牛奶脱脂的方法见第十一章介绍的冷冻干燥保藏法。也可用脱脂奶粉 100g 溶于 1000mL 水中代替之。

② 石蕊溶液的配制　石蕊 2.5g，蒸馏水 100mL。

将石蕊浸泡在蒸馏水中过夜或更长时间，研磨后，再煮沸 1min，溶解后过滤备用。

③ 石蕊牛奶的配制　以新鲜牛奶不用调节 pH 值者为最佳，如果脱脂后牛奶偏酸，可用 1mol/L NaOH 调至 pH 7.0，再按下列比例混合：脱脂牛奶 100mL，2.5％石蕊液 4mL。

混合后的颜色以呈丁香花紫色（淡紫偏蓝）为度，每试管装 4～5mL，121℃湿热灭菌 20min。

（2）操作步骤

① 将试验菌接种于石蕊牛奶试管中，另取不接种者为对照，适温培养。

② 培养 1d、3d、5d、7d、14d、30d 观察酸碱、酸凝、酶凝、胨化和还原反应等，各反应特征如前述。

14. 尿素水解试验

有些细菌产生脲酶，能分解尿素为氨和二氧化碳，培养基的 pH 值因此而升高。可根据培养基中酚红指示剂颜色的变化，判断尿素是否水解。其反应式如下：

$$H_2N-\underset{\displaystyle NH_2}{\overset{\displaystyle O}{C}} + 2H_2O \longrightarrow (NH_4)_2CO_3 \longrightarrow 2NH_3 + CO_2 + H_2O$$

（1）培养基　1.5％营养琼脂培养基，pH 调至 7。

（2）操作步骤

① 将上述琼脂培养基熔化后，每 1000mL 加酚红 0.012g（1/500 酚红水溶液 6mL），再加灭菌的尿素 20g，使培养基呈黄色或微带粉红。冷至 45℃，制成平板。

② 将试验菌点植在平板上，每个平板可同时点植数种菌，点植时菌量应稍大。同时以已知菌和未接种培养物为对照。

③ 适温培养 2h、4h 进行观察，如结果为阴性，则需连续观察 4d。在接种点周围出现红色圈，即为阳性，培养基颜色不变者为阴性。

15. 产 3-酮基乳糖试验

本试验用于鉴别土壤杆菌（*Agrobacterium*），该菌通常能氧化非还原性的乳糖为有还原性的 3-酮基乳糖。其反应式如下：

（1）培养基　乳糖 10g，琼脂 20g，酵母膏 20g，蒸馏水 1000mL，K_2HPO_4 0.5g，$MgSO_4 \cdot 7H_2O$ 0.2g，$CaCl_2 \cdot 2H_2O$ 0.1g，蒸馏水 1000mL，pH 6.5 ± 0.1（如用固体培养，则另加 1.5%～2.0% 的琼脂），含碳化合物浓度为 0.03mol/L。

（2）操作步骤

① 用接种针沾取菌悬液接入培养液中（平板培养用接种环点种），适温培养 2d、5d、7d、14d。每一个试验菌都需接种未加含碳化合物的基础培养基作对照。

② 观察时，试验菌在含碳化合物培养基中的生长速率明显超过基础培养基者为阳性，否则为阴性。若两种培养基上的生长情况无明显差别，可在同一培养基上连续移种三次，如生长差别仍不明显，则按阴性处理。

16. 柠檬酸盐生长试验

由于细菌利用柠檬酸盐的能力不同，因此，能否在柠檬酸盐为唯一碳源的培养基上生长，可以此来判断该菌能否利用柠檬酸盐。当细菌利用柠檬酸盐时，将其分解成碱性的碳酸盐，使培养基中的酚红指示剂（pH 6.8～8.4，黄—红）由淡粉红色变为玫瑰红色。

（1）培养基　柠檬酸钠 5g，$NH_4H_2PO_4$ 1g，$MgSO_4 \cdot 7H_2O$ 0.2g，NaCl 5g，$K_2HPO_4 \cdot 3H_2O$ 1g，酵母膏 1g，琼脂 20g，0.5% 酚红液 3mL，蒸馏水 1000mL。

分装试管，121℃湿热灭菌 20min。

（2）操作步骤

① 将试验菌在斜面上划线接种，适温培养 3～5d。

② 若该菌能利用柠檬酸盐，则可在此斜面上生长并将培养基由原来的淡粉红色变为玫瑰红色者为阳性，颜色不变者为阴性。

17. 氰化钾试验

氰化钾是呼吸链末端抑制剂。能否在含氰化钾的培养基中生长，是鉴别肠杆菌科中各属的常规试验项目。

（1）培养基　蛋白胨 3g，KH_2PO_4 0.225g，NaCl 5g，$Na_2HPO_4 \cdot 2H_2O$ 5.64g，蒸馏水 1000mL，pH 7.4～7.6。

121℃湿热灭菌 20min，冷却后加 15mL 0.5% 的 KCN 水溶液，无菌分装于灭菌小试管中，各 1mL。另有不加 KCN 的对照管。

（2）操作步骤

① 用幼龄菌接种测定管和对照管。

② 于 37℃下培养 1～2d，测定管中生长者为阳性；测定管中未生长，而对照管中生长者为阴性。

③ 如测定管和对照管中均未生长，说明培养基成分不合适，应另选适当的培养基进行测定。

④ 氰化钾为剧毒药品，试验完毕应在各试管中加几粒 $FeSO_4$ 和 0.5mL 20% KOH 去毒后，再按常规方法洗涤。

（五）细菌的生态条件

细菌的生命活动，除营养条件外，对其他生活条件也有一定的要求，如温度、pH、需氧性和耐盐性等。不同种的细菌对生态条件的反应各不一样，生态条件适宜时，细菌能正常生长发育；反之，其生长受到抑制，或引起变异，甚至死亡。经过细菌生理生化和生态条件试验后，建立内生细菌鉴定卡片（表4-3）。

表4-3　细菌鉴定卡

生态条件	温度：　　　　最高　　　　　　℃ 最适　　　　　　　　　　℃ 最低　　　　　　　　　　℃ pH：　　　　最高 最适 最低 与氧的关系： 耐盐性：				
底物利用	时间 底物				

1. 生长温度试验

细菌生长时都有相适应的温度范围。在开始分离时所采用的温度不一定是其最适温度，而以时间最短、生长量最多时的温度为最适温度；能够生长的最低或最高温度为最低或最高生长温度。因此，最适温度的测定，不仅是在鉴定工作中，而且在生产上也有其应用价值。按细菌对温度的适应性，可将细菌生长的温度范围分为三种类型（表4-4）。

表 4-4　细菌生长的温度范围

温度/℃ 类型	最低	最适	最高
低温	0	10～15	20～30
中温	5	25～37	45～50
高温	30	45～55	60～75

为突出温度对细菌生长的影响，应选择其最适培养基和最适培养方法。

（1）培养基　一般采用牛肉膏蛋白胨培养液，调节 pH 至 7.2～7.4，121℃湿热灭菌 20min，静置后取上清液分装于透明度好的试管中，再高压灭菌一次。培养液中不得有沉淀。

（2）操作步骤

① 将试验菌接种于上述培养液中，适温培养 18～24h，即成菌液。如用固体培养，则制成菌悬液。

② 用直径约 0.5mm 的接种针沾取菌液（接种针浸湿深度约 1.0～1.5cm，接种量力求一致）接入培养液中，并与对照一起置于特制的试管架上，分别（次）在 0℃、8℃、20℃、28℃、37℃，甚至 55～65℃恒温水浴中（水浴液面应高于培养物液面）培养 2d、4d、7d 后观察。将经过标定的温度计插入盛有培养液的试管中。

③ 与未接种的对照管比较，目测生长情况，如浑浊度、沉淀物、悬浮物的大小或多少程度（包括环状和膜等）。一般以生长良好（＋＋）、生长差（＋）、可疑（±）、不生长（－）四级记录。

2. 致死温度试验

在一定条件下，一定时间内（通常为 10min）杀死全部菌体的最低温度称为致死温度。培养基同上。

操作步骤如下：

① 将已接种的菌液管放入不同温度的水浴锅中，待温度达到如 55～60℃时，开始计时，维持 10min 后，立即将菌液管取出放入冷水中迅速冷却。

② 将经上述处理过的和未处理的菌液移至营养琼脂斜面上或培养液中，适温培养 2d。

③ 观察生长情况，如 60℃以上无菌生长，55℃有菌生长，则说明该菌的致死温度在 55～60℃之间，可进一步测定在此范围内的准确致死温度。

3. 氢离子浓度试验

氢离子浓度（以 pH 表示）直接影响细菌的酶活性。在具有一定 pH 值的环境中生长最好，称其为最适 pH 值。当 pH 值高于或低于一定限度时，就不能生长，这一从最高到最低的范围，称为 pH 值适应范围。某种细菌在其他环境条件固定时，其生长的 pH 范围也是固定的，故氢离子浓度可作为一个鉴定指标。

本试验与温度试验相似，应选择最适培养基，接种量一致，菌龄在 18～24h 之间，于最适温度下培养 3d 和 7d，观察培养液的浑浊情况，记录生长的标准相同。

培养液配制好后，分成数份，每份用稀 HCl 或 NaOH 根据试验要求，调节成不同的 pH 值（如 4.0、4.5、5.0、5.5……9.0），分装试管，灭菌后分别抽样测 pH 值，并以此 pH 值为准。

4. 耐盐性试验

培养基内糖、盐浓度等对细菌都产生一定的渗透压。由于不同菌的耐盐性不一样，在较高渗透压下，有些菌能生长，有些菌则被抑制，故常以此作为鉴定特征。

操作步骤如下：

在上述牛肉膏-蛋白胨培养液中分别加入不同量的 NaCl，如 5％、7％、10％、15％等制成渗透压不同的培养液。按前法接种后经适温培养 3～7d，与对照管目测比较其生长情况，判断其对不同渗透压的耐受性。

5. 需氧性测定

氧对细菌的繁殖及生理影响很大，根据各种细菌对氧的要求不同，可分为好氧菌、厌氧菌、兼性厌氧菌及微好氧菌。通常采用深层琼脂法或琼脂穿刺法测试游离氧对细菌生长发育的影响，也可用抽气减氧培养法测定。

（1）培养基

培养基 I　蛋白胨 10g，酵母膏 5g，葡萄糖 1g，琼脂 15g，水 1000mL，pH 7.0，每试管分装 8～10mL，121℃湿热灭菌 20min。

培养基 II　酪素水解物（trypticase）20g，NaCl 5g，巯基醋酸钠（sodium thioglycollate）2g，甲醛次硫酸钠（sodium formaldehyde sylffoxate）1g，琼脂 15g，蒸馏水 1000mL，pH 7.2。

（2）操作步骤

① 深层琼脂法　将培养基放在沸水浴锅中加热熔化，冷至 50℃左右时，用接种环取菌体少许接入培养基内，轻轻摇动使其分布均匀后，立即置冷水中使培养基凝固，于 30℃下培养 2～3d 后进行观察。

② 琼脂穿刺法　将培养基熔化并冷至 50℃左右时，用接种针取少许菌体或用一小接种环（外径 1.5mm）的营养肉汤培养物，对试管底部做垂直穿刺接种（切勿搅动培养基）后，小心地置冷水中冷却凝固。于 30℃下培养 3～7d，观察细菌的生长情况及部位。

③ 抽气培养法　将接种后的斜面试管置于干燥器内，抽气至一定程度，然后

将干燥器置适温下培养。观察菌是否生长。

④ 结果记录

a. 专性好氧菌：只生长在培养基表面。

b. 专性厌氧菌：只生长在培养基底部。

c. 兼性厌氧菌：生长在培养基表面及整个深部。

d. 微好氧菌：生长在培养基的中上部，近表面约 4mm 处。

（六）DNA 中（G+C）含量测定

DNA 在生物中是起主导作用的遗传物质，其中碱基有四种：腺嘌呤（A）、胸腺嘧啶（T）、鸟嘌呤（G）和胞嘧啶（C），总是有规律地 A-T 相连和 G-C 相连，称为碱基对，它的顺序、数量和比例不受菌龄及外界条件的影响。不同种的细菌细胞中 DNA 碱基对的数量或比例不相同，但碱基对数量或比例相同者未必就是相同或相似的种属。因此，在分类鉴定中，DNA 碱基的测定总是与形态和生理生化等特征的比较结合使用。由于细菌中 G+C 百分比值（即 G+C 占四种碱基总量的摩尔分数）的变化幅度较大，为 27%～75%（摩尔分数），所以利用这一特征作为细菌的分类指标更有实际意义。

常用的分析方法，除用化学方法测定外，目前用得最多又较简便的是 DNA 热变性温度（T_m）法。T_m 法是指在一定溶剂中的 DNA，在一定温度下，其双螺旋结构间的氢键打开而成单链，导致它们对紫外光的吸收量逐步增加，如继续升温便达到一定值。这种吸光度增大的性质称为增色性，其中点的温度称为 DNA 的热变性温度或解链温度（T_m 值）。在具有一定离子强度的盐类溶液中，某种 DNA 的 T_m 是一恒定值，并与（G+C）含量成比例。因此，通过测定 T_m 就可求得（G+C）含量。其关系式如下：

$$T_m = 69.3 + 0.41 \times (G+C) 含量$$

1. 仪器设备

（1）紫外分光光度计　最好是能同时放 4 个比色杯的仪器。

（2）加热器　在放比色杯的小室内装有电加热器，加热循环水，也可用高沸点溶剂如乙二醇代替水。

（3）比色杯及温度计　常用的是 1cm 厚的带塞（最好是磨口玻璃塞或聚四氟乙烯塞）的石英比色杯。用经校准的半导体点温计直接测量杯内样品的温度（如小室可同时放 4 个比色杯，可将水银温度计由小室盖上的小孔直接插到一空白杯内测量温度），点温计的热敏电阻器通过比色杯塞上小孔（塞孔间用环氧树脂密封）直接插到杯内样品的上部，以不影响光路为准。在加热过程中，随时可读出样品的温度。

比色杯用温和的去污剂（如乙醇）浸泡，然后用水清洗、烘干或用待测液的溶剂冲洗后使用。

2. DNA 的制备

（1）试剂

① SE 溶液　0.15mol/L NaCl＋ 0.1mol/L 乙二胺四乙酸二钠（EDTA），pH 8.4。用于抑制酶活性。

② 25％十二烷基磺酸钠溶液（SDS）　能溶解许多无代谢活性的细胞，抑制酶活性和使蛋白质变性。

③ 溶菌酶　能溶解大部分革兰氏阴性菌及部分阳性菌的细胞壁。

④ 5mol/L 高氯酸钠　高盐浓度有助于蛋白质与 DNA 分开。

⑤ 氯仿-异戊醇　按体积比 24∶1 混合后存于冰箱中。氯仿使蛋白质变性，异戊醇能使泡沫减少，利于离心液分层。

⑥ 95％乙醇　用于沉淀 DNA。

⑦ NaCl-柠檬酸钠溶液（SSC）　1.5mol/L NaCl＋0.15mol/L 柠檬酸三钠，pH 7.0±0.2，称为 10SSC，然后稀释为 1SSC 和 0.1SSC。用于维持溶解 DNA 溶液的离子强度及螯合二价离子。

⑧ RNA 酶　将 RNA 酶溶于 0.15mol/L NaCl（pH 5.0）中，80℃保持 1min。用于除去样品中混杂的 RNA。

⑨ 醋酸盐-EDTA 溶液　3.0mol/L 醋酸钠＋0.001mol/L EDTA，pH 7。用于从溶液中分离 DNA。

⑩ 异丙醇　用于选择沉淀 DNA，除去多糖类杂质。

（2）操作步骤

① 将培养好的纯种菌制成菌悬液，加到营养琼脂平板上，用刮刀涂抹均匀后，适温下培养至对数生长期（一般细菌培养约 18～20h）。

② 用生理盐水刮洗平板上的菌体，离心 15min。用 50mL SE 溶液洗涤 1～2 次，再离心收集湿菌体 2～3g，将湿菌体悬浮于盛有 20mL SE 溶液的磨口锥形瓶中。

③ 加入 10mg 溶菌酶和 2mL SDS 溶液（也可在溶菌酶作用后再加），置 37℃ 水浴中振荡 30～60min，再在 60℃水浴中振荡 10min（如黏度太高，可适当补加 SE 液）。

④ 冷至室温，加入 5mol/L 高氯酸钠溶液（加入量约为溶液总体积的 1/4），使最终浓度为 1mol/L。

⑤ 加等体积的氯仿-异戊醇，振荡 20～30min，再用 5000～10000r/min 离心 5～10min。溶液分三层：上层为水层，中层为蛋白层，下层是氯仿层。

⑥ 吸取水层于刻度烧杯中，沿壁慢慢加入 2 倍体积的乙醇。用玻璃棒朝一个方向卷出纤维状的 DNA 丝，在壁上挤干，溶于相当于水层体积 1/2～3/4 的 0.1SSC 中。完全溶解后，用 10SSC 调节至约 1SSC。

⑦ 重复以上⑤⑥步骤，直至中层液体中蛋白含量很少为止。

⑧ 加入经热处理的 RNA 酶，其实际加入量视溶液的总体积而定，使最终浓度约为 $50\mu g/mL$，置 37℃ 水浴中保温 30min，不时振荡。

⑨ 加入等体积的氯仿-异戊醇，振荡 15min，重复去蛋白的操作 1～2 次。

⑩ 将卷出的 DNA 溶于 9（或 18）mL 0.1SSC 中。待 DNA 完全溶解。

⑪ 加入 1（或者 2）mL 醋酸盐-EDTA 液，边搅边滴加 5.4（或 10.8）mL 冷的异丙醇。卷出 DNA 丝，而多糖残留在溶液中。若卷不出，可适当补加异丙醇；若 DNA 多，可重复一次异丙醇沉淀处理。

⑫ 最终得到的 DNA 溶于 5～10mL 1SSC 中，保存于冰箱中。

DNA 的纯度标准：在 260/230/280nm 波长的吸光度之比为 1∶0.450∶0.515。

3. T_m 值的测定及（G+C）含量的计算

用 1SSC 溶液适当稀释 DNA，使溶液的吸光度（260nm）为 0.2～0.4，充分混匀，除去絮凝物备用。

将待测液放入比色杯内，慢慢加热。记录 25℃ 下 260nm 处的吸光度，然后迅速增温至 50℃ 左右，如杯内有气泡，轻敲其壁除去。继续加热至热变性温度前 3～5℃，停止加热 5～10min。待杯内液体不再升温后，再慢慢加热，每升高 1℃ 停顿 5min，使杯内温度充分均匀，直至不再呈现增色性时，说明 DNA 的变性已完全，记录每个温度下溶液的吸光度，如表 4-5 所示。

表 4-5　大肠杆菌 K_m 菌株 DNA 的热变性测定值

温度/℃	吸光度	校正膨胀体积后的吸光度	相对吸光度
25	0.295	0.2950	1.0000
84.2	0.295	0.3035	1.0288
89.4	0.322	0.3324	1.1268
94.4	0.397	0.4113	1.3942
96.1	0.398	0.4129	1.3997

由于液体升温后体积膨胀，必须将各温度下溶液的吸光度校正为 25℃ 时的数值，用校正值除以 25℃ 时的吸光度，得出各温度下的相对吸光度。而相对膨胀体积可由表 4-6 查得。

表 4-6　25℃ 水对不同温度水的相对膨胀体积

温度(T)/℃	相对膨胀体积 (V_T/V_{25})	温度(T)/℃	相对膨胀体积 (V_T/V_{25})	温度(T)/℃	相对膨胀体积 (V_T/V_{25})
25	1.0000	63	1.0157	68	1.0185
50	1.0091	64	1.0162	69	1.0191
60	1.0141	65	1.0168	70	1.0197
61	1.0146	66	1.0174	71	1.0203
62	1.0152	67	1.0180	72	1.0209

温度(T)/℃	相对膨胀体积(V_T/V_{25})	温度(T)/℃	相对膨胀体积(V_T/V_{25})	温度(T)/℃	相对膨胀体积(V_T/V_{25})
73	1.0215	84	1.0287	95	1.0365
74	1.0221	85	1.0293	96	1.0373
75	1.0228	86	1.0300	97	1.0380
76	1.0234	87	1.0308	98	1.0388
77	1.0240	88	1.0314	99	1.0396
78	1.0247	89	1.0321	100	1.0404
79	1.0253	90	1.0329	101	1.0411
80	1.0260	91	1.0336	102	1.0419
81	1.0266	92	1.0343	103	1.0426
82	1.0273	93	1.0351	104	1.0433
83	1.0280	94	1.0358	105	1.0441

根据表 4-5，以相对吸光度为纵坐标、温度为横坐标，绘成 S 形的热变性曲线。曲线中点相对应的温度即为 T_m 值。按照 Marruur 和 Doty 的经验公式，可计算出（G+C）含量。

$$(G+C)含量 = (T_m - 69.3) \times 2.44 \qquad (4-1)$$

按式(4-1)，（G+C）含量为 75%（摩尔分数）的 DNA，其 T_m 值为 100℃，这时必须把样品升温至 104℃ 才能完成 T_m 值的测定，但一般情况下比色杯的塞子会发生位移。因此，在测定高（G+C）含量的 DNA 的 T_m 值时，要用能使 T_m 值降低的溶剂。根据林万明等（1981）的试验，得出以下经验公式：

在 0.1SSC 中： $(G+C) = (T_m - 53.5) \times 2.44$ $\qquad$ (4-2)

在 0.3SSC 中： $(G+C) = (T_m - 61.4) \times 2.44$ $\qquad$ (4-3)

注意事项如下：

① 提取的 DNA 最好当天使用，如提取过程暂时中断，也最好在去蛋白时将未离心的混悬液置冰箱中。

② 用上述方法不能裂解的乳酸菌等微生物，需用特异性的溶菌酶、超声波或用矾土、石英砂研磨等方法破碎细胞。

③ 要特别注意溶菌液的浓度，若过低，用乙醇沉淀 DNA 时损失较大；过高，则第一次去蛋白的混悬液中出现凝块，离心后会沉入中层而丢失。

④ 对于含大量多糖的细菌，溶菌液的黏度很高，可在去蛋白前用异丙醇除去，或在 DNA 提取的最后一步除去。

⑤ 加试剂的量随菌体量的增多而相应增加。

⑥ 纯化 DNA 溶液若不澄清，可离心。长期保存可加氯仿防腐。

⑦ 用带塞比色杯测定，当最终温度达 98℃ 时，杯内液体损失约 1.5%，由于

多数损失出现在 T_m 得到之后，所以在计算（G+C）含量时可忽略不计。

总之，细菌的种类很多，用于鉴定的方法和项目也因属、种的不同而异。在细菌鉴定中并不是仅仅或全部按上述项目测试后就能确定下来，应根据具体鉴定对象，选用一定的试验方法和项目，参考多方面的资料才能确定。

（七）16S rDNA 或 16S rRNA 碱基序列分析

1. 16S rDNA 碱基序列分析

16S rDNA 序列大小适中，约 1.5kb 左右，能够体现不同菌属之间的差异，使用原核通用引物能够较容易地获得其序列。通过对某菌株 16S rDNA 序列的测定来获得最终鉴定证明的做法是被普遍认可的。

（1）菌体培养和基因组 DNA 的提取　菌株在 LB 液体培养基中在 28℃下振荡培养至对数生长期，以 9000r/min 离心。收集菌体，提取细菌基因组 DNA。用琼脂糖凝胶电泳检测细菌 DNA 含量，用 TE 稀释至 20ng/μL，−20℃保存备用。

（2）通用引物合成及 PCR 扩增　用于扩增细菌 16S rDNA 的通用引物可由生物工程技术服务有限公司合成，序列如下：

16SF：5′-AGAGTTTGATCATGGCTCAG-3′

16SR：5′-ACGGTTACCTTGTTACGACTT-3′

PCR 反应体系为 25μL，其中含 DNA（80ng）0.5μL，正反引物（0.2μmol/L）各 0.5μL，每种 dNTP（150μmol/L）2μL，$MgCl_2$（2.5mmol/L）2.5μL，10×Buffer 2.5μL，1U Taq 酶 1μL，dH_2O 补足 25μL。扩增程序为 94℃预变性 3min，然后 94℃变性 30s，58.5℃退火 1.5min，72℃延伸 2min。扩增 35 个循环后 72℃总延伸 10min。PCR 产物用 1.5%的琼脂糖凝胶（含溴化乙锭）电泳检测，在 UVP 紫外凝胶成像系统上观察照相（王振军，2006）。

（3）克隆及测序　目的片段用 DNA 纯化试剂盒 Agarose Gel DNA Purification Kit Ver. 2.0 回收纯化，再用 pMD19-T Vector 进行连接。采用大肠杆菌 JM 109 进行转化，挑选阳性克隆 PCR 检测后，由生物技术有限责任公司进行测序。

（4）序列分析　将测得的序列提交至 GenBank（http://www.ncbi.nlm.nih.gov）进行注册，用 Clustal X 1.83 软件对序列进行 Blast 分析，用软件 MEGA 7.0 的邻接法（Neighbor-Joining，NJ）构建系统进化树。

2. 16S rRNA 碱基序列分析

（1）核酸提取　将菌株接种于 LB 培养液中，适温培养 18～24h，离心收集菌体。将菌体用无菌水离心洗涤一次，用基因组提取试剂盒提取核酸。

（2）PCR 反应　用于扩增细菌 16S rRNA 的通用引物可由生物工程技术服务有限公司合成，序列如下：

27F：5′-AGAGTTTGATCMTGGCTCAG-3′

1492R：5′-TACGGYTACCTTGTTACGACTT-3′

PCR 反应体系为 20μL，其中 Buffer 2μL、2.5mmol/L 的 MgCl$_2$ 2μL、0.2mmol/L 的 dNTP 1.6μL、0.5mmol/L 的正反引物各 0.5μL、Taq 酶 0.2μL、RNA 模板 1μL、去离子水 10.2μL、0.1mmol/L 的 BSA 2μL。反应条件：95℃预变性 12min 后进入循环，95℃变性 50s，52℃ 退火 50s，72℃ 延伸 90s，25 个循环，72℃延伸 10min（张守印，2008）。

（3）纯化　取 PCR 产物各 10μL 用 Wizard PCR Preps DNA Purification system 树脂回收法，操作按试剂盒说明进行。

（4）连接　使用 Promega pGEMR-T Easy Vector System 连接试剂盒，混匀，室温 1h 或 4℃过夜，反应体系如表 4-7 所示。

表 4-7　连接反应体系

试剂	标准反应	阳性对照	阴性对照
Buffer	5μL	5μL	5μL
T-载体(50mg)	1μL	1μL	1μL
PCR 产物	3μL	—	—
control insert DNA	—	2μL	—
T4 连接酶	1μL	1μL	1μL
加超纯水至终体积	10μL	10μL	10μL

（5）克隆　用感受态细胞转化，操作步骤如下：①取连接产物 5μL 加入感受态细胞中；②冰上放置 5～30min；③42％热击 60s；④立即将小管转到冰上放置 2～3min；⑤加 250μL 平衡到室温的 SOC 培养液；⑥盖紧盖子，在 37℃摇床中培养 45min，水平转速 200r/min；⑦涂布 100μL 转化物于预先孵育的几个选择平板上，37℃培养 16～20h；⑧随机挑取白色菌落接种于分区做好标记的选择平板上，37℃培养 16～20h。

（6）测序　使用序列测定仪器测序或交由生物公司完成。

（7）序列分析　测序结果通过 Blast 比对进行分析。

四、 细菌常用分类系统简介及检索

（一）伯杰氏分类方法

《伯杰氏细菌学鉴定手册》（Bergey's Manual of Determinative1 Bateriology）是美国细菌学家协会所属的 "伯杰氏手册董事会"（The Board of Trustes of Bergey's Manual）组织各国有关学者写成的一部巨著，收集的种类较多，系以生理特征为主，采用编目式分类法。自 1923 年出版以来，相继出版了八版，几乎每一版的内容都做了重大修改和扩充。第七版包括从纲到种、亚种的全面分类大纲和相应的检索表以及各分类单位的描述。将细菌列于原生植物门的裂殖菌纲，共分 10 个目。第八版没有分类大纲，只是根据形态、营养型等把细菌、放线菌、黏细菌、螺旋体和支原体、立克次氏体等归于原核生物界，下分2个门6个纲19个部296个属。列表说明如下：

原核生物界（Procaryptae）

1. 光能营养原核生物门（Photobacteria）

Ⅰ纲　蓝绿色光合细菌纲

Ⅱ纲　红色光合细菌纲

Ⅲ纲　绿色光合细菌纲

2. 化能营养原核生物门（Scptuhaeteria）

Ⅰ纲　细菌纲——第2～17部

Ⅱ纲　立克次氏体纲（在真核细胞内的专性寄生物）——第18部

Ⅲ纲　支原体纲（无细胞壁的化能营养微生物）——第19部

细菌19个部检索表

Ⅰ. 光能营养的 ………………………………………………………… 第1部

Ⅱ. 化能营养的

　A. 矿质营养的

　　1. 从氮、硫或铁化合物的氧化取得能量，不从二氧化碳产生甲烷

　　　a. 细胞滑动 …………………………………………………… 第2部

　　　aa. 细胞不滑动

　　　　b. 细胞有鞘的 …………………………………………… 第3部

　　　　bb. 细胞无鞘的 ………………………………………… 第12部

　　2. 不氧化氮、硫或铁化合物，从二氧化碳产生甲烷 ………… 第13部

　B. 有机营养的

　　1. 细胞滑动 …………………………………………………… 第2部

　　2. 细胞不滑动（第19部除外）

　　　a. 细胞丝条状的和有鞘的 ………………………………… 第3部

　　　aa. 细胞非丝条状的和无鞘的

　　　　b. 不等量双分裂的产物（具有鞭毛和纤毛之外的附着物或以芽生繁殖）………………………………………………… 第4部

　　　　bb. 不同上述

　　　　　c. 细胞没有僵硬边界

　　　　　　d. 细胞螺旋形，有细胞壁 ………………………… 第5部

　　　　　　dd. 细胞非螺旋形，无细胞壁 …………………… 第19部

　　　　　cc. 细胞有僵硬边界

　　　　　d. 革兰氏阴性

　　　　　　　e. 专性胞内寄生菌 ……………………………………… 第 18 部

　　　　　　　ee. 不同上述

　　　　　　　　f. 弯曲的杆菌 ……………………………………… 第 6 部

　　　　　　　　ff. 非弯曲的杆菌

　　　　　　　　　g. 杆菌

　　　　　　　　　　h. 好氧的 ……………………………………… 第 7 部

　　　　　　　　　　hh. 兼性厌氧的 ……………………………… 第 8 部

　　　　　　　　　　hhh. 厌氧的 …………………………………… 第 9 部

　　　　　　　　　gg. 球菌和球杆菌

　　　　　　　　　　h. 好氧的 ……………………………………… 第 10 部

　　　　　　　　　　　　　　　　　　　　　　　　　　　　 第 7 部

　　　　　　　　　　hh. 厌氧的 …………………………………… 第 11 部

　　　　　dd. 革兰氏阳性

　　　　　　　e. 球菌

　　　　　　　　f. 形成内生孢子 ………………………………… 第 15 部

　　　　　　　　ff. 不形成内生孢子 ……………………………… 第 14 部

　　　　　　　ee. 杆菌或丝状体

　　　　　　　　f. 形成内生孢子 ………………………………… 第 15 部

　　　　　　　　ff. 不形成内生孢子

　　　　　　　　　g. 直形杆菌 ……………………………………… 第 16 部

　　　　　　　　　　　　　　　　　　　　　　　　　　　　 第 17 部

　　　　　　　gg. 不规则（棍棒形）或趋向于形成丝状体或丝

　　　　　　　　状的 ……………………………………………… 第 17 部

　　有关以上各个部下的目、科、属、种的介绍，详见《伯杰氏细菌学鉴定手册》
第八版。

常见细菌属的检索表

1. 细胞始终呈球状 ……………………………………………………………… 2

　　幼培养物的细胞呈杆状或螺旋状，而不呈球状 ………………………… 5

2. 在无氮培养基上生长旺盛，并固定大气氮 ……………………………… 3

　　培养基中需要无机氮或有机氮才能生长 ………………………………… 4

3. 形成孢囊 ……………………………………… 固氮菌属（*Azotobacter*）

　　不形成孢囊 ………………………………… 氮单胞菌属（*Azomonas*）

4. 革兰氏染色阳性或不稳定，接触酶阳性，氧化葡萄糖产酸 ……………

·· 微球菌属（*Micrococcus*）

5. 幼培养物的细胞为杆状，革兰氏染色阴性或不定
   老培养物的细胞逐渐缩短成球状，革兰氏染色不定或阳性
   杆状细胞呈多形态 ·············· 节细菌属（*Arthrobacter*）
   老培养物和幼培养物无上述变化 ··························· 6

6. 在适当条件下细胞内形成芽孢 ··························· 7
   从不形成芽孢 ··· 9

7. 细菌杆状 ·· 8
   细菌球状 ·············· 芽孢八叠球菌属（*Sporosarcina*）

8. 好氧或兼性厌氧，发酵产生乳酸外的其他酸········· 芽孢杆菌属（*Bacillus*）

9. 在豆科植物根上形成根瘤，并共生固氮 ······· 根瘤菌属（*Rhizobium*）
   不在豆科植物根上形成根瘤共生固氮 ····················· 10

10. 能自生固定大气氮·································· 11
    不能以氮气为氮源·································· 14

11. 细胞直径＞2μm，多卵圆形，胞外产生黏液，生长迅速 ······ 12
    细胞直径＜2μm，胞外产生类似胶状物质，生长缓慢 ········· 13

12. 形成孢囊 ······················ 固氮菌属（*Azotobacter*）
    不形成孢囊 ····················· 氮单胞菌属（*Azomonas*）

13. 类脂类颗粒在两端，接触酶阳性 ······ 拜叶林克菌属（*Beijerinckia*）
    类脂类颗粒散在细胞内，数量较多，接触酶阴性 ··············

    ······················· 德克斯菌属（*Derxia*）

14. 细胞杆状 ·· 15
    细胞螺旋状 ······················ 螺菌属（*Spirillum*）

15. 幼培养物革兰氏染色阴性 ······························· 16
    幼培养物革兰氏染色阳性或不甚着色 ····················· 37

16. 在营养琼脂等培养基上产生明显的非水溶性色素 ········· 17
    在营养琼脂等培养基上不产生明显的非水溶性色素 ········· 23

17. 菌苔紫色 ···················· 色杆菌属（*Chromobacterium*）
    菌苔非紫色 ·· 18

18. 菌苔红色 ·· 19
    菌苔黄色到橙色 ···································· 20

19. 发酵葡萄糖，周生鞭毛 ·················· 沙雷菌属（*Serratia*）
    不发酵葡萄糖，极生鞭毛 ············· 假单胞菌属（*Pseudomonas*）

20. 菌苔扩展成一薄层，细胞壁柔韧，滑行运动 ····· 噬胞菌属（*Cytophaga*）

菌苔不扩展成一薄层，细胞壁坚韧，如运动以鞭毛游动 ················· 21

21. 发酵葡萄糖产酸 ·· 欧文菌属（*Erwinia*）

不发酵葡萄糖，氧化或对葡萄糖无作用 ························· 22

22. 极生鞭毛，产生的色素具有独特吸收峰（在石油醚中为 418nm、437nm 和 463nm） ··· 黄单胞菌属（*Xanthomonas*）

周生鞭毛或不运动，所产生色素不具有上述的独特吸收峰 ···········

··· 黄杆菌属（*Flavobacterium*）

23. 不发酵葡萄糖 ··· 24

发酵葡萄糖 ··· 29

24. 无鞭毛的短粗杆菌；对数期细胞直径 $1.0\mu m$、$1.5\mu m$，杆状到球杆状，静止期细胞近球状，常表现为球状和球杆状细胞混杂；革兰氏染色阴性或略保留紫色。氧化酶阴性 ····················· 不动细菌属（*Acinetobacter*）

有鞭毛能运动或不具有上述形态特征 ····························· 25

25. 菌苔成皮革状，细胞可形成菌胶团 ················· 动胶菌属（*Zoogloea*）

芽孢杆菌属中种的检索表（I）（Gorden 等，1973）

1. 接触酶：阳性 ··· 2

阴性 ··· 16

2. V-P：阳性 ··· 3

阴性 ··· 9

3. 厌氧琼脂上生长：阳性 ··· 4

阴性 ··· 8

4. 在 50℃上生长：阳性 ·· 5

阴性 ··· 6

5. 在 7% NaCl 中生长：阳性 ··········· 地衣芽孢杆菌（*B. licheniformis*）

阴性 ··········· 凝结芽孢杆菌（*B. coagulans*）

6. 从葡萄糖产酸产气：阳性 ··········· 多黏芽孢杆菌（*B. polymyxa*）

（无机 N_2）

阴性 ··· 7

7. 在 pH5.7 上生长：阳性 ············· 蜡质芽孢杆菌（*B. cereus*）

阴性 ············· 蜂房芽孢杆菌（*B. alves*）

8. 淀粉水解：阳性 ················· 枯草芽孢杆菌（*B. subtilis*）

阴性 ················· 矮小芽孢杆菌（*B. pumilus*）

9. 在 65℃上生长：阳性 ········· 嗜热脂肪芽孢杆菌（*B. stearothermophilus*）

阴性 ··· 10

10. 淀粉水解：阳性 ·· 11

　　　　　　阴性 ·· 14

11. 从葡萄糖产酸产气：阳性 ··············· 软化芽孢杆菌 (*B. macerans*)

　　（无机 N_2）

　　　　　　　　阴性 ·· 12

12. 柠檬酸盐利用：阳性 ················· 巨大芽孢杆菌 (*B. megaterium*)

　　　　　　　阴性 ··· 13

13. V-P 肉汁的 pH<6.0：阳性 ············· 环状芽孢杆菌 (*B. circulans*)

　　　　　　　　　阴性 ··············· 坚强芽孢杆菌 (*B. firmus*)

14. 厌氧琼脂上生长：阳性 ············· 侧孢芽孢杆菌 (*B. laterosporus*)

　　　　　　　　阴性 ··· 15

15. 从葡萄糖产酸：阳性 ················· 短小芽孢杆菌 (*B. brcuis*)

　　（无机 N_2）

　　　　　　　阴性 ················· 球形芽孢杆菌 (*B. sphaericus*)

16. 在 65℃生长：阳性 ·········· 嗜热脂肪芽孢杆菌 (*B. stearothermophilus*)

　　　　　　阴性 ·· 17

17. 酪素分解：阳性 ····················· 幼虫芽孢杆菌 (*B. larvae*)

　　　　　阴性 ··· 18

18. 孢子囊内有伴孢体：阳性 ············· 日本甲虫芽孢杆菌 (*B. popilliae*)

　　　　　　　　　阴性 ············· 缓病芽孢杆菌 (*B. lentimorbus*)

芽孢杆菌属中种的检索表 (Ⅱ)

群Ⅰ. 孢子囊不明显膨大；孢子椭圆或柱状，中生到端生；革兰氏染色阳性

　A. 在葡萄糖琼脂上生长的淡染色细胞的原生质中有未着色的球状体

　　1. 严格好氧；不产生 V-P ············· 巨大芽孢杆菌 (*B. megaterium*)

　　2. 兼性厌氧；产生 V-P ··············· 蜡质芽孢杆菌 (*B. cereus*)

　　　a. 对昆虫致病 ····· 苏云金芽孢杆菌变种 (*B. cereus* var. *thuringiensis*)

　　　b. 根状生长物 ··········· 蕈状芽孢杆菌变种 (*B. cereus* var. *mycoides*)

　　　c. 炭疽致病菌 ··········· 炭疽芽孢杆菌变种 (*B. cereus* var. *anthracis*)

　B. 在葡萄糖琼脂上生长的淡染色细胞的原生质中没有未着色的球状体

　　1. 在 7% NaCl 中生长；在石蕊牛奶中不产酸

　　a. pH5.7 生长；产生 V-P

　　（1）水解淀粉；硝酸盐还原到亚硝酸盐

　　　（a）兼性厌氧；利用丙酸盐 ····· 地衣芽孢杆菌 (*B. licheniformis*)

　　　（b）好氧；不利用丙酸盐 ··············· 枯草芽孢杆菌 (*B. subtilis*)

　　（2）不水解淀粉；不由硝酸盐还原到亚硝酸盐 ·················

································· 矮小芽孢杆菌（*B. pumilus*）

　　b. pH5.7 不生长；不产生 V-P ············· 坚强芽孢杆菌（*B. firmus*）

　　2. 在 7％ NaCl 中不生长；在石蕊牛奶中产酸 ·······················

·································· 凝结芽孢杆菌（*B. coagulans*）

群Ⅱ. 孢子囊膨大；孢子中生到端生；革兰氏染色阳性、阴性或可变

　A. 使碳水化合物产气

　　1. 产生 V-P；从甘油形成二羟基丙酮····· 多黏芽孢杆菌（*B. polymyxa*）

　　2. 不产生 V-P；从甘油不形成二羟基丙酮 ·······················

·································· 软化芽孢杆菌（*B. macerans*）

　B. 不使碳水化合物产气

　　1. 水解淀粉

　　　a. 不形成吲哚

　　　（1）在 65℃不生长 ················ 环状芽孢杆菌（*B. circulans*）

　　　（2）在 65℃生长 ········· 嗜热脂肪芽孢杆菌（*B. stearothermophilus*）

　　　b. 形成吲哚 ··················· 蜂房芽孢杆菌（*B. alves*）

　　2. 不水解淀粉

　　　a. 接触酶阳性；在营养肉汁中有一系列变化

　　　（1）兼性厌氧；在葡萄糖肉汁培养物的 pH 小于 8.0 ···············

　　　　　·················· 侧孢芽孢杆菌（*B. laterosporus*）

　　　（2）好氧；在葡萄糖肉汁培养物的 pH 为 8.0 或 8.0 以上 ···········

　　　　　····················· 短小芽孢杆菌（*B. brcuis*）

　　　b. 接触酶阴性；在营养肉汁中没有一系列变化

　　　（1）硝酸盐还原到亚硝酸盐；分解酪蛋白 ·······················

　　　　　····················· 幼虫芽孢杆菌（*B. larvae*）

　　　（2）不由硝酸盐还原到亚硝酸盐；不分解酪蛋白

　　　　（a）孢子囊含有伴孢体；在 2％ NaCl 中生长 ·················

　　　　　················· 日本甲虫芽孢杆菌（*B. popilliae*）

　　　　（b）孢子囊不含伴孢体；在 2％ NaCl 中不生长 ·············

　　　　　··················· 缓病芽孢杆菌（*B. lentimorbus*）

　群Ⅲ. 孢子囊膨大；孢子一般为球状，端生到亚端生；革兰氏染色阳性、阴性或可变

　A. 不水解淀粉；生长不需要尿素或碱性 pH ·······················

··································· 球形芽孢杆菌（*B. sphaericus*）

（二）克氏分类方法

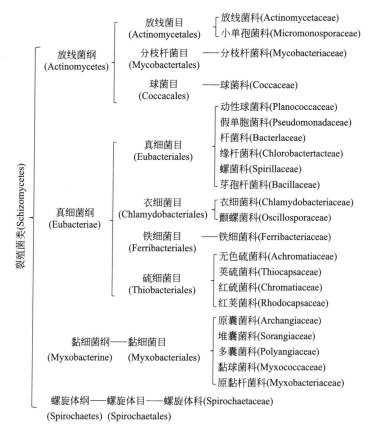

附：分类位置未确定的有机体

衣虫体目
(Chlamydozoa)
- 神经虫体科(Ncaroryctaceae)
- 蚀孢虫体科(Cytoryctaceae)
- 衣虫体科(Chlamydozoaceae)
- 立克次氏体科(Rickettsiaceae)
- 欧立区氏体科(Ehrlichiaceae)
- 巴顿氏体科(Bartoneliaceae)

◆ 第二节　内生放线菌的鉴定

一、放线菌的分类研究

放线菌是介于细菌和真菌之间的单细胞分枝状微生物，直径 0.2～12μm，革兰氏染色阳性。除少数放线菌科和原小单孢菌属以外，菌丝很少分隔。

放线菌菌丝常密集成崎岖、褶皱、皮革等状的菌落。生长在基质内部的称为基内菌丝体，或称为营养菌丝体；生长在基质表面、暴露于空气中者称为气生菌丝体，又称二级菌丝体。气生菌丝发育到一定阶段，在其顶端形成直的或螺旋形的孢子丝。基内菌丝体和孢子丝产生不同的色素，这些色素成为划分链霉菌属种群的主要依据。孢子丝成熟后散落成单个的孢子，不同种类放线菌的孢子有球形、椭圆形、杆状、柱状、瓜子形等。其外壁有光滑、粗糙、瘤状、带刺（有粗、细、长、短之分）或毛发状等几种。

放线菌菌丝体分裂的方向和孢子着生的情况是划分其科、属的重要依据。如菌丝体向四面八方分裂，呈立体形细胞者为嗜皮菌科（Dermatophilaceae）。孢子呈长链者为链霉菌科（Streptomycetaeeae）。孢子丝形状多种多样者为链霉菌属（*Streptomyces*）；除孢子丝外还能形成菌核者为钦氏菌属（*Chainia*）。寡孢菌科则是以孢子的多少、气生菌丝有无和基内菌丝体是否断裂划分属，如每一个孢子梗上着生一个孢子是小单孢菌属（*Micromonospora*），着生两个孢子的谓之双孢菌属（*Microbispora*）；如果孢子梗上着生一个孢子，但基内菌丝体有横隔断裂者为原小单孢菌属（*Promicromonospora*）。

近年来，由于微生物生理生化学的迅速发展，特别是分子生物学的渗透，微生物分类学出现由描述科学向实验科学转化的强烈趋势。而现代技术，如电子显微技术、生化技术、分子生物学技术和电子计算机在放线菌分类上的应用，加速了这一趋势并逐渐打破了原来经典的描述分类，建立了如化学分类（chemotaxonology）、数值分类（numerical taxonology）、分子分类（molecular taxonology）等新的标准，大大推进了分类学的发展。

（一）放线菌的经典分类

1. 形态特征

主要包括基内菌丝体的发育程度，是否断裂，有无气生菌丝体和孢子、孢囊、菌核以及其他结构，此外还要说明孢子链、孢子、孢囊、孢囊孢子的形状、大小、数目等；各类繁殖小体是否有能游动的鞭毛以及鞭毛的位置（Dietz等，1968）。

2. 培养特征

放线菌分类中基丝和生孢子气丝的颜色一向受到重视，20世纪70年代初出版的《链霉菌鉴定手册》一书中主要就是根据这二者分群的。60年代后期到70年代初发表的国际链霉菌计划（ISP）的试验结果也是以生孢子气丝的颜色为主，基丝和可溶色素的颜色为辅。新增加的色素对酸碱度是否敏感的方法，极具鉴别价值（Solovyova等，1968）。

3. 生化特征

生化指标，如明胶液化、牛奶凝固和胨化、淀粉水解、纤维素分解或在其上生长、硝酸盐还原等。国际链霉菌计划规定用胰胨酵母精培养液测定放线菌产生类黑色素的能力；用酪氨酸琼脂培养基测定放线菌是否产生酪氨酸酶；用蛋白胨酵母精铁琼脂培养基测定放线菌是否产生硫化氢，但这三者的反应时常并非总是一致的。除此之外，对于各种碳源的利用也逐渐成为必不可少的测定项目。

4. 生态条件

主要是好气与嫌气、腐生与寄生、中温与嗜热（少数嗜低温）以及对酸碱度（pH）的要求等。绝大部分放线菌都是中温、好气、腐生的，其中几种链霉菌能够寄生在植物上。而弗兰克菌必须与高等植物共生。

（二）放线菌的化学分类

从 20 世纪 60 年代开始，Küster 等（1959）进行了化学分类学的研究，建立了一整套放线菌细胞组分的化学分析方法，奠定了化学分类的基础，使放线菌分类学的内容从表观水平深入到细胞水平。

1. 细胞壁化学组分分类

放线菌的细胞壁是由肽聚糖胞壁酸、多糖等高分子物质组成的。肽聚糖四肽链上第三位往往含特异氨基酸。不同属种放线菌的肽聚糖中，这个位置的氨基酸种类各异。

2. 磷酸类脂分类

磷酸类脂是位于细菌、放线菌细胞膜上的极性类脂。不同属的菌的磷酸类脂组分不同，它是鉴别属的重要依据之一。分类上重要的磷酸类脂有磷脂酰乙醇胺（PE）、磷脂酰甲基乙醇胺（PME）、磷脂酰胆碱（PC）、磷脂酰甘油（PG）及含有葡萄糖胺未知结构的磷酸类脂。

3. 醌分类

醌是细胞原生质膜上的组分，在电子传递和氧化磷酸化中起重要作用。放线菌的醌有泛醌（辅酶 Q）和甲基萘醌等。甲基萘醌的侧链由不同长度的异戊烯基单位所构成，异戊烯基单位的长度及氢饱和度在不同的属中是不同的，因此，可以作为分类的特征之一。

4. 枝菌酸分类

枝菌酸及其他脂类是细胞膜的重要组成部分。Lechevalier 等（1986）根据枝菌酸的有无将不含枝菌酸的诺卡菌从含有枝菌酸的诺卡菌里划分出来，并结合其他指标建立了无枝菌酸属和拟无枝菌酸属。对于既含枝菌酸细胞壁又是 Ⅳ 型的诺卡菌、分枝杆菌以及非常接近细菌的棒杆菌，用枝菌酸分析方法可以明确地将它们分开。因此，枝菌酸的测定是研究诺卡放线菌分类中必不可少的化学指标。

5. 脂肪酸分类

脂肪酸常存在于磷脂、脂蛋白、脂多糖、磷壁酸中，其中一些是细胞膜和细胞壁的组成部分。放线菌的脂肪酸可分为 6 大类，它们的侧链长度在不同的菌中是不同的。

（三）放线菌的数值分类

数值分类（马迪根等，2004）是通过计算分析大量的特征，一般要求选择不少于 50 个实验特征，计算出相似值来考察菌株间的相互关系，它是建立在计算机应用上的一种分类方法。

数值分类在细菌分类中运用的步骤包括：①收集实验（t）中获得的被分离菌株（n）的大量数据，包括生化、生理、形态等，然后做成一个 $n \times t$ 的数据矩阵；②使用得出的数据矩阵，根据实验菌株的相似性或非相似性进行分析；③相互关系密切的菌株再用聚类分析的方法划归类群；④检验数值上定义的类群，求出可以区别它们的任何特性的矩阵，进行加权鉴定。

（四）放线菌的分子分类

1. DNA 碱基分析

DNA 内（G+C）%（摩尔分数）在细菌分类中很重要。在放线菌中，由于百分数范围窄，各属重叠较多，（G+C）%（摩尔分数）通常只起辅助作用，但有时也很有参考价值。它的重要用途在于验证已有的分类关系是否正确，常常以（G+C）含量的显著差异来纠正错误的种属划分（阮继生等，1990）。

2. DNA-DNA（rRNA）分子杂交技术

DNA-DNA（rRNA）分子杂交技术在种属水平上研究细菌、放线菌的分类地位可以解决传统分类方法难以解决的问题。DNA-DNA 同源性可以揭示种间和种内的亲缘关系，而 DNA-rRNA 杂交在属的水平上则会发挥更大的作用（阮继生等，1994）。但是分子杂交技术必须以形态和分子分类特征的结果为基础，这样才有其针对性。

3. 16S rRNA 寡核苷酸编目分析

16S rRNA 寡核苷酸编目分析法应用于放线菌分类研究之后，给放线菌分类体系带来了深刻的变革。通过对放线菌中不同菌种的寡核苷酸序列进行分析，它们之间的亲缘关系也日趋明朗。（G+C）%（摩尔分数）在 55% 以上的革兰氏阳性菌包括双歧杆菌属和丙酸杆菌属，这两属都是厌气菌，它们在放线菌的进化线上形成最早的分支（SAB 值分别为 0.40 和 0.48）。除了这两属之外，所有的放线菌可大致划分为 5 个分支。第一分支包括节杆菌属的许多种以及下列各属：纤维单孢菌属、微球菌属、微杆菌属、短杆菌属和放线菌属；第二分支以简单节杆菌为代表；第三分支是棒状杆菌及其相近菌株；第四分支包括分枝杆菌属、诺卡菌属以及下列一些属的代表种，这些属是红球菌属、缠绕棒杆菌和石灰壤诺卡菌、地嗜皮菌属、指孢囊菌属、小单孢菌属、小瓶菌属以及游动放线菌属等；第五分支包括链霉菌属及其相近菌种。

二、内生放线菌鉴定方法

（一）内生放线菌形态特征

放线菌的形态观察，一般采用盖片法和插片法，步骤如下：

（1）将配制好的培养基倒入培养皿中，待凝固后，用解剖刀或镊子将培养基挖出两道小槽。

（2）用接种针将待试菌移接在槽边。

（3）把灭菌的载玻片盖在两道小槽上。如用插片法则将灭菌的盖玻片斜插入培养基，供试菌种接种在盖玻片与培养基交界处。

（4）将上述培养皿于28℃下保温培养。

（5）培养一定时间后（因各菌株生长快慢不等），取出玻片，用0.1%美蓝染色，镜检，并记录下列各项：

① 菌丝体在15h～4d内是否出现横隔并断裂成杆状。

② 菌丝体之间有无孢器（pycnidium），孢器瓶状、筒状、掌状或叶片状。

③ 菌丝体是否产生孢子丝，孢子丝上孢子的多寡。

④ 孢子丝的长短、形状：直形、波曲形或螺旋形（紧螺旋或松螺旋）。

⑤ 孢子的排列方式，交替或轮生。

⑥ 孢子的形状：球形、卵圆形、长圆形或柱形；并用测微尺量孢子大小。

⑦ 在电镜下观察孢子的表面结构。

电镜标本的制备方法如下：

（1）培养菌丝体　待观察的菌株在28℃下培养7～10d或20d。

（2）载样铜网膜的制备

① 铜网的处理　载样铜网视用膜的种类不同，采用不同的溶剂处理。如用火棉胶膜时，铜网用醋酸异戊酯浸泡12～24h；如用Formvar（聚乙烯甲醛）膜时，铜网用氯仿浸漂若干小时。不锈钢网除用上述溶剂处理外，可用浓硫酸浸漂2min。水冲洗数次，最后用蒸馏水洗净。

② 制膜　将洗净的铜网放在装有蒸馏水的培养皿内，加一滴2%火棉胶（以醋酸异戊酯为溶剂）。1～2min后待膜形成后，吸去培养皿内的水，在无灰尘的条件下过夜，待膜干后备用（Formvar膜要在60℃烘箱内烘2～3h）。

③ 喷碳　把载有火棉胶的铜网喷一层碳。

④ 贴印菌丝体　将喷过碳的载有火棉胶的铜网（膜面向下）贴印在气生菌丝体上，点样的铜网放在铺有滤纸的培养皿中。待铜网膜上的样品干后，在低倍光学显微镜下，挑选膜完整、菌体分布均匀（最好在铜网每小格内有菌体或孢子5～10个左右）的铜网再度喷碳后在电镜下观察。

⑤ 观察　如观察带鞭毛的孢囊孢子时，则需要将菌体一小块移入无菌水中，

2～3h 后，当镜检发现孢囊孢子已由孢囊内释放出来时，即可将悬液滴在铜网上，铜网放入铺有滤纸的培养皿中。待铜网上的样品干后用铬粉投影（20°角），然后在电镜下进行观察。

（二）内生放线菌的培养特征

放线菌一般以孢子、气生菌丝体、基内菌丝体的颜色和可溶性色素的有无为其培养特征。为便于和已报道的种相比较，通常采用下列培养基描述其孢子、气生菌丝体、基内菌丝体的颜色和可溶性色素的有无。气生菌丝体、基内菌丝体的颜色和可溶性色素的颜色的描述见中科院微生物所放线菌分类组编著的《链霉菌鉴定手册》（1975），并按照表 4-8 进行记录。

表 4-8　内生放线菌的培养特征

菌号	菌名		
培养基	气生菌丝	基内菌丝	可溶性色素
高氏合成 1 号培养基			
察氏培养基			
克氏合成一号培养基			
葡萄糖天冬酰胺琼脂培养基			
马铃薯块培养基			
葡萄糖酵母膏琼脂培养基			
燕麦粉琼脂培养基			
苹果酸钙琼脂培养基			
酪氨酸琼脂培养基			
甘油天冬酰胺琼脂培养基			
酵母麦芽膏培养基			
无机盐淀粉琼脂培养基			
其他培养基等			
鉴定日期	鉴定者		

1. 普通鉴定培养基的配方

（1）高氏合成 1 号培养基　KNO_3 1g，K_2HPO_4 0.5g，$MgSO_4 \cdot 7H_2O$ 0.5g，NaCl 0.5g，$FeSO_4 \cdot 7H_2O$ 0.01g，可溶性淀粉 20g，蒸馏水 1000mL，琼脂 15g，pH 7.2～7.4，121℃湿热灭菌 30min。

（2）察氏培养基　其配方详见第二章第七节，pH 调至 7.2～7.4，121℃湿热灭菌 20min。

（3）克氏合成一号培养基　K_2HPO_4 1g，$MgCO_3$ 0.3g，NaCl 0.2g，KNO_3 1g，$FeSO_4 \cdot 7H_2O$ 0.001g，$CaCO_3$ 0.5g，葡萄糖 20g，蒸馏水 1000mL，琼脂 15g，pH 7.2～7.4，121℃高压湿热灭菌 20min。

（4）葡萄糖天冬酰胺琼脂培养基　葡萄糖 10g，天冬酰胺 0.5g，K_2HPO_4 0.5g，琼脂 15g，蒸馏水 1000mL，pH 7.2～7.4，121℃湿热灭菌 20min。

（5）马铃薯块培养基　去皮马铃薯，削成斜面装入试管内，底部放一点棉花，加水使棉花湿润，然后将马铃薯块放在试管内的棉花上。121℃湿热灭菌 20min。

（6）葡萄糖酵母膏琼脂培养基　葡萄糖 10g，酵母膏 10g，琼脂 15g，蒸馏水 1000mL，pH 7.2～7.4，121℃湿热灭菌 20min。

（7）燕麦粉琼脂培养基　燕麦粉 20g，琼脂 18g，微量盐溶液 1mL，蒸馏水 1000mL。

微量盐溶液配方：$FeSO_4 \cdot 7H_2O$ 0.1g，$MnCl_2 \cdot 4H_2O$ 0.1g，$ZnSO_4 \cdot 7H_2O$ 0.1g，蒸馏水 100mL。

燕麦粉在自来水内蒸或煮 20min，粗布过滤，滤液用自来水补足 1000mL。加微量盐溶液 1mL。用 NaOH 调至 pH 7.2，加入琼脂，121℃湿热灭菌 20min。

（8）苹果酸钙琼脂培养基　葡萄糖 20g，K_2HPO_4 0.5g，苹果酸钙 10g，NH_4Cl 0.5g，琼脂 15g，蒸馏水 1000mL，pH 7.2～7.4，121℃湿热灭菌 20min。

（9）酪氨酸琼脂培养基　甘油 15g，$FeSO_4 \cdot 7H_2O$ 0.01g，L-酪氨酸 0.5g，微量盐溶液 1mL，M-天冬酰胺 1g，K_2HPO_4 0.5g，$MgSO_4 \cdot 7H_2O$ 0.5g，NaCl 0.5g，琼脂 20g，pH 7.2～7.4，121℃湿热灭菌 30min。

（10）甘油天冬酰胺琼脂培养基　天冬酰胺 1g，甘油 10g，K_2HPO_4 1g，蒸馏水 1000mL，微量盐溶液 1mL，pH 7.0～7.4，121℃湿热灭菌 20min。

2. 国际链霉菌计划（ISP）鉴定培养基

（1）酵母麦芽膏培养基（ISP2 或 YE）　酵母膏 4g，麦芽膏 10g，葡萄糖 4g，蒸馏水 1000mL，琼脂 20g，pH 7.3。

（2）燕麦片琼脂培养基（ISP3）　燕麦片 20g，微量盐溶液 1mL，琼脂 20g，pH 7.2。

（3）无机盐淀粉琼脂培养基（ISP4）　可溶性淀粉 10g，K_2HPO_4 1g，$MgSO_4 \cdot 7H_2O$ 1g，NaCl 1g，$(NH_4)_2SO_4$ 2g，$CaCO_3$ 2g，微量盐溶液 1mL，蒸馏水 1000mL，琼脂 20g，pH 7.0～7.4。

（4）甘油-天冬酰胺培养基（ISP5）　天冬酰胺 1g，甘油 10g，K_2HPO_4 1g，微量盐溶液 1mL，蒸馏水 1000mL，琼脂 20g，pH 7.0～7.4。

（5）蛋白胨-酵母浸膏琼脂培养基（ISP6）　胰蛋白胨 15g，月示蛋白胨 5g，柠檬酸铁铵 0.5g，K_2HPO_4 1g，硫代硫酸钠 0.08g，酵母膏 1g，蒸馏水 1000mL，琼脂 20g，pH 7.0～7.4。

（6）酪氨酸琼脂培养基（ISP7）　甘油 15g，酪氨酸 0.5g，天冬酰胺 1g，K_2HPO_4 0.5g，$MgSO_4 \cdot 7H_2O$ 0.5g，NaCl 0.5g，$FeSO_4 \cdot 7H_2O$ 0.01g，微量盐溶液 1mL，蒸馏水 1000mL，琼脂 20g，pH 7.2～7.4。

（三）放线菌生理生化特征

以各种菌对下列物质的生理生化反应来比较不同种类放线菌的酶功能及其活

性，以此作为分类鉴定的依据，并建立内生菌放线菌鉴定卡片（表4-9）。

1. 明胶液化

（1）培养基　蛋白胨5g，葡萄糖20g，明胶200g，蒸馏水1000mL，间歇灭菌3次。

（2）操作步骤　将供试菌接种在明胶表面，在20℃下培养，经5d、10d、20d、30d后各观察一次。观察前将试管放入低于20℃的条件下冷却20～30min，待未接种的对照试管中的明胶凝固后观察记录。冷却后如明胶不液化仍为固态者，表示无蛋白酶水解作用，明胶呈液态者表示有液化作用。

表4-9　放线菌鉴定卡片

菌号　　　　　　　　　　　　菌名

形态特征				抗菌谱	金黄色葡萄球菌	
					枯草杆菌	
					大肠杆菌	
					香蕉枯萎病菌	
					芒果炭疽病菌	
					棉花枯萎病菌	
					小麦全蚀病菌	
					水稻纹枯病菌	
生理特征	明胶液化			碳源利用	阿拉伯糖（树胶醛糖）	
	牛奶	胨化			木糖	
		凝固			葡萄糖	
					果糖	
					鼠李糖	
	淀粉水解				蔗糖	
	纤维素上生长				棉子糖（水合甜菜糖）	
	硫化氢				甘露醇	
	……				肌醇（环己六醇）	
					……	

2. 牛奶凝固与胨化

（1）培养基　取新鲜牛奶按0.02％牛奶质量的量加入$CaCO_3$，放入离心机中，在4000r/min离心30min。除去表面油脂，分装试管，每管装3～5mL，加棉塞，间歇灭菌。

（2）操作步骤　接种后保温培养，于3d、6d、10d、20d及30d后分别取出观察一次。如有凝块出现，表示有凝乳酶作用。凝固后有液体出现，液体与凝块分开（牛奶透明或半透明），表示有蛋白酶作用。一般是先凝固后胨化，但有时也有相反的情况，因此要进行多次观察。

3. 淀粉水解

（1）培养基　可溶性淀粉 10g，$MgCO_3$ 1g，K_2HPO_4 0.3g，KNO_3 15g，NaCl 0.5g，琼脂 15g，蒸馏水 1000mL，pH 7.2，121℃湿热灭菌 20min。

（2）操作步骤　将上述培养基倒入培养皿中，待凝固后采用点接法接种，在 28℃下培养 10~20d 后，向培养基表面倒入碘液。如有淀粉酶产生，菌落的周围因已将淀粉变成糊精或利用吸收，遇到碘液不变为蓝色，形成透明圈，圈的大小表示淀粉酶产生的多少。

4. 纤维素水解

（1）培养基　$MgSO_4 \cdot 7H_2O$ 0.5g，NaCl 0.5g，K_2HPO_4 0.5g，KNO_3 1g，蒸馏水 1000mL。

滤纸条（长 5cm，宽 0.8cm）。

上述培养基分装试管后，每管插一滤纸条，使其一半浸入培养基中，一半露于管内空气中。

（2）操作步骤　将菌种分别接种于试管中已浸湿的滤纸条上（接种时勿将原菌种培养基带入）。保温培养 30d 后，观察其是否能在滤纸上生长和滤纸被分解的情况，以判断纤维素酶作用的有无和强弱。

5. 硫化氢的产生

培养基：蛋白胨 10g，柠檬酸铁 0.5g，琼脂 15g，蒸馏水 1000mL，pH7.2，121℃湿热灭菌 20min。

以有无黑色硫化铁产生，作为 H_2S 产生的依据。详见细菌鉴定中的同项试验。

6. 不同碳源的利用

基础培养基（Pridham 和 Gottlib）：$(NH_4)_2SO_4$ 2.64g，$CuSO_4 \cdot 5H_2O$ 0.00064g，KH_2PO_4 2.38g，$FeSO_4 \cdot 7H_2O$ 0.0011g，K_2HPO_4 5.65g，$ZnSO_4 \cdot 7H_2O$ 0.0015g，琼脂 18g，蒸馏水 1000mL。

将上述基础培养基配好后分装至锥形瓶或试管中，然后按照 1% 的量分别加入 D-葡萄糖、L-阿拉伯糖、D-木糖、D-果糖、鼠李糖、蔗糖、棉子糖、肌醇及甘露醇等待测碳源，105℃湿热灭菌 15min。

7. 抗菌谱测定

（1）配制产生抗菌物质的培养基　黄豆饼粉浸汁琼脂培养基：1% 浓度的黄豆饼粉浸汁原液 1000mL（10g 黄豆粉在清水中煮沸 3min，过滤后，将滤液稀释至 1000mL），蛋白胨 3g，葡萄糖 2.5g，$CaCO_3$ 2g，琼脂 18g，pH7.2~7.4，121℃湿热灭菌 30min。

（2）配制试抗菌培养基

① 牛肉浸汁琼脂培养基　牛肉汁 1000mL，琼脂 18g，蛋白胨 10g，NaCl 5g，pH 7.2～7.4，121℃湿热灭菌 30min。

② 马铃薯浸汁琼脂培养基　马铃薯浸汁 1000mL，葡萄糖 20g，琼脂 20g，121℃湿热灭菌 20min。

马铃薯浸汁的制备：取 200g 去皮马铃薯，切成小块，置 1000mL 水中煮 30min，过滤，滤液加水至 1000mL。

（3）接种　将待鉴定的菌种悬液接种至黄豆饼粉琼脂培养基表面，用刮刀涂匀，置 28℃培养 6～7d。将长有待测菌的琼脂，用直径 6mm 或 10mm 的玻璃管或钢管打孔器打取菌块，备用。

（4）培养各种试抗菌　不同种类的试抗菌采用不同的培养基（细菌采用牛肉浸汁琼脂培养基，真菌采用马铃薯浸汁琼脂培养基）。

（5）测定　采用双层法。

① 将熔化的 2％水琼脂作为底层培养基，倒入灭过菌的培养皿中，凝固，备用。

② 将混有试抗菌的上层培养基倒在底层培养基上，凝固，备用。

③ 将打取的待测菌琼脂块，放在上层培养基上，置 28℃或 37℃（细菌）保温培养。

④ 培养 1～2d 后，观察待测菌株琼脂块周围抑菌圈的大小。

(四) 放线菌细胞壁成分分析

放线菌细胞壁的化学成分，主要是由肽聚糖构成的。依照细胞壁的结构性质，结合形态特征、生理生化特性来进行分类，就能反映出它们亲缘关系的客观规律。步骤如下。

1. 全细胞氨基酸的分析测定

（1）菌体培养　选用液体发酵培养法。取 500mL 锥形瓶，装 150mL 葡萄糖-酵母浸汁培养液，121℃湿热灭菌 20min，冷却后接种，置 28℃、110r/min 摇床振荡培养。培养时间由所选的菌种而定，一般链霉菌可培养 5～6d，而游动放线菌、小单孢菌等需培养两周左右。

（2）菌体收集　每个菌株最少应获得 10mg 以上的干菌粉。菌株发酵到期后，用过滤法（或离心法，6000r/min）除去培养液，保留菌体，再用水洗涤、过滤（离心）数次，然后加入无水酒精浸泡 1～2d，室温下自然干燥成菌粉。

（3）菌体水解　称取 10mg 干菌粉，装入安瓿管（或硬质玻璃小试管）内，加入 6mol/L HCl 1mL，熔封安瓿管口，置 110℃油浴上保温水解 18h 后，室温下冷却。然后锯开安瓿管，用新华一号滤纸过滤水解液。保留滤液，残渣再用 3～4 滴无菌水洗涤，再过滤，弃去残渣。合并两次滤液，在沸水浴上蒸发至干。然后再加水，蒸干，共洗 3 次，除去 HCl。最后，在干残余物中加入 0.3mL 无菌水稀释，即成待测定的试样。

（4）点样和色谱分离　将新华一号滤纸裁成需要的大小（如 13cm×48cm），标出点样起始线。点样量：菌体水解液点 20～30μL 或适中量；对照点标准氨基酸-二氨基庚二酸（浓度 0.001mol/L）、天冬氨酸、鸟氨酸、二氨基丁酸、甘氨酸及赖氨酸等各 10μL。用下行法色谱分离。溶剂体系用甲醇：水：10mol/L HCl：吡啶＝80：17.5：2.5：10（体积比）。反复色谱分离 9 次或连续色谱分离 48h 后，取出滤纸晾干。甘氨酸和鸟氨酸展开剂要用正丁醇：吡啶：水：冰醋酸＝60：40：30：3（体积比），因此应另行点样色谱分离。

（5）显色　用 0.4％茚三酮水饱和的正丁醇液喷湿滤纸，置 100～110℃电热烘箱内烘 5min，显色。

标准氨基酸-二氨基庚二酸（DAP）斑点呈橄榄绿色，褪色后变黄色，但由于内消旋 2,6-二氨基庚二酸（meso-DAP）移动慢而显出两点，即 meso-DAP 和 L-DAP（左旋 2,6-二氨基庚二酸）。其他氨基酸斑点呈绛红色或蓝色。计算出各标准氨基酸的 R_f 值（样品点和溶剂前沿爬行的距离比值），参照各标准氨基酸的 R_f 值，来核对鉴定菌株所含的是哪一种或哪几种氨基酸。

2. 全细胞糖成分的分析测定

（1）菌体培养与收获　同前，但菌体收获量要求在 50mg 以上。

（2）菌体水解　称取菌体干粉 50mg，装入 13mm×100mm 中部带颈的试管内（凹颈在水解时起着凝集器的作用，可减低蒸发），加入 1mL 1mol/L H_2SO_4，置沸水浴中水解 1h，冷却后，水解物用饱和的 $Ba(OH)_2$ 中和至 pH 5.0～5.5（应严格控制调整 pH 值的范围）。离心除去白色 $BaSO_4$ 沉淀。上清液倾入小容器内（加入 5mL 氯仿，以防杂菌生长），置 42℃干燥。残余水解物再加入 0.4mL 无菌水溶成待测定的样液。

（3）点样和色谱分离　采用新华一号滤纸或华特曼一号滤纸，裁成需要的大小，标好起始线，着手点样。点样量：菌体水解液点 20μL，标准糖选半乳糖、阿拉伯糖、木糖、马杜拉糖、葡萄糖、甘露糖、鼠李糖及核糖等，按一定距离各点 10μL（每个样品含糖 5μg/mL）。

用下行法色谱分离 36～48h，溶剂体系用正丁醇：水：吡啶：二甲苯＝5：3：3：4（体积比）。配制时经充分混合后，静置分为两相，上相液作色谱分离剂，下相液作滤纸饱和用。色谱分离完毕取出滤纸，晾干后显色。或者待色谱分离到终点，取出滤纸，晾干后再继续色谱分离，同法共色谱分离 8 次。也可用上行法色谱分离。

（4）显色　待滤纸晾干后，用邻苯二甲酸苯胺液（配法：称取 1.66g 邻苯二甲酸，加 0.93mL 苯胺，溶于 100mL 饱和正丁醇中，装入棕色瓶内即成）喷湿，置 110℃电热烘箱内烘 5min 显色。

标准糖：偶数碳原子糖，如己糖的斑点呈棕褐色；奇数碳原子糖，如戊糖的斑点呈粉红褐色。各糖的 R_f 值如下：半乳糖＝0.28；葡萄糖＝0.35；甘露糖＝0.49；阿拉伯糖＝0.55；马杜拉糖＝0.63；木糖＝0.71；核糖＝1.00；鼠李糖＞1（前沿展到纸外）。

（五）16S rDNA 或 16S rRNA 碱基序列分析

1. 16S rDNA 碱基序列分析

（1）基因组 DNA 的提取　放线菌的总 RNA 提取按照 Kieser 等（2000）的方法。用 $50\mu L$ 溶菌酶（1mg/mL）溶液重悬 5mg 菌丝体，在 37℃ 下温育约 30min，加入 $50\mu L$ 体积分数 2% 的十二烷基硫酸钠（SDS），混合振荡约 1min，50℃ 温育 15min，然后加入 $25\mu L$ 中性苯酚氯仿。混合振荡均匀后，12000r/min 离心 5min，移取上清液，加入 0.1 倍体积的 3mol/L 醋酸钠（自然 pH），混合后加入 1 倍体积的异丙醇，再次混合后在室温下放置 5min，将絮状沉淀挑出，用体积分数 70% 的乙醇洗涤 DNA 沉淀两次，最后弃去所有上清液。待乙醇挥发后，用一定量的 TE 缓冲液充分溶解 DNA 沉淀。

（2）PCR 体系的组成　16S rDNA 的通用引物：引物 A（5′ AGAGTTTGA-TCCTGGCTCAG 3′）、引物 B（5′ AAGGAGGTGATCCAGCCGCA 3′）。每 $25\mu L$ 体系含有 $17\mu L$ ddH$_2$O、$2.5\mu L$ 10 × Buffer、$0.2\mu L$ 脱氧核糖核苷三磷酸（dNTP）、$2\mu L$ Primer A 和 $2\mu L$ Primer B、$0.3\mu L$（3U/μL）Taq 酶、$1.0\mu L$ DNA 模板。

（3）PCR 参数设定　94℃预变性 5min；95℃扩增变性 1min，55℃退火 1min，72℃延伸 2min，30 次循环；最后 72℃延伸 3min，产物 4℃保存。

（4）PCR 产物的电泳　采用 TBE 缓冲液，取 $5.0\mu L$ PCR 产物采用 0.8% 琼脂糖凝胶电泳检测。样品上样量为 $5\mu L$，DNA Marker 为 2000bp，电泳条件为 100V、1h。电泳结束后，凝胶经 EB 染色后在紫外线灯下观察结果。

（5）16S rDNA 的测序　扩增后的 PCR 产物经生物公司进行测序。利用 BLAST 搜索软件将菌株的 16S rDNA 序列测序结果与 GenBank 数据库中相关放线菌菌株的 16S rDNA 序列进行比对。

2. 16S rRNA 碱基序列分析

（1）RNA 的提取　放线菌的总 RNA 提取参照 Kieser 等（2000）的方法，其他分子克隆实验操作按照 Sambrook 等（2001）的方法进行。

（2）16S rRNA 基因的克隆和分析　应用细菌 16S rRNA 通用引物序列，16SF：5′ AGAGTTTGATCCTGGCTCAG 3′；16SR：5′ AAGGAGGTGATCCAGCC 3′。PCR 反应体系总体积为 $50\mu L$：其中超纯水 $36\mu L$、10×Buffer $5\mu L$、2mmol/L 的 dNTP $2\mu L$、25mmol/L MgSO$_4$ $2\mu L$，20$\mu mol/L$ 16SF $1\mu L$，20$\mu mol/L$ 16SR $1\mu L$，5 U/μL 高保真酶（KOD plus）$1\mu L$，总 DNA $2\mu L$。扩增程序为 94℃变性 5min；然后 94℃

延伸 1min，55℃ 退火 1min，68℃ 延伸 2min，进行 30 个循环；最后于 68℃ 下延伸 10min。将 PCR 产物回收后连接至用限制性内切酶 *Eco*R V 酶切的 pBluescript SK＋ 质粒上，转化 *E. coli* DHSα 后，送交公司进行序列测定（李力等，2013）。

（3）系统发育树的建立　根据 16S rRNA 基因的测序结果，序列的比对用在线的 BLAST 软件进行，聚类分析和系统发育树构建用 MEGAS 软件完成。

三、 内生链霉菌种群特征

按现有方法分离的放线菌中，90％以上属于链霉菌属。为了简化鉴定工作，通常根据培养特征（即基丝颜色和孢子丝颜色），先将性状相同的菌株归成类群或称种群（颜霞等，2009）。

Ⅰ孢子丝有自溶和吸水现象，菌落表面呈褐色或黑色团块，形成湿斑，孢子丝呈螺旋或团块，基内菌丝有各种颜色 ······················ 吸水类群（Hygroscopicus）

Ⅱ孢子丝不自溶，无吸水现象

1. 孢子丝白色，基内菌丝呈各种颜色 ·············· 白色类群（Albosporus）

2. 孢子丝黄白色或黄色、灰黄绿色，基内菌丝黄色、奶油色 ···············
　　　　　　　　　　　　　　　　　　　　　　　　　　　 黄色类群（Flavus）

3. 孢子丝粉红色 ·················· 粉红色类群（Roseoporus）

　　［1］基内菌丝无色 ·············· 玫瑰亚群（Roseus）

　　［2］基内菌丝黄色或橙色 ·············· 弗雷德氏亚群（Fradiae）

　　［3］基内菌丝紫色或蓝色 ·············· 玫瑰紫亚群（Roseovilaccus）

　　［4］基内菌丝褐色 ·············· 玫瑰褐亚群（Roseofuscus）

　　［5］基内菌丝橙红色至红色 ·············· 玫瑰红亚群（Roseoruber）

4. 孢子丝淡紫灰色（薰衣草色），基内菌丝呈多种颜色 ···············
　　·············· 淡紫灰类群（Lavendulae）

5. 孢子丝青色，基内菌丝呈多种颜色 ·············· 青色类群（Glaucue）

6. 孢子丝灰色

　　［1］基内菌丝无色 ·············· 烬灰类群（Cineragriseus）

　　［2］基内菌丝绿色 ·············· 绿色类群（Viridis）

　　［3］基内菌丝蓝色 ·············· 蓝色类群（Cyaneus）

　　［4］基内菌丝红色、橙色或紫色 ······· 灰红紫类群（Griacorubravialaceus）

　　［5］基内菌丝褐色或黑色 ·············· 灰褐类群（Griseafustuo）

　　［6］基内菌丝黄色、金黄色或褐黄色 ·············· 金色类群（Aurcus）

四、 放线菌分类系统

放线菌的分类系统比较多，划分科属的标准有所差别。常用的几种分类系统分列于下。

（一）放线菌目中科和属的检索表 （Waksman，1961）

Ⅰ菌丝不发育或无，无孢子 ·················· 分枝杆菌科 （Mycobacteriaceae）

Ⅱ真菌丝，断裂成细菌型节段，厌氧或微好氧 ··

···································· 放线菌科 （Actinomycetaceae）

Ⅲ真菌丝，向所有的平面分裂，产生有时能游动的小球菌状 ·······················

···································· 嗜皮菌科 （Dermatophilaceae）

Ⅳ真菌丝纵向分裂

1. 形成孢囊，有时也形成分生孢子 ········ 游动放线菌科 （Actinoplanaceae）

2. 无孢囊

[1] 气生菌丝体在普通温度下无；分生孢子单个，生在纤细的基内菌丝体
的侧枝上；胞壁的主要组分为甘氨酸和内消旋二氨基庚二酸·············

···························· 小单孢菌科 （Micromonosporcrpceae）

[2] 气生菌丝上有分生孢子链；胞壁的主要组分为甘氨酸和 L-2,6-二氨基
庚二酸 ····················· 链霉菌科 （Streptomycetaceae）

[3] 气生菌丝有或无；菌丝有时断裂，分生孢子无或单生、成对或成串；
胞壁含有内消旋二氨基庚二酸，但缺少大量的甘氨酸·······················

····································· 诺卡菌科 （Nocardiaceae）

（1）菌丝断裂成细菌型节段，需氧 ··· 诺卡菌属 （Nocardia）

小多孢菌属 （Micropolyspora）

（2）菌丝不断裂，有气生菌丝

A 分生孢子单生 ············· 高温放线菌属 （Thermoactinomyces）

高温单孢菌属 （Thermomonospora）

B 分生孢子成对生 ············· 小孢菌属 （Microspora）

C 分生孢子串生 ············· 假诺卡菌属 （Pseudonocardia）

（二）克拉西里尼科夫分类表 （1965）

放线菌目 （Actinomycetales）

Ⅰ放线菌科 （Actinomycetaceae）

1. 放线菌属 （Actinomyces）

2. 原放线菌属 （Proactinomyces）

3. 孢器放线菌属 （Actinopycnidium）

4. 钦氏菌属 （Chainia）

Ⅱ分枝杆菌科 （Mycobacteriaceae）

1. 分枝杆菌属 （Mycobacterium）

2. 芽生球菌属 （Mycococcus）

3. 丙酸杆菌属（*Propionibacterium*）

4. 乳酸杆菌属（*Lactobacterium*）

5. 短杆菌属（*Brevibacterium*）

6. 假杆菌属（*Pseudobacterium*）

Ⅲ小单孢菌科（Micromonosporaceae）

1. 小单孢菌属（*Micromonospora*）

2. 小双孢菌属（*Microbispora*）

3. 双歧放线菌属（*Actinobifida*）

4. 小多孢菌属（*Micropolyspora*）

5. 原小单孢菌属（*Promicromonospora*）

6. 高温放线菌属（*Thermoactinomyces*）

7. 高温多孢菌属（*Thermopolyspora*）

Ⅳ游动放线菌科（Actinoplanaceae）

1. 孢囊放线菌属（*Actinosporangium*）

2. 孢囊链霉菌属（*Streptosporangium*）

3. 游动放线菌属（*Actinoplanes*）

Ⅴ嗜皮菌科（Dermatophilaceae）

1. 嗜皮菌属（*Dermatophilus*）

（三）放线菌目分科分属检索表（中国科学院微生物研究所分类组，1975 年）

Ⅰ菌丝体多方向分裂形成立方形细胞 ……………………………………

……………………………… 嗜皮菌科（Dermatophilaceae）

1. 人和动物皮肤寄生菌 ……………………… 嗜皮菌属（*Dermatophilus*）

2. 土壤微生物 ……………………… 地嗜皮菌属（*Geodermatophilus*）

Ⅱ放线菌中的植物共生菌 ……………………… 弗兰克菌科（Frankiaceae）

1 ……………………………………… 弗兰克菌属（*Frankia*）

Ⅲ基内菌丝体分裂成杆菌或球菌状小体……………………………………

……………………………… 放线菌科（Actinomycetaceae）

1. 只有基内菌丝体，无气生菌丝体，厌氧 …… 放线菌属（*Actinomyces*）

2. 只有基内菌丝体，无气生菌丝体，好氧 ……… 罗氏菌属（*Rothia*）

3. 同放线菌属，但胞壁内有二氨基庚二酸，产丙酸

……………………………… 蛛网菌属（*Arachnia*）

4. 过氧化氢酶阴性的土壤放线菌 ……………… 农酶菌属（*Agromyces*）

5. 有时有气生菌丝体，两种菌丝体都断裂成不能运动的小体 ……………

……………………………… 诺卡菌属（*Nocardia*）

6. 同 5，但小体能运动 ……………… 厄氏菌属（*Oerskovia*）

Ⅳ基内菌丝体不断裂，只有气生菌丝体形成孢子链 ……………………
………………………………………… 链霉菌科（Streptomycetaceae）

　　1. 孢子丝形状多种多样 ………………………… 链霉菌属（*Streptomyces*）

　　2. 形成菌核 ………………………………………… 钦氏菌属（*Chainia*）

　　3. 形成分生孢子器 ………………… 孢器放线菌属（*Actinopycnidium*）

Ⅴ孢子单个或成短链 ………………………… 寡孢菌科（Paucisporaceae）

　　1. 只有基内菌丝体，无气生菌丝体，孢子单个生长

　　　　［1］基内菌丝体不分裂 ………………… 小单孢菌属（*Micromonospora*）

　　　　［2］基内菌丝体分裂 ………… 原小单孢菌属（*Promicromonospora*）

　　2. 有基内菌丝体和气生菌丝体

　　　　［1］基内菌丝体分裂，两种菌丝体都产生单个孢子和短孢子链………
　　　　　　………………………………………… 小多孢菌属（*Micropolyspora*）

　　　　［2］基内菌丝体不分裂

　　　　　　（1）两种菌丝体上都产生单个孢子………………………………
　　　　　　　　………………………… 高温放线菌属（*Thermoactinomyces*）

　　　　　　（2）同（1）孢子柄两歧分枝 ……… 双歧放线菌属（*Actinobifida*）

　　　　　　（3）只在气生菌丝体上产生单个孢子…………………………
　　　　　　　　………………………… 高温单孢菌属（*Thermomonospora*）

　　　　　　（4）只在气生菌丝体上产生纵对的孢子……………………
　　　　　　　　……………………………………… 小双孢菌属（*Microbispora*）

　　　　　　（5）只在气生菌丝体上产生四孢短链……………………
　　　　　　　　……………………………………… 小四孢菌属（*Microtetraspora*）

Ⅵ形成孢囊 ………………………… 游动放线菌科（Actinoplanaceae）

　　1. 孢囊在菌丝间形成…………………… 孢囊菌属（*Intrasporangium*）

　　2. 孢囊在孢囊柄顶端形成

　　　　［1］孢囊孢子能运动

　　　　　　（1）孢囊近球形或不规则，通常无气丝，孢囊孢子具极生或周生
　　　　　　　　鞭毛 ………………………… 游动放线菌属（*Actinoplanes*）

　　　　　　（2）孢囊筒形、瓶形，孢囊孢子杆状；极生或周生鞭毛………
　　　　　　　　………………………………………… 小瓶菌属（*Ampulariella*）

　　　　　　（3）孢囊球形，孢囊孢子杆状，弯曲；具侧生鞭毛…………
　　　　　　　　………………………………………… 螺孢菌属（*Spirillospora*）

　　　　　　（4）孢囊指状，孢囊内 2～3 个孢子，成一直行，能运动 ………
　　　　　　　　………………………………… 指孢囊菌属（*Dactylosporangium*）

　　　　　　（5）孢囊孢子成纵对，能运动 … 游动双孢菌属（*Planobispora*）

（6）孢囊成排并列，只含一能运动的孢囊孢子……………………………
…………………………………… 游动单孢菌属（*Planomonospora*）

（7）孢囊形状很不规则，孢囊孢子短杆状……………………………………
…………………………………… 无定形孢囊菌属（*Amorphosporangium*）

（8）孢囊棒状，孢囊孢子常成对，带一根鞭毛…………………………………
…………………………………… 北里菌属（*Kitasatoa*）

［2］孢囊孢子不能运动

（1）孢囊近球形，孢囊孢子近球形或短杆状…………………………………
…………………………………… 孢囊链霉菌属（*Streptosporangium*）

（2）孢囊棒状，只含一短孢子链……………………………………………
…………………………………… 小耳孢囊菌属（*Microellobosporia*）

（3）孢囊球形或长圆，带粗突出物，时常含 1～3 个孢囊孢子 ……
…………………………………… 小棘孢菌属（*Microechinospor*）

● 第三节 内生真菌的鉴定

一、真菌的特征及分类依据

真菌的菌体除藻状菌中的某些种和酵母菌为单细胞外，绝大部分真菌的菌体为丝状体，即菌丝。菌丝呈管状，大多数种类的真菌菌丝体内具有分隔。而藻状菌的菌丝体虽然也很发达，却无分隔，只在少数比较高等的藻状菌中或某些种类的老菌丝中，或者只是在产生生殖器官或受到机械损伤时才产生分隔。菌丝有无分隔是真菌鉴定中首先要注意的一个特征。

菌丝分枝或不分枝，有的生长稀疏，有的致密。或交织成网状、絮状；或呈束状、绒毛状；或密结特化成坚实的菌核，其结构因种类而异。

真菌的菌丝或无色透明，或呈棕色、暗褐色、黑色，或呈现各种鲜艳的颜色，有的还能分泌色素于菌丝体外。鉴定时则主要以在显微镜下是无色透明还是呈暗色（棕色、褐色、深灰色、深橄榄色等）为依据。

真菌的繁殖方式较细菌或放线菌复杂得多，除了可借菌丝碎片增殖外，往往以各种无性或有性孢子来繁殖。不同种类的真菌，其产孢器官的性质、孢子着生的方式、孢子的排列、形态和大小等都有很大的差异，这些都是鉴定真菌时极为重要的依据。

除显微特征外，真菌的培养特征，菌落生长速度、颜色、表面结构、质地，菌落边缘性状、高度，培养基颜色的变化、渗出物和气味等也是鉴定真菌的重要依据。内生真菌鉴定卡见表 4-10。

表 4-10　内生真菌鉴定卡

菌号		菌名		
形态特征：			绘图或照片	
个体		菌丝		
	无性孢子	名称		
		形状与大小		
		颜色及饰纹		
	有性孢子	名称		
		形状与大小		
		颜色及饰纹		
主要生理与生态特征：				
培养基：				
培养温度：				
来源：				
其他：				
鉴定日期		鉴定者		

二、 内生真菌的鉴定

（一）真菌的形态特征

1. 真菌形态显微观察法

制片时必须注意保持菌体的完整，常用的制片方法如下。

（1）直接制片法

① 于载玻片中央滴一滴封片液。

② 在带菌材料中或人工培养的菌落边缘取少许产孢组织放在载玻片上的封片液中，并用解剖针小心地将菌丝分散。

③ 在被检物上加盖玻片，注意勿使产生气泡。此片即可在显微镜下观察。

④ 产孢子多的菌种如青霉（*Penicillium*）、曲霉（*Aspergillus*）、木霉（*Trichoderma*）等，因孢子过多而看不清楚分生孢子梗。因此，这类菌种制片时，应先用乙醇和水冲洗，在生长好以后取出，倒放在滴加封片液的载玻片上镜检。

（2）盖玻片培养法

① 在直径 9cm 的培养皿中注入适量固体培养基（约 15mL），凝固后用解剖刀垂直划裂琼脂成四片。

② 逐片掀开放入一片灭菌盖玻片，然后用记号笔在培养皿底部的盖玻片中央

画一小方格（约 6mm²）。

③ 打开培养皿将小方格中的琼脂挖掉，在挖空的方格四周接种。菌落向四周伸展时，一部分菌丝长到盖玻片上。

④ 通过盖玻片对角划裂琼脂，取出盖玻片倒放在滴加封片液的载玻片上镜检。

2. 真菌玻片标本的封片与染色

（1）常用的封片剂

① 水　水是临时镜检玻片常用的封片剂，用新鲜自来水、蒸馏水均可。缺点是：a. 易蒸发，干得快，不便于长时间观察；b. 由于渗透压小的关系，被检物易吸水膨胀而变形。

② 乳酸甘油酚　乳酸甘油酚是直到目前为止仍被广泛采用，并且被公认为是最好的封片剂。配方如下：酚 20g，乳酸 20g，甘油 44g，水 20mL，储存于棕色瓶内备用。

乳酸甘油酚的优点是：a. 其中含有大量甘油，不易挥发，用此液封片可以保存较长时间；b. 其中含有酚，有防腐作用，用此液制作的标本，不被其他杂菌污染；c. 便于封固成永久玻片标本；d. 此液可维持一定的渗透压，因此可以避免细胞因吸水涨裂。缺点是：a. 乳酸甘油酚的折光系数为 1.45，与真菌菌丝极为相近，因此被检物难以被精确的观察和测量；b. 乳酸甘油酚见光后变为棕色，用此液封固的标本，时间长了以后也被染上棕色，对鉴定有干扰；c. 此液还可使真菌菌丝体内的某些成分溶解，以结晶或油脂状物存在于菌丝外；d. 乳酸甘油酚也可引起细胞中原生质皱缩而使孢子或其他结构变形，但菌丝细胞壁并不受破坏，可预先用乙醇固定的办法克服原生质皱缩的问题。

③ 液体石蜡（原液）　液体石蜡也可用作封片剂，其优点是可以防止子囊外壁溶解。

④ 甘油（10%～20%）。

（2）染色　真菌孢子或菌丝本身是否有色是分类鉴定中的一个重要依据，例如半知菌纲中的丛梗孢目根据孢子或菌丝是否有色又分为丛梗孢科和暗梗孢科。因此，在没有分科之前不宜染色。对于菌体细小或孢子表面有特殊的花纹，不经染色就看不清楚的标本，可在分科以后染色。常用的方法是将染料加在封片液中结合使用。

① 棉蓝（cotton blue）0.05g ＋乳酸甘油酚 100mL。

② 英竹桃红（ploxine）0.5g ＋乳酸甘油酚 100mL。

③ 伊红（Eosin）0.5g ＋甘油（10%～20%）100mL。

④ 0.1%伊红溶于 10%氨水中染色使细胞壁及分隔着红色。

⑤ 酸性复红（acid fuchsia）0.1g＋无水乳酸 100mL，染细胞壁。

⑥ 墨汁直接封片可将透明的孢子外壁或孢子的附属丝等衬托出来。

（3）玻片标本的封固　在用乳酸甘油酚封片的盖玻片四周可以涂各种封固剂，制成永久玻片以便长期保存。常用的封固剂有化妆用的指甲油、硝基清漆及其他水溶胶等。

操作时应注意滴加适量封片液，当盖玻片盖上去的时候，封片液恰好铺展到盖玻片的边缘，勿使其溢出至盖玻片之外的载玻片上，否则就不能封固。

也可用加拿大胶、冷杉胶等取代封片液直接封固。但制片中易产生气泡，且费时较多。

3. 镜检

一般镜检使用放大 1000 倍的生物显微镜，如果要观察细微的或透明的结构（如孢子表面的纹饰，菌丝外壁结构或孢子器的附属丝等）时，可以采用暗视野集光器或相差用具。镜检时要特别注意产孢器官的性质，孢子的着生方式、形状、结构和排列方式，以及孢子的大小等。

（二）真菌的培养特征

为观察菌落特征，通常采用平板培养。在琼脂平板表面点植 1 个菌落，培养 4d、7d、10d、14d 后，记载生长速度和菌落特征。由于同种真菌菌落的外观、生长速度等因培养基成分不同而有差异，因此需要固定一种或几种真菌培养基。

1. 点植培养法

（1）选用上述培养基倾入 9cm 培养皿中（每皿约 15mL）。凝固后即成平板。

（2）挑取少量待检菌种的孢子或菌丝点植于平板上。每一平板可点植 1～3 点。

（3）在 25℃恒温箱中倒置培养。

2. 菌落特征的观察和记载

（1）生长速度　培养一定天数后测量菌落直径，分生长极慢、慢、中等、快四级。

（2）菌落的颜色　分别记载菌落表面、底部菌丝的颜色和菌落背面的颜色及其变化。

（3）菌落的表面　平滑或有皱纹，致密或疏松，有无同心环或辐射状沟纹等。

（4）菌落的结构　菌落外观似毡状（velvety）、簇生或束状（fasieulaie）、羊毛状（Ianose）、绳索状（funicuiose）、粉粒状、明胶或皮革状等。

（5）菌落的边缘　全缘、锯齿状、树枝状、纤毛状等。

（6）菌落的高度　菌落扁平、丘状隆起、陷没、菌种中心部分凸起或凹陷。

（7）培养基颜色的变化　颜色的变化需要观察菌丝覆盖部分及扩散到菌落以外的部分。

（8）渗出物　有的真菌菌落表面渗出滴液，记载有无滴液渗出、数量及颜色。

（9）气味　无味、霉味、土味、芳香味等。

（三）分子生物学技术鉴定

目前，分子生物学技术在病原真菌鉴定中得到广泛的应用（汪贵娥，2010）。

1. 聚合酶链反应（PCR）技术

在内生真菌鉴定中可通过设计特定的引物，通过 PCR 方法进行所需序列的扩增（毛裕民等，1990），然后对获得的序列进行系统发育关系分析，从而对菌株进行属种鉴定。一般而言，属的鉴定常选用的靶基因是核糖体蛋白基因（rDNA），其亚基（18S、5.8S、28S）序列进化速率慢、相对保守，且存在广泛的异种同源性，多用于设计真菌通用引物，比较成熟的引物有 NS1、LR1、LR2 等；而属内种的鉴定一般根据两个相对变异的内转录间隔区，由于间隔区不加入成熟核糖体，所以受到的选择压力较小，进化速率较快，具有广泛的序列多态性，在其保守性上表现为种内不同菌株之间高度保守，即在真菌种间差异明显，常用引物有 ITS1、ITS2、ITS3、ITS4 等（林晓民等，2005；燕勇等，2008）。

表 4-11　内生真菌常用扩增引物

引物名称	序列(5'-3')	扩增目的片段
NS1	GTAGTCATATGCTTGTCTC	18S rDNA
LR1	GCATATCAATAAGCGGAGGA	28S rDNA
LR2	GACTTAGAGGCGTTCAG	28S rDNA
ITS1	TCCGTAGGTGAACCTGCGG	ITS
ITS2	GCTGCGTTCTTCATCGATGC	ITS
ITS3	GCATCGATGAAGAACGCAGC	ITS
ITS4	TCCTCCGCTTATTGATATGC	ITS

（1）扩增引物　引物的选择与扩增的目标区有关，单独分析 ITS1 区、ITS2 区序列可以研究亲缘关系较近的属内种间或群组之间小范围、低水平的序列变化；若需要相对足够的序列信息用于未知真菌的系统分类学研究或鉴定未知真菌的属种，可对于整个 ITS 区设计引物。由于真菌全长 ITS 区序列包含了其两端的 18S rDNA、28S rDNA 的部分序列和中间的 ITS1 区、5.8S rDNA、ITS2 区的完整序列（长度 300～1000bp，真菌通常为 600bp 左右），拥有相对丰富的信息，因而全长序列的 ITS 分析在真菌分子生物学鉴定中比较常用。常用引物序列见表 4-11。

（2）方法与步骤

① 菌丝培养　使用沙保氏培养液或者 PDB 培养液对待检菌株进行振荡培养（28℃，48～72h），收获菌丝体用于核酸提取。

② 真菌 DNA 基因组提取　取适量的菌丝加入液氮研磨，然后用商品化真菌核酸提取试剂盒进行 DNA 提取。

③ 核酸纯度与浓度测定　取一定量的 DNA 提取液进行一定倍数的稀释后，在分光光度计上测定 260nm、280nm 与 320nm 下的吸光度（A），按照下列公式计

算核酸纯度与浓度。

$$核酸纯度=\frac{A_{260}-A_{320}}{A_{280}-A_{320}}$$

$$核酸浓度(ng/\mu L)\approx 50\times\frac{A_{260}-A_{320}}{LD}$$

式中，L 为光径长度，cm；D 为稀释倍数。自然界核酸纯度范围为 $1.6\sim2.0$，一般以 1.8 ± 0.2 为宜，根据结果将核酸浓度稀释至适合的 PCR 用模板浓度（$100\sim300$ng$/\mu$L）。

④ PCR 扩增　PCR 反应体系为 50μL，其中 $10\times$ Buffer 5μL，25mmol/L 的 MgCl$_2$ 4μL，2.5mmol/L 的 dNTP 4μL，正反向引物各 0.5μL，5U *Taq* 酶 0.25μL，DNA 模板 2μL，ddH$_2$O 补足 50μL。反应条件为 94℃ 2min；94℃ 30s，59℃ 30s，72℃ 90s，35 个循环；72℃ 7min；扩增全长序列的 ITS。将 PCR 产物用 1%凝胶进行电泳 30min（100V），使用 0.5μg/mL EB 或 $3\times$GelRed 进行后染 30min，然后在凝胶成像仪上进行显影成像，观察是否扩增出目的条带。

⑤ 目的核酸片段序列测定与分析　将扩增出来的目的核酸片段送公司纯化后进行测序。将测得的序列提交美国 NCBI 的 GENBANK，获取对比指标靠前的 20 个相似序列，通过 BLAST 工具和 DNAMAN 软件进行比对分析，并以 Neighbor-Joining 方法构建系统发育树。

2. 聚合酶链反应-限制性片段多态性分析（PCR-RFLP）

PCR-RFLP 又称限制性内切酶分析（REA），指用限制性内切酶将 DNA 在特定的核苷酸序列上切割。由于不同生物个体的酶切位点不同，故产生的 DNA 片段长度呈现多态现象，根据这种 DNA 的多态性图谱可进行种间和种内分型（吴志国等，2003）。目前对线粒体基因组的研究结果表明，真菌线粒体 DNA 序列高度变异，其进化速度介于动植物之间，含有真菌系统发育和演化的生物信息。Hamari 等（1997）应用限制性内切酶分析了 *Aspergillus japonicus* 和 *Aspergillus aculeatu* 的分子与表型特征间的关系。一般而言，只要内切酶选择合适，应用该技术可对任何分类水平上的多态性和特异性进行分析。

3. 随机引物扩增 DNA 多态性（RAPD）技术

RAPD 技术（randomly amplified polymorphic DNA）又称任意引物聚合酶链反应（arbitrarily primed PCR），通常将随机合成的单个寡核苷酸（一般为 10bp）作为引物，通过 PCR 扩增靶细胞基因组 DNA 片段进行多态性分析，来比较不同个体基因组 DNA 组成的差异，确定基因型，做出 DNA 指纹图等（马清光等，2005）。该法可以在未知靶 DNA 序列的情况下进行，特别适用于分子生物学特征不明确或不了解基因组 DNA 序列的内生真菌的分类与鉴定研究。

（1）扩增引物筛选　通过查阅文献选取 RAPD 引物，以每个种群的一个菌株分别为模板进行多态性扩增。经过多次重复筛选，选取出能扩增出稳定多态性片段的引物，最后用选取的引物对分离获得的内生菌株进行 PCR 扩增。

（2）方法与步骤

① 菌丝培养　同聚合酶链反应（PCR）鉴定。

② 真菌 DNA 基因组提取　同聚合酶链反应（PCR）鉴定。

③ PCR 反应体系的建立　Moon 等（2007）指出，反应体系中 Mg^{2+}、dNTP、Taq 酶、引物浓度、模板 DNA 及引物退火温度等都会对内生真菌 RAPD 扩增产生影响，在分析每个影响因素时，严格控制其他反应条件，确定内生真菌 RAPD 扩增的最佳反应体系与 PCR 扩增条件。本书中引用金文进（2009）优化后的内生真菌的反应体系：10mmol/L Tris-HCl（pH 8.8）2.5μL，50mmol/L KCl 2μL，2mmol/L MgCl$_2$ 2.5μL，0.4mmol/L dNTP 0.8μL，1U raq DNA Polymerase 0.2μL，0.32wnol/L Primer 各 0.32μL，模板 DNA 50ng，ddH$_2$O 补足 25μL。反应条件为：95℃预变性 9min，进入循环，95℃变性 1min，36℃退火 1min，72℃延伸 1min，共 35 个循环，最后 72℃延伸 10min，将 PCR 产物用 1% 凝胶进行电泳 30min（100V），使用 0.5μg/mL EB 或 3×GelRed 进行后染 30min，然后在凝胶成像仪上进行显影成像，观察是否扩增出目的条带。

④ 数据统计与分析　以 0，1 统计 RAPD 扩增结果。即在相同的迁移位置，对电泳中稳定出现的扩增条带计为 1，没有扩增产物的计为 0，将数据以 0，1 矩阵形式输入计算机进行统计分析，每个 RAPD 扩增产物条带视为一个基因位点，统计以上种群所有菌株基因位点总数和多态性位点数。某一特定基因位点上扩增的 DNA 片段出现频率小于 0.99 的位点称为多态性位点，按照公式（4-4）计算菌株多态性位点比率（P），以% 表示。按照公式（4-5）计算所选类群和获得菌株的 Roger's 遗传距离（Bolaric 等，2010）。基于遗传距离数据，利用 NTSYS-pc2.02 程序（Rohlf，2000）对所有类群及获得的菌株分别进行聚类分析，构建非加权分组平均法（unweighted pair-group method with arithmetic averages，UPGMA）聚类图。

$$多态位点比率(P) = \frac{多态性位点数}{检测到的总位点数} \times 100\% \tag{4-4}$$

$$D_{ij}^2 = \sum (Y_{ia} - Y_{ja})^2 / A \tag{4-5}$$

式中，D 为遗传距离；Y 为一条扩增产物出现的频率；A 为总的位点数。

4. DNA 条形码（DNA barcoding）技术

DNA 条形码技术，是通过一段相对较短的标准 DNA 片段进行快速、准确和标准化鉴定物种的技术。一般用于内生真菌鉴定的 DNA 条形码除 ITS 序列之外，还有核糖体大亚基（nuclearlarge subunit，NL，LSU/28S）、翻译延伸因子（translation elongation factor 1-alpha，EF1-α）、RNA 聚合酶（RNA polymerase largest and second largest subunits，RPB1 和 RPB2）、微管蛋白（β-tubulin，TUB2）、肌动蛋白（actin，ACT）、钙调蛋白（calmodulin，CAL）基因等（Justo 等，2017；Xu

等，2016；Tian 等，2013）。

（1）扩增引物　选用 ITS、NL、RPB、EF、TUB、ACT 等 DNA 片段设计引物，常用引物序列信息见表 4-12。

表 4-12　内生真菌常用扩增引物

引物名称	序列(5'-3')	扩增目的片段
ITS1	TCCGTAGGTGAACCTGCGG	ITS
ITS4	TCCTCCGCTTATTGATATGC	ITS
NL1	GCATATCAATAAGCGGAGG	NL
NL4	GGTCCGTGTTTCAAGACGG	NL
RPB1B-F	AACCGGTATATCACGTYGGTAT	RPB
RPB1B-R	GCCTCRAATTCGTTGACRACGT	RPB
RPB1Y-F	CGATCTATTAGAACATGGGGCTTC	RPB
RPB1Y-R	GTTGACAACGTGAGCTGGAGA	RPB
RPB2B-F	TAGGTAGGTCCCAAGAACACC	RPB
RPB2B-R	GATACCATGGCGAACATTCTG	RPB
RPB2Y-F	CTTGCCACTACGCGGTCTAT	RPB
RPB2Y-R	CACGGCTCTGGTATCCATTC	RPB
EF595-F	CGTGACTTCATCAAGAACATG	EF
EF-1R	GGARGGAAYCATCTTGACGA	EF

（2）方法与步骤

① 菌丝培养　同聚合酶链反应（PCR）鉴定。

② 真菌 DNA 基因组提取　同聚合酶链反应（PCR）鉴定。

③ PCR 反应体系的建立　PCR 扩增的反应体系包括：正反引物和模板各 $1\mu L$，$2\times Master~Mix~12\mu L$，以 ddH_2O 补足 $25\mu L$。ITS 扩增条件为：94℃预变性 4min，进入循环，94℃ 变性 1min，55℃、56℃、57℃、58℃ 和 59℃ 梯度退火 1min，72℃延伸 1min，35 个循环，最后 72℃ 延伸 10min。其他序列扩增条件：94℃预变性 3min，进入循环，94℃ 变性 1min，49℃、50℃、51℃、52℃ 和 53℃ 梯度退火 30s，72℃延伸 1min，完成 35 个循环，最后 72℃ 延伸 10min。将 PCR 产物用 1%凝胶进行电泳 30min（100V），使用 $0.5\mu g/mL$ EB 或 $3\times GelRed$ 进行后染 30min，然后在凝胶成像仪上进行显影成像，观察是否扩增出目的条带。将扩增出来的目的核酸片段送公司纯化后进行测序。

5. 变性梯度凝胶电泳（DGGE）法

变性梯度凝胶电泳（denatured gradient gel electrophoresis，DGGE）技术是目前研究微生物群落结构的主要分子生物学方法之一。其基本原理是根据 DNA 在不同浓度的变性剂中解链程度的不同而表现出不同的电泳迁移率，进而将片段大小相同而碱基组成不同的片段分离。结合 DNA 测序技术，DGGE 电泳常用于相似性聚类分析。DGGE 通常与 PCR 和核酸测序结合起来联合应用。王海等（2013）探究了四川 5 个不同产区间川芎内生真菌群的差异性，通过该技术研究发现内生真菌群落结构存在不同个体、不同产区间的差异，同产区不同个体川芎内生真菌的相似程度较高，而不同产区间的相似程度较低。该技术分析微生物群落的一般步骤如下：

① 核酸的提取。

② 16S rRNA、18S rRNA 或功能基因如可溶性甲烷加单氧酶羟化酶基因（*mmoX*）和氨加单氧酶 a-亚单位基因（*amoA*）片段的扩增。

③ 通过 DGGE 分析 PCR 产物。

DGGE 使用具有化学变性剂梯度的聚丙烯酰胺凝胶，该凝胶能够有区别地解链 PCR 扩增产物，由 PCR 产生的不同的 DNA 片段长度相同但核苷酸序列不同。因此，不同的双链 DNA 片段由于沿着化学梯度的不同解链行为将在凝胶的不同位置上停止迁移。但该种方法的不足之处在于只能分离较小的片段，最终用于分析的序列信息量较少，因此，用该技术很难鉴定群落结构到种水平（马悦欣，2003）。

6. MALDI-TOF 质谱法

基质辅助激光解吸电离飞行时间质谱（matrix-assisted laser desorption ionization time of flight mass spectrometry，MALDI TOF MS）技术是近年出现的一种新的微生物鉴定技术，可以实现对未知微生物的快速检测、鉴定、分型、溯源及有毒无毒菌株的鉴别等。MALDI-TOF 质谱通过对蛋白质的解离分析来完成对微生物的鉴定及分型，其基本步骤一般包括以下三步：

① 将微生物样品与基质分别点在样品板上，溶剂挥发后形成样品与基质的共结晶。

② 通过激光轰击，基质从激光中吸收能量使样品解吸，基质与样品之间发生电荷转移，使得样品分子电离，经过飞行时间检测器，采集数据并获得图谱。

③ 通过软件分析得到鉴定结果。

MALDI-TOF 质谱全细胞指纹图谱分析是根据蛋白质组表达进行分析比较的，由于蛋白质是表型的直接决定者，因此，该技术比从核酸水平进行微生物鉴定更为准确和直接。并且与传统的检测方法相比，该检测方法的检测时间显著缩短、费用明显降低。另外，MALDI-TOF 质谱技术对多肽、蛋白质、低聚核苷酸和低聚糖等生化新药及基因工程药物的相关研究和分析也具有重要的应用前景。

（四）真菌生物学特性测定

明确内生真菌的生物学特性不仅有助于鉴定菌株的分类地位，还可以为内生菌的生物防治应用提供借鉴，一般关于内生菌生物学测定主要包括以下内容（陈泰祥等，2016；孙梅青等，2011）。

1. 内生真菌生长曲线的绘制

将保存的菌株接种于 PDA 平板上，25℃恒温培养 5d，用直径为 5cm 的打孔器打取菌饼，接种于 PDA 平板中央，5 次重复，分别于 0d、2d、3d、4d、5d、6d、7d 十字交叉法测量菌落直径。绘制菌落直径随时间变化的曲线。

2. 培养基对菌丝生长及产孢的影响

配制 CMM、M102、PDA、MS、察氏（Czapek）培养基，121℃高温高压灭菌后倒入 9cm 平板中，待培养基冷却凝固，于平板中央接入直径 5mm 的内生真菌菌饼，5 次重复，25℃恒温培养，定期测量菌落直径。测量后用灭菌的 0.1％吐温将各处理孢子洗脱，用血细胞计数板法统计其产孢量。

3. 温度对菌丝生长及产孢的影响

配制 PDA 培养基，121℃高温高压灭菌后倒入 9cm 平板中，待培养基冷却凝固，于平板中央接入直径 5mm 的内生真菌菌饼，5 次重复，分别放于 15℃、20℃、25℃、30℃、35℃、40℃下培养，定期测量菌落直径。测量后用灭菌的 0.1％吐温将各处理孢子洗脱，用血细胞计数板法统计其产孢量。

4. pH 对菌丝生长及产孢的影响

配制 PDA 培养基，用 1mol/L HCl 和 1mol/L NaOH 调节培养基 pH 至 4.0、5.0、6.0、7.0、8.0、9.0、10.0，121℃高压灭菌后用无菌 1mol/L HCl 和 1mol/L NaOH 校正 pH。然后倒入 9cm 平板中，待培养基冷却凝固，于平板中央接入直径 5mm 的内生真菌菌饼，25℃恒温培养，定期测量菌落直径。测量后用灭菌的 0.1％吐温将各处理孢子洗脱，用血细胞计数板法统计其产孢量。

5. 光照对菌丝生长及产孢的影响

配制 PDA 培养基，121℃高温高压灭菌后倒入 9cm 平板中，待培养基冷却凝固，于平板中央接入直径 5mm 的内生真菌菌饼，5 次重复，分别放于 25℃、连续光照、12h 光暗交替和完全黑暗 3 种光照条件下培养，定期测量菌落直径。测量后用灭菌的 0.1％吐温将各处理孢子洗脱，用血细胞计数板法统计其产孢量。

6. 碳源对菌丝生长及产孢的影响

以察氏固体培养基为基础培养基，分别用等质量分数的 D-甘露糖、L-山梨糖、麦芽糖、可溶性淀粉、D-半乳糖、葡萄糖、D-果糖、蔗糖、D-木糖、海藻糖、乳糖、阿拉伯糖、甘露醇、水杨苷置换其中的碳源作为不同碳源培养基。将所配制的培养基于 121℃高温高压灭菌后倒入 9cm 平板中，待培养基冷却凝固，于平板中央接入直径 5mm 的内生真菌菌饼，5 次重复，25℃恒温培养，定期测量菌落直径。测量后用灭菌的 0.1％吐温将各处理孢子洗脱，用血细胞计数板法统计其产孢量。

7. 氮源对菌丝生长及产孢的影响

以察氏固体培养基为基础培养基，分别用等质量分数的 L-胱氨酸、硫酸铵、硝酸钠、L-天冬酰胺、L-谷氨酰胺、L-苯丙氨酸、氨基乙酸、硝酸铵、L-脯氨酸替换其中的氮源作为不同氮源培养基。将所配制的培养基于121℃高温高压灭菌后倒入9cm平板中,待培养基冷却凝固,于平板中央接入直径5mm的内生真菌菌饼,5次重复,25℃恒温培养,定期测量菌落直径。测量后用灭菌的0.1%吐温将各处理孢子洗脱,用血细胞计数板法统计其产孢量。

8. 菌丝生长及产孢致死温度测定

移取直径5mm的菌块到2mL灭菌水中,分别置于40℃、45℃、50℃、55℃、60℃的恒温水浴锅中水浴10min,取出后立即在冰水中冷却至室温。用灭菌滤纸将菌块所带水分吸干,将处理后的菌块接种到PDA平板上,每处理5次重复,25℃恒温培养,定期测量菌落直径。测量后用灭菌的0.1%吐温将各处理孢子洗脱,用血细胞计数板法统计其产孢量。

参考文献

Bolaric S, Barth S, Melchinger A E, et al. Genetic diversity in European perennial ryegrass cultivars investigated with RAPD markers. Plant Breeding, 2010, 124 (2): 161-166.

Dietz A, Uathews J. Definitive comparison of members of the Streptomyces hygroscopicus-like complex. Jena: The Jean International Symposium on Taxonomy, 1968: 173-177.

Gordon R E, Haynes W C, Pang C H N. The Genus *Bacillus*. Washington DC: US Dept Agric, 1973: 107-108.

Hamari Z, Kevei F, Éva Kovács, et al. Molecular and phenotypic characterization of Aspergillus japonicus and Aspergillus aculeatus strains with special regard to their mitochondrial DNA polymorphisms. Antonie Van Leeuwenhoek, 1997, 72 (4): 337-347.

Justo A, Miettinen O, Floudas D, et al. A revised family-level classification of the Polyporales (Basidiomycota). Fungal Biology, 2017, 121 (9): 798-824.

Kieser T, Bibb M, Buttner M, et al. Practical streptomyces genetic. Norwich: John Innes Foundation, 2000.

Küster E. Outline of a comparative study of criteria used in the characterization of the actinomycetes. International Journal of Systematic and Evolutionary Microbiology, 1959, 9: 97-104.

Lechevalier M P, De Bihvre C, Lechevalier HA. Chemotaxonomy of aerobic actinomycetes: phospholipid composition. Biochemical Systematics & Ecology, 1977, 5 (4): 249-260.

Lechevalier M P, Prauser H, Labeda D P, et al. Two new genera of nocardioform actinomycetes: Amycolata gen. nov. and Amycolatopsis gen. nov. International Journal of Systematic and Evolutionary Microbiology, 1986, l36: 29-37.

Moon C D, Guillaumin J J, Ravel C, et al. New neotyphodium endophyte species from the grass tribes stipeae and meliceae. Mycologia, 2007, 99 (6): 895-905.

Rohlf F J. NTSYS-Pc: Numerical Taxonomy and Multivariate Analysis System, Version 2.1. New

York：Applied Biostatistics Inc，2000. http：//www.exetersoftware.com/cat/ntsyspc/ntsyspc.html.

Sambrook J，Russell D. Molecular cloning：a laboratory manual. New York：Cold Spring Harbour Laboratory Press，2001.

Solovyova K N，Rudays S M，Fadeyeva N P，et al. Importance of certa in features and properties of actinomycetes for their classification. Jena：The Jean International Symposium on Taxonomy，1968：163-167.

Tian X M，Yu H Y，Zhou L W，et al. Phylogeny and taxonomy of the Inonotus linteus complex. Fungal Diversity，2013，58（1）：159-169.

Waksman S A. The Actinomycetes，vol II. Classification，identification and descriptions of genera and species. Williams and Wilkins，Baltimore，USA，1961：327-334.

Xu J. Fungal DNA barcoding. Genome，2016，59（11）：913.

伯杰. 细菌鉴定手册. 第 8 版. 北京：科学出版社，1984.

陈泰祥，李春杰，李秀璋. 一株野大麦内生真菌的生物学与生理学特性. 草业科学，2016，33（9）：1658-1664.

金文进. 醉马草内生真菌多样性的研究. 兰州：兰州大学，2009.

克拉西里尼科夫. 细菌和放线菌的鉴定. 北京：科学出版社，1965.

李力，刘小玲，黄连琴，等. *Amycolatopsis* sp. FJNU1011 的 16S rRNA 基因序列分析和发酵产物鉴定. 福建师范大学学报（自然科学版），2013，29（2）：89-93.

林万明，郭兆彪，高树德，等. 用热变性温度法测定细菌 DNA 中 GC 含量. 微生物学通报，1981，8（5）：1049-1054.

林晓民，李振岐，王少先. 真菌 rDNA 的特点及在外生菌根菌鉴定中的应用. 西北农业学报，2005，14（2）：120-125.

马迪根，马丁克，帕克. 微生物生物学. 杨文博，译. 北京：科学出版社，2004.

马清光，赵月辉. 随机引物扩增技术对变形菌 DNA 多态性分型研究. 中华医院感染学杂志，2005（01）：30-32.

马悦欣，Carola Holmstrom，Jeremy Webb，等. 变性梯度凝胶电泳（DGGE）在微生物生态学中的应用. 生态学报，2003，23（8）：1561-1569.

毛裕民，盛祖嘉. 多聚酶链式反应. 科学通报，1990（02）：81-83.

阮继生，郎艳军，石彦林，等. 不同放线菌属的化学与分子分类. 微生物学报，1994，34（3）：241-244.

阮继生，刘志恒，梁丽糯，等. 放线菌研究及应用. 北京：科学出版社，1990.

孙梅青，陈忠，喻其林，等. 鹿蹄草属内生真菌生物学特性研究. 中国农学通报，2011，27（4）：125-128.

汪贵娥. 分子生物学技术在病原真菌鉴定中的应用. 首都食品与医药，2010（2）：26-27.

王海，严铸云，何冬梅，等. 多产区川芎内生真菌菌群组成的 PCR-DGGE 分析. 中国中药杂志，2013，38（12）：1893-1897.

王振军，刘玉霞，刘新涛，等. 用 16S rDNA 序列分析方法鉴定 4 个拮抗细菌. 河南农业科学，2006，35（5）：59-61.

吴志国，肖波，杨晓苏，等. 聚合酶链反应-限制性片段长度多态性分析技术在儿童型脊髓性肌萎缩症基因诊断中的应用．中华神经科杂志，2003（06）：28-30.

颜霞，林雁冰，李慧芬．拮抗放线菌 111A202 的种类鉴定及其 16S rDNA 序列分析．中国农学通报，2009，25（14）：67-69.

燕勇，李卫平．rDNA-ITS 序列分析在真菌鉴定中的应用．中国卫生检验杂志，2008，18（10）：1958-1961.

张守印．16S rRNA 基因序列分析在非典型菌株鉴定中的应用．中国卫生检验杂志，2008，18（4）：616-619.

中科院微生物所放线菌分类组．链霉菌鉴定手册．北京：科学出版社，1975.

第五章
内生菌的培养与发酵

内生菌的培养

一、 固体培养法

利用固体培养基进行微生物培养的方法称为固体培养法。该方法可广泛培养各种好氧型内生菌。由于内生菌在固体培养基表面呈现重叠式生长繁殖，生长在上面的微生物细胞获得的养分与氧气可能不如下层直接与培养基接触的细胞充分。因此，微生物不同细胞所处的生长环境存在细微差异。为了让内生菌细胞所处的环境尽可能一致，可采用增大固体培养基表面积的方法来实现，如实验室所采用的试管斜面法、平板培养法、小室培养法等。

1. 斜面培养法

将固体培养基趁热定量分装于试管内，并凝固成斜面称为斜面培养基。将菌种点接、涂抹或划线接种到斜面培养基上进行微生物培养，称为斜面培养法，该方法是微生物培养中最常用的一种方法（张敏等，2006）。

2. 平板培养法

将固体培养基趁热定量分装于培养皿内，并凝固成平面称为平板培养基。将菌种点接、涂抹或划线接种到平板培养基上进行微生物培养，称为平板培养法，该方法也是微生物培养中较为常用的一种方法（李志刚等，1989）。

3. 小室培养法

采用凹玻片或专用培养器材制作成可保湿的独立培养菌种的空间，然后再接种微生物进行培养的方法称为小室培养法，该方法更多地应用于真菌和孢子的培养（苏鸿雁等，2006）。

4. 插片培养法

插片培养法是将内生真菌或者放线菌制成孢子悬浮液涂抹在培养平板上，然后将灭菌的盖玻片倾斜约 45°角插入培养基内，于适宜温度培养条件下让菌丝沿着盖玻片生长的一种方法（杨勇，1986）。

5. 透析培养法

通过半透膜有效地去除培养液中有害的低分子量代谢产物，同时向培养室提供充足的营养物质的培养方法称为透析培养法（崔生发，1984）。一般固体培养时很难更换培养基，但如果在透析膜上培养，就可以将内生菌随着透析膜转移至新鲜的培养基中，也可以随时在培养过程中补充或者添加培养物质。该方法取样也较为方便，可以随时将透析膜上的菌体取出进行观察或者检验（刘畅等，2011）。一般透析膜培养法有两种。

第一种，将透析膜浸泡在培养液内活化，取出后放入平皿中，常压灭菌。无菌操作下取出灭菌的透析膜平铺在已灭菌的空培养皿内，将待培养的内生菌点接在透析膜上，盖上皿盖于恒温箱中保温培养。

第二种，将透析膜浸入装有蒸馏水的 50mL 的离心管或者锥形瓶内，121℃高温高压灭菌，无菌操作取出数块平铺于琼脂平板上，同上法点接欲培养的内生菌，保温培养，可溶性的营养物质能以扩散的方式通过透析膜供内生菌生长需要。

以上两种方法以透析膜为支持物代替载玻片培养，其优点是可随时取出一片，以检查不同生长阶段的细胞形态，亦可挑起内生菌菌落中央部分以观察孢子结构。如果要制片观察，可先用甲醛蒸气固定，然后用不染透析膜的染色剂染色，或直接在载玻片上进行观察。

6. 培养瓶培养法

为了能很好地促进好氧性内生菌增殖，以便取得大量的孢子进行扩大培养，使用琼脂固体培养基时，可采用各种长方形的、扁平的培养瓶。由于其瓶形扁平，表面积大，故能更好地满足好氧性内生菌的生长，并且制备孢子悬浮液也很方便（王洪军等，2008）。但是，由于锥形瓶容易购买，装原料、加水蒸煮灭菌、接种、清洗等的方便，因此，大都采用 500～1000mL 的锥形瓶。

7. 厚层通风培养法

采用曲箱，培养过程通风（陆文清等，2009）。通风一方面可供给内生菌所需要的氧气；另一方面，通风可以带走内生菌发酵产生的热量和部分 CO_2 气体。

内生菌的大规模固体发酵培养可以选麸皮、甘蔗渣、植物秸秆等作为原料，其价格低廉，所制备的培养基颗粒大，疏松透气，故适宜内生菌生长，且可以废物利用。但是，由于大规模的表面培养技术仍有很多困难，故在发酵生产上，能用液体表面培养的，大多采用液体深层培养法来代替。

二、 液体培养法

将内生菌菌种接种到液体培养基中进行培养的方法称之为液体培养法（潘婕等，2013）。该方法可分为静置培养法和通气深层培养法两类。其中静置培养法是指接种后培养时液面静置不动，可分为试管培养法和锥形瓶培养法两种；通气深层培养法可分为培养瓶通气培养法、振荡（摇瓶）培养法和发酵罐培养法三种。

1. 试管培养法

试管培养法是将配制的液体培养基定量装入试管内，接入菌种后静置培养的一种方法。该方法仅适合兼性厌氧的内生菌培养。

2. 锥形瓶培养法

锥形瓶培养法是将配制的液体培养基定量装入锥形瓶内，接入菌种后静置培养的一种方法。该培养方法下锥形瓶装液量和棉塞通气程度与内生菌的生长速率和生长量有很大关系。此法一般也仅适宜培养兼性厌氧菌。

3. 培养瓶通气培养法

在实验室内进行的小规模通气培养，可利用三颈瓶组装成一种通气搅拌培养装置，该装置的三颈瓶部分中间孔装搅拌器；两侧的两孔，分别设为取样口和通气管入口。通气管部分要接入洗气瓶，该洗气瓶与三颈瓶要一同装入恒温水浴中，使过滤后的无菌空气通过洗气瓶，瓶内盛有与恒温水浴同样温度的水，以增加空气的温度，该法称培养瓶通气培养法。它适合于内生细菌和丝状内生真菌通气扩大培养。

4. 振荡（摇瓶）培养法

振荡（摇瓶）培养法对内生细菌等单细胞微生物进行振荡培养，可以获得均一的细胞悬浮液。而对丝状真菌进行振荡培养时，就像滤纸在水溶液中泡散了那样，可得到纤维糊状培养物，称为纸浆培养。与之相反，如果振荡不充分，培养物的黏度又高，则会形成许多小球状的菌团，称为颗粒状生长。

振荡培养箱（亦称摇床），是培养好氧菌的小型试验设备，也可用于生产上种子的扩大培养。常用的摇床有旋转式和往复式两种。摇床上放置培养瓶，瓶内含灭过菌的培养基，可供给的氧是由室内空气经瓶口包扎的封口膜上的空气滤片进入液体中的。往复式摇瓶机如果频率过快、冲程过大或瓶内液体装置过多，在摇动时液体会溅到瓶口滤膜上，容易引起杂菌污染。因此，装液量不宜太多（培养瓶容量的1/5左右即可）。

5. 发酵罐培养法

一般实验室中较大量的通气扩大培养可采用小型发酵罐，罐容大多在10～100L，它可以供给所培养内生菌营养物质和氧气，使内生菌均匀繁殖，产生大量的内生菌细胞或代谢产物（朱晓立等，2016）。

第二节 连续培养技术

　　将内生菌置于一定培养容积的培养基中，经过一定时间的培养后，一次性收获，这种方法称为分批培养（batch culture）（卢富山等，2018）。由于在分批培养中，随着内生菌代谢的不断进行，培养基中的营养物质逐渐消耗，有害代谢产物不断积累，内生菌的对数生长期不可能长时间维持。如果在培养容器中不断补充新鲜的营养物质，并及时不断地以同样的速度排出培养物（包括菌体及代谢产物），从理论上讲，对数生长期就可以无限延长。只要培养液的流动量能使分裂繁殖增加的新菌数相当于流出的老菌数，就能保证培养容器中总菌数基本不变。连续培养技术就是据此原理设计的，这种方法称作连续培养法（张怀强，2008）。该法是模拟自然界中微生物生长繁殖所需的环境条件（如底物浓度、代谢产物浓度、pH 等）而设计的培养方法。在连续培养过程中，可以始终保持环境恒定，促使内生菌生长、代谢处于稳定状态。分批、连续、流加培养技术的比较见表 5-1。

表 5-1　分批、连续、流加操作方式的比较

方式	优点	缺点
分批发酵	1. 一般投资较小 2. 易改换产品，生产灵活 3. 某一阶段可获得高的转化率 4. 发酵周期短，菌种退化率小	1. 因放罐、灭菌等原因非生产时间长 2. 经常灭菌会降低仪器的使用寿命 3. 前培养和种子的花费大 4. 需较多的操作人员或较多的自动控制系统
连续发酵	1. 可实现机械化、自动化 2. 操作人员少 3. 反应体积小，非生产时间少 4. 产品质量稳定 5. 操作人员接触毒害物质的可能性小，比较安全 6. 测量仪器的使用寿命长	1. 操作不灵 2. 因操作条件不易改变，原料质量必须稳定 3. 若采用连续灭菌，加上控制系统和自动化设备，投资较大 4. 必须不断排除一些非溶性固形物 5. 易染菌，菌种易退化
流加发酵	1. 操作灵活 2. 染菌、退化的概率小 3. 可获得高的转化率 4. 对发酵过程可实现优化控制	1. 非生产时间长 2. 需较多的操作人员或计算机控制系统 3. 操作人员接触一些病原菌和有毒产品的可能性大 4. 因经常灭菌会降低仪器的使用寿命

　　最简单的连续培养装置包括培养室、无菌培养基容器以及可自动调节流速（培养基流入、培养基流出）的控制系统，必要时还要有通气、搅拌设备。

　　根据在连续培养过程中控制的条件不同，可将连续培养分为两类，即恒化法和恒浊法（陈海昌，1984；石灵燕，2015）。以恒定流速使营养物质浓度恒定而保持内生菌生长速率恒定的方法称为恒化法。该方法是通过控制某一种营养物的浓

度（如碳源、氮源、生长因子等），使其始终成为生长限制因子，从而达到控制培养液流速保持不变，并使内生菌始终在低于其最高生长速率条件下进行生长繁殖的一种方法。该方法能够维持营养成分的亚适量，控制内生菌的生长速率，菌体生长速率恒定，菌体均一、密度稳定，产量始终低于最高菌体产量。通过调节培养基流速，使培养液浊度保持恒定的连续培养方法称为恒浊法。该法以光电控制系统测定培养器内内生菌的生长密度，从而通过调节新鲜培养基流入的速度来维持菌浓度不变，即浊度不变。当浊度高时，使新鲜培养基的流速加快；浊度降低，则减慢培养基的流速。该方法能够使得内生菌始终以最高速率进行生长，并可在允许范围内控制不同的菌体密度，但该方法工艺复杂、烦琐。

◎ 第三节 同步培养技术

在分批培养中，内生菌群体能以一定的速率生长，但所有细胞并非同一时间进行分裂，也就是说，培养中的细胞不处于同一生长阶段。为了使培养液中内生菌的生理状态比较一致、生长发育处于同一阶段，同时进行分裂—生长—分裂而设计的培养方法叫同步培养法（莫求明等，2003）。利用上述技术控制细胞的生长，使它们处于同一生长阶段，所有的细胞都能同时分裂，这种生长方法叫同步生长。同步培养的方法很多，最常用的有选择法和诱导法两种。

一、 选择法

选择法是通过过滤、密度梯度离心、膜吸收和直接选择等方法，从对数期的细胞群落中，选择仅次于某一生长阶段的细胞进行培养的方法。多数情况选择细胞分裂后子细胞有显著变化的生长阶段。

（1）离心沉降分离法　处于不同生长阶段的细胞，其个体大小不同，通过离心可使大小不同的细胞群体在一定程度上分开。有些内生菌的子细胞与成熟细胞的大小差别较大，易于分开。然后用同样大小的细胞进行培养便可获得同步培养物。

（2）过滤分离法　应用各种孔径大小不同的微孔滤膜，可将大小不同的细胞分开。例如选用适宜孔径的微孔滤膜，将不同步的菌群体过滤，刚分裂的幼龄菌体较小，能够通过滤孔，其余菌体都留在滤膜上面，将滤液中的幼龄细胞进行培养，就可获得同步培养物。

（3）硝酸纤维素薄膜法

① 将菌液通过硝酸纤维素薄膜，由于细菌与滤膜带有不同的电荷，所以不同

生长阶段的细菌均能附着于膜上。

② 翻转薄膜，再用新鲜培养液过滤培养。

③ 附着于膜上的细菌进行分裂，分裂后的子细胞不与薄膜直接接触，由于菌体本身的重量，加之它所附着的培养液的重量，便下落到收集器中。

④ 收集器在短时间内收集的细菌处于同一分裂阶段，用此细菌接种培养，便能得到同步培养物。

选择法同步培养物是在不影响细菌代谢的情况下获得的，因而菌体的生命活动必然较为正常，但此法也有局限性，有些内生菌即使在相同的发育阶段，个体大小也不一致，甚至差别很大，这样的内生菌不宜采用这类方法。

二、 诱导法

诱导法又称调整生理条件法，主要是通过控制环境条件如温度、营养物等来诱导同步生长。

（1）温度调整法　将内生菌的培养温度控制在亚适温度条件下一段时间，它们将缓慢地进行新陈代谢，但又不进行分裂。通常使内生菌细胞的生长在分裂前不久的阶段稍微受到抑制，然后将培养温度提高或降低到最适温度，大多数细胞就会进行同步分裂。

（2）营养条件调整法　即控制营养物的浓度或培养基的组成以实现同步生长。例如限制碳源或其他营养物，使细胞只能进行一次分裂而不能继续生长，从而获得了刚分裂的细胞群体，然后再转入适宜的培养基中，它们便进入了同步生长。

诱导同步生长的环境条件多种多样，不论哪种诱导因子都必须具备以下特性：不影响内生菌的生长，但可特异性地抑制细胞分裂，当移去（或消除）该抑制条件后，内生菌又可立即同时进行分裂。研究同步生长诱导物的作用，将有助于揭示内生菌细胞分裂的机制。

（3）用最高稳定期的培养物接种　从细菌生长曲线可知，处于最高稳定期的细胞，由于环境条件的不利，细胞均处于衰老状态，如果移入新鲜培养基中，同样可同步生长。

除上述三种方法外，还可以在培养基中加入某种抑制蛋白质合成的物质（如氯霉素），诱导一定时间后再转到另一种完全培养基中培养；或用紫外线处理；对光合性内生菌的菌体可采用光照与黑暗交替处理法等，均可达到同步化的目的。芽孢杆菌则可通过诱导芽孢在同一时间内萌发的方法，以得到同步培养物。不过，环境条件控制法有时会给细胞带来一些不利的影响，打乱细胞的正常代谢。

第四节 高密度培养技术

在分批培养条件下，生物量和产物经过一段培养时期后，由于可利用底物的耗尽和阻遏物的积累，生物量和产物达到了不再增加的稳定状态，如果能去除这些对内生菌生长的限制因素，内生菌细胞将可能达到高密度。因此，应用这种培养技术或装置提高菌体的密度，使生物量和产物达到显著提高的培养技术称为高密度培养技术。新科学和新技术的不断发展为我们提供了很多达到细胞高密度的方法，其中，固定化、补料分批培养以及细胞循环技术是较为成熟和完善的技术（表5-2）。

一、固定化培养

固定化是指用物理或化学方法使酶成为不溶性衍生物或使细胞成为不易从载体上流失的形式，制成生物反应器用以催化生化反应、增殖细胞数量等（陈鹏等，2018）。一般来讲，固定化的方法比较简便，而且比其他方法更有优势，但是对于好氧细胞，氧气在固定化基质中的渗透深度只有几厘米，而且只有在这个范围内细胞才有代谢活性，这大大限制了固定化方法在内生菌培养中的应用范围。

表 5-2　几种高密度培养技术的优缺点比较

培养方式		优点	缺点
固定化		1. 在任意稀释率下不会洗出 2. 使细胞免受剪切力和环境的影响 3. 高细胞密度 4. 提高重组 DNA 的稳定性	1. 氧气和养分传递差 2. 固定化细胞基质不稳定 3. 不易放大 4. 效率低 5. 支持基质形状的限制
补料分批		1. 可以利用现有设备 2. 易操作，能耗低，易放大 3. 中等细胞密度	无法去除代谢阻遏物
膜过滤培养	离心	1. 适用于含许多颗粒的工业化底物 2. 适用于大规模系统	1. 难以保持无菌条件 2. 操作昂贵复杂
	外部膜	1. 高的膜表面积与工作体积比 2. 操作时易替换膜具 3. 高密度	1. 循环需要额外的泵和氧 2. 在循环环节细胞可能缺氧 3. 难以灭菌 4. 由于污染而流量下降 5. 对细胞有剪切伤害 6. 在反应器内不均匀
	内部膜	1. 不需要流体循环 2. 高细胞密度 3. 易操作 4. 在反应器内均匀 5. 易灭菌	1. 由于污染而流量下降 2. 低的膜表面积与工作体积比 3. 不灵活

二、 补料分批培养

补料分批发酵（又称"半连续发酵"或者"流加发酵"）是指在内生菌分批发酵过程中，以某种方式向发酵系统中补加一定的物料，但并不连续地向外放出发酵液的发酵技术，是介于分批发酵和连续发酵之间的一种发酵技术。在几种高密度培养方法中，补料分批技术研究得最广泛。将先进的控制技术应用于补料分批培养的研究也很活跃，但是补料分批技术只有在产物（或副产物）不会对菌体生长和产物合成造成强烈抑制时才有应用价值。

表 5-3 列举了高密度发酵中几种补料分批培养的流加技术。对带有反馈控制的补料分批发酵，根据控制依据的指标不同可分为直接控制和间接控制。间接控制依据的指标为 pH、溶解氧或呼吸熵等，对带有反馈控制的补料分批发酵，需要详尽考察分批发酵曲线，选择确定与过程密切相关的可检参数作为控制指标。现在，补料分批培养技术广泛应用于有机酸、酶、色素等的生产中。

表 5-3 补料分批培养中的流加技术

流加技术种类		注解
非反馈补料	恒速补料	预先设定恒定的营养流加速率,菌体的比生长速率逐渐下降,菌体密度呈线性增加
	变速流加	在培养过程中流加速率不断增加,菌体的比生长速率不断改变
	指数流加	流加速度呈指数增加,比生长速率为恒定值,菌体密度呈指数增加
反馈补料	恒 pH 法	在线检测、控制碳源密度,通过 pH 的变化推测菌体的生长状态,调节流加速度,使 pH 为恒定值
	恒溶氧法	以溶氧为反馈指标,根据溶解氧的变化曲线调整碳源的流加量
	菌体密度法	通过检测菌体的浓度,以及营养的利用情况,调整碳源的加入量
	CER 法	通过检测二氧化碳的释放率(CER),估计碳源的利用情况,控制营养的流加

三、 膜过滤培养技术

膜过滤培养技术是一种较新的细胞培养方法。它是在普通的培养装置上，附加一套过滤系统，利用泵使培养液流过过滤器，过滤器表面的微孔结构使得内生菌细胞不会漏出，滤出的是含有代谢物的培养液，被浓缩的菌体细胞返回培养罐，同时控制流加泵添加新鲜培养基以维持培养液体积不变。此法的特点是在进行连续培养的同时利用过滤装置把内生菌细胞保留在反应体系内并得到浓缩。代谢产物因过滤而被除去，同时，内生菌细胞不会流失，营养物质因流加而得到补充，因此，膜技术能实现高浓度菌体培养。近年来，有大量关于用膜过滤法培养双歧杆菌和基因重组菌以及用于生产乙醇、维生素、乳酸、乙酸等产品的成功例子。

利用生物反应器与膜分离装置分体设置的外循环式膜生物反应器进行乳酸链球菌乳脂亚种（*S. cremoris*）的连续培养，菌体密度可达到通常反应器的近 30 倍。

第五节　固体发酵技术

用含水量不超过 60％的固体基质来培养内生菌的工艺过程称为固体基质发酵（solid substrate fermentation）。固体基质既是内生菌生长代谢的碳源和能源，又是内生菌生长的微环境。从生物反应过程的本质考虑，固态发酵是以气相为连续相的生物反应过程；与此相反，液态发酵是以液相为连续相的生物反应过程。从该定义中可以充分认识固态发酵的特点以及与液态发酵本质的区别（见表 5-4）。

表 5-4　固态发酵与液态发酵的比较

项目	固态发酵	液态发酵
水含量及其种类	没有游离水的流动，水是培养基较低的组分	始终有游离水的流动，水是主要组分
吸收营养物的方式	内生菌从湿的固态基质中吸收营养物，营养物浓度存在梯度	内生菌从水中吸收营养物，营养物浓度始终不存在梯度
培养体系性质	培养体系涉及气、液、固三相，气相是连续相，而液相是不连续相	培养体系大多仅涉及气、液两相，而固相所占比例低，是悬浮在液相中的；液相为连续相
接种量	较大，一般大于 10％	较小，小于 10％
氧气与能耗	内生菌所需氧主要来自于气相，只需少量无菌空气，能耗低	内生菌所需氧来自于溶解氧，消耗较大，能量用于内生菌溶解氧需求

在固态发酵中，内生菌附着于固体培养基颗粒的表面生长或菌丝体穿透固体颗粒基质，进入颗粒深层生长。它是一种可被生物降解或不被分解的多孔固体基质，有较大的用于内生菌生长的气固表面积（$10^3 \sim 10^6\,\mathrm{m^2/cm^3}$）。为了具有较高的生物化学过程，基质吸附一倍或几倍的水分，保持相对高的水分活度。

在固态发酵中，内生菌是在接近于自然条件状况下生长的，此过程可能产生一些在液体培养中不产生的酶和其他代谢产物。固态发酵可使内生菌保持自然界中的生长存在状态，模拟自然的生长环境，这也是许多丝状真菌适宜采用固态发酵的主要原因之一。

在相对低的压力下，空气混合在发酵料中，气固表面是内生菌快速生长的良好环境。在固态发酵中，内生菌生长和代谢所需的氧大部分来自气相，因此，固态发酵的气体传递速率比液体发酵高得多。在固态发酵中，有效的供氧和挥发性产物的排除并不复杂，但颗粒内部的传递取决于颗粒的孔隙率和颗粒内的湿润程度，减少颗粒直径和降低湿润度可强化氧的传递。由于固态发酵是非均相反应，测定和控制都比较困难，因而大多数发酵过程都依赖经验。

第六节　内生菌的发酵实例

实例一　三桠苦内生真菌 SCK-Y9 同步生长技术

① 孢子悬浮液的制备。用接种环从三桠苦内生真菌 SCK-Y9 斜面菌种沾取 5 环孢子，接入装有 100mL 无菌水的 250mL 锥形瓶中。充分振荡，制成均匀的孢子悬浮液，孢子量约为 10^4 个/mL。

② 用镊子取圆形无菌玻璃纸 1 张（与培养皿直径大小相似）放在 PDA 平板上。

③ 用移液器移取孢子悬浮液 0.1mL 放在上述平板上，用玻璃涂棒涂布均匀，正置于培养箱（35℃，2h），然后取出，放在 30℃温箱内培养 11h，镜检。

④ 同上法涂平板，不经低温处理，直接放入 25℃温箱内培养 11h，镜检。

⑤ 最终镜检统计孢子萌发率发现，经温度诱导后内生真菌 SCK-Y9 在 2h 内孢子萌发率便可达 85% 以上，而未经温度诱导的处理，孢子萌发率在 11h 仅达 70%。

实例二　变叶木内生细菌 BYG2-5 膜过滤培养

① 在锥形瓶液体培养基中，接种变叶木内生细菌 BYG2-5，30℃培养 18h 作为种子培养液。

② 发酵培养。将培养好的种子以 5% 的接种量接入灭菌后的发酵培养基（蛋白胨 0.5%，酵母膏 0.5%，葡萄糖 0.5%，$MgSO_4 \cdot 7H_2O$ 0.012%，pH 7.2）中，在 30℃条件下发酵，添加 10% 的 NaOH 溶液，维持发酵液的 pH 始终保持在 7.0 左右。起始 4h 为静置培养，4h 后开始过滤培养。

③ 膜过滤培养。将发酵液经泵泵入中空纤维过滤装置中，滤液通过阀门不断流出，被浓缩的菌体返回发酵罐中，同时从储存罐向发酵罐内补料，来维持发酵液料量的恒定。

④ 分析检测。在发酵过程中不断检测菌体浓度，测定 A_{600}，以接种前的发酵液作空白。

实例三　链霉菌 HN6 固体发酵技术

1. 菌种活化

供试菌种为链霉菌 HN6（*Streptomyces aureoverticillatus* HN6）。将菌种以划

线法接种在扩大培养基（可溶性淀粉 2%，KNO$_3$ 0.1%，K$_2$HPO$_4$ 0.05%，MgSO$_4$ 0.05%，NaCl 0.05%，FeSO$_4$ 0.001%，琼脂 2%，补水至 100%，待药品全部溶解后，调节 pH 至 7.0～7.2，121℃高温高压灭菌 20min）固体平板上，28℃恒温培养 5d。

2. 一级种子制备

将活化的链霉菌 HN6 制成浓度为 10^9 CFU/mL 的孢子悬浮液，然后按照 5% 的接种量接种于装有一级种子培养液（可溶性淀粉 2%，KNO$_3$ 0.1%，K$_2$HPO$_4$ 0.05%，MgSO$_4$ 0.05%，NaCl 0.05%，FeSO$_4$ 0.001%，补水至 100%，待药品全部溶解后，调节 pH 至 7.0～7.2，121℃高温高压灭菌 20min）的锥形瓶中，180r/min、28℃培养 72h，制得一级种子，备用。

3. 二级种子制备

将制备好的一级种子培养液按照 5% 的接种量接种在装有二级种子培养液（葡萄糖 0.05%，可溶性淀粉 0.05%，K$_2$HPO$_4$ 0.05%，NaCl 0.05%，MgSO$_4$ 0.05%，蛋白胨 0.05%，酵母膏 0.05% 和黄豆粉 0.05%，补水至 100%，待药品全部溶解后，调节 pH 至 6.8～7.0，121℃高温高压灭菌 20min）的锥形瓶中，180r/min、28℃培养 72h，制得二级种子，备用。

4. 固体发酵培养基配制

木薯粉、香蕉秸秆渣制备：将木薯及香蕉秸秆晾晒至干，粉碎、过 30 目筛，制成木薯粉及香蕉秸秆渣，备用。

固体干基：以木薯粉、豆饼粉、香蕉秸秆渣、细沙土为基料（木薯粉、豆饼粉、香蕉秸秆渣、细沙土的比例为 13：3：3：1），葡萄糖 0.05%，MgSO$_4$ 0.05%，NaCl 0.05%，K$_2$HPO$_4$ 0.02%，KH$_2$PO$_4$ 0.02%。将固体培养基加入质量比为 1：1.2 的自来水中，搅拌均匀，115℃高温高压灭菌 30min，冷却后备用。

5. 三级种子制备

待固体发酵培养基冷却后，按照 10% 的接种量将二级种子接入固体培养基，搅拌均匀，放入浅盘（70cm×50cm 搪瓷盘）内，在无菌培养室保持湿度 50%～70%、温度 28℃培养 96h，制得三级种子。

6. 固体发酵

按照 4 所述方法配制固体干基，将配制好的固体干基加入到固体发酵罐内，装料系数为 50%～60%，115℃高温高压灭菌 30min。待罐内培养基冷却至 30～40℃时将三级种子按照接种量 10% 接入固体培养基，搅拌均匀，保持湿度 60%～70%、温度 28℃发酵培养 96h，获得链霉菌 HN6 固体发酵培养物。

7. 发酵物菌落计数

采用系列梯度稀释法对链霉菌的固体发酵培养物进行菌落计数，最终统计发酵物的活菌体浓度可达（6.0～8.7）×10^9 CFU/g。

参考文献

陈海昌. 连续发酵及其新型发酵装置. 食品与发酵工业, 1984 (05): 85-90.

陈鹏, 王清良, 胡鄂明, 等. 耐冷嗜酸硫杆菌的生长特性和固定化培养. 金属矿山, 2018 (03): 90-96.

崔生发. 微生物的透析培养概述. 青海畜牧兽医杂志, 1984 (05): 63-69.

李志刚. 粪类圆线虫新的检出法——琼脂平板培养试验. 宁夏医学杂志, 1989 (04): 257.

刘畅, 童群义. 透析培养法稳定出芽短梗霉摇瓶发酵条件的研究. 食品与发酵工业, 2011, 37 (08): 61-65.

卢富山, 尹清强, 赵卫卫, 等. 分批补料式高密度培养植物乳杆菌的研究. 江西农业学报, 2018, 30 (06): 84-87.

陆文清, 曹云鹤. 硫色曲霉厚层通风固态发酵技术生产饲料酶. 饲料工业, 2009, 30 (06): 8-10.

莫求明, 粟爱平, 蒋凤云, 等. 细菌群相同步培养在临床上的应用. 实用预防医学, 2003 (04): 594-595.

潘婕, 申莉娟, 徐䵺. 红曲霉液体培养法制备姜黄素的工艺优化. 中国实验方剂学杂志, 2013, 19 (13): 51-53.

石灵燕. 微生物连续降解秸秆及其产物多糖的分离与纯化. 天津: 天津理工大学, 2015.

苏鸿雁, 李明, 刘晓轩. 捕食线虫真菌玻片制作方法的改进. 大理学院学报 (自然科学), 2006 (06): 25-26, 30.

王洪军, 吕真麟, 张锐, 等. 利用细胞悬浮培养瓶培养北虫草菌种. 食用菌, 2008 (06): 22-23.

杨勇. 放线菌气生菌丝插片培养法研究. 宁夏大学学报 (自然科学版), 1986 (01): 60-63.

张怀强. 大肠杆菌 E.coli CVCC249 在分批和连续培养条件下的生长动力学和生理特性比较研究. 济南: 山东大学, 2008.

张敏, 康怀彬, 李宏伟. 斜面培养法在冷饮食品大肠菌群检测中的应用. 安徽农业科学, 2006 (09): 1788.

朱晓立, 俞巍蔚. 30L发酵罐培养枯草芽孢杆菌产高密度芽孢的研究. 当代化工研究, 2016 (07): 54-55.

第六章

内生菌的定殖研究

第一节　内生菌的侵染与定殖

Tomblini（1997）指出，内生菌进入植物体内包括对植物的吸附、侵染和定殖三个过程。即内生菌通过与植物接触首先吸附在植物表面，随之内生菌通过各种方式侵入植物体，能够进入植物体内的内生菌会寻找一切机会在有利于自己生存的部位固定下来并繁殖。由于植物体内也是一个较为复杂的微生态环境，微生物之间以及微生物与植物体之间充满着营养和空间的竞争，因此，内生菌在植物体内定殖下来并与植物形成互利共惠的关系是一个较为复杂的过程。

一、植物内生菌的侵染方式

1951 年，Hollis 首次提出内生细菌的侵染是先进入植物根系统，随后进入植物的上部组织的假说。Sharrock 等指出，在某些情况下，植物的果实果肉中的内生细菌都是由花朵进入的。Lamb 等指出，植物内生细菌入侵植物组织的途径和方式跟各种植物病原细菌的方式相比，有很多共同点（Lamb 等，1996）。其中最主要的方法是由自然形成的伤口和孔口等进入植物组织内。伤口是指植物的根组织在土壤中分裂伸展生长时造成的各种擦伤，另外还有冰雹雨水或农民收割多年生植物的地上或者是地下部分时对植物的各组织造成的机械性的损伤等；自然形成的孔口一般是指植物叶子上的各种气孔、水孔以及茎组织的皮孔和各种胚根及次生根发生分裂处等（Lamb 等，1996）。另外，有一些内生细菌还能通过表皮细胞与根毛接合的位置的穿透作用，或者是根毛分裂生长处的细菌的入鞘作用等各种各样的方式入侵到完整健康的植物组织内，在植物内生菌入侵植物组织时，它们的果胶水解酶活性或者是纤维素水解酶活性往往也能起到不小的作用（Huang 等，

1986）。有的内生细菌甚至可以经由维管束系统的运作进入到植物的种子，或者通过花粉管这一自然通道进入种子。很多昆虫也能帮助某些细菌进入植物组织，进而成为定殖于植物体内的植物内生细菌（Kloepfel，1993）。总之，内生菌侵染植物，不是被动的偶然的过程，而是个主动的过程，而且它们定殖后不会对宿主植物造成实质性的危害（Misaghi 等，1990），并能与植物建立和谐的关系。

二、 植物内生菌的定殖

在成功侵染进入植物组织后，有些内生细菌能通过某些方式迁移到植物全身的各个组织进行定殖生存，从而成为某种意义上的植物系统定殖内生细菌。一般认为内生细菌进入宿主后会对其定殖位点进行选择，选择的原则主要是没有微生物的恶性竞争和此处能满足自身基本的营养需要（冯永君等，2001）。大量的研究表明，内生菌定殖最多的部位是营养丰富的根皮层细胞间、叶肉和叶薄壁组织；维管组织中的鞘细胞、木质部，根毛表皮细胞内也是某些内生菌分布较多的部位。

了解内生菌的侵染定殖规律不仅有利于其在生产实践中的应用，也有助于对内生菌的其他生理活性进行进一步的研究。

● 第二节　内生菌的定殖检测

目前，由于宿主植物生活环境的多样性以及内生细菌与宿主植物关系的复杂性，有关内生细菌在植物体内生命活动的研究仍处于探索阶段。对内生细菌与宿主之间的营养代谢关系尚无定论。解决以上问题的关键在于对目标内生细菌进行定殖检测，对内生细菌在植物体内的生存状态进行系统研究，揭示内生细菌在植物体内的定殖规律，阐明内生现象和内生机制。目前，已有多种方法可对目标内生细菌进行定殖检测，且各有优缺点。

植物体内内生真菌的检测方法有很多，初期采用苯胺蓝染色光学显微镜观察法，20 世纪 80 年代以来，酶联免疫分析（enzyme linked immnnosorbent assay，ELISA）和近红外反射光谱分析（near infrared spectroscopy，NIRS）等先进技术被用于内生真菌的定量检测。

目前用于检测内生细菌在植物体内定殖的方法，主要有抗利福平、氨苄青霉素、卡那霉素等抗生素标记，胶体金荧光免疫电镜观测法、血清学方法、荧光标记等，其中以抗生素标记法较多。在抗生素标记法中又以抗利福平标记为主，大部分内生菌定殖动态研究均以抗利福平为标记，此方法比较简便，但用此方法对内生菌的定量测定不准确且易出现抗抗生素屏蔽现象。用分子生物学的方法既可以定性又可以定量检测内生菌，但是所用成本较高，花费时间较长。现在大量微生物的基因序列被测定并输入国际基因数据库，通过对未知微生物 16S rDNA 序列进行测定和比较分析可以快速有效地鉴定分类。

一、 抗生素标记法

这是一种最常规的检测方法，即利用细菌对抗生素的天然抗性，采用抗生素选择性培养计数的传统检测方法来进行定量研究（Glandorf 等，1992）。通过目标细菌的自发突变或人工诱变，筛选出抗高浓度抗生素的突变体，以此作为标记菌株进行回收检测。常用的抗生素有利福平、链霉素（streptomycin）、四环素（acheomycin）、氨苄青霉素、卡那霉素等。在抗生素标记中又以抗利福平标记为主。该法的优点为简便、快速、消耗低且结果可进行统计分析；不足之处在于精确性低、回收下限较高。曾有人质疑该法的可靠性，认为标记菌株施入环境后可能丢失抗生素抗性。Glandorf 等通过免疫检测验证了在大田条件下一定时期内利福平抗性可以作为菌株 WCS358 的稳定标记性状。吴蔼民等（2001）用抗利福平标记法对来自棉花的内生菌 73a 在不同抗性棉花品种体内的定殖消长动态进行了研究。实践证明，该法为简便实用的检测方法，被许多研究者所采用。

使用抗生素标记应该注意以下几点：不要用人畜常用的抗生素抗性基因作标记；环境中可能存在着对标记抗生素具有天然抗性的土著微生物；尽量避免抗性基因传播；一些在实验室构建的抗性菌株在缺乏选择压力的自然环境中可能不能很好地生长。由此可见，单独使用抗生素抗性标记方法监测引入环境的微生物具有简便、快捷、费用低等优点，但也具有局限性，因此，天然抗生素抗性常常被用来与其他的方法联合跟踪环境中的微生物，例如和 *LacZY* 标记基因一起用以跟踪检测环境中的假单胞菌（楼兵干等，2001）。

检测方法如下：

（1）内生菌天然抗性检测　配制内生菌适宜生长的培养基，高温高压灭菌，待培养基冷却，分别加入待测定的抗生素药剂，制成不同浓度的抗性平板。将培养好的内生菌制成菌悬液或者孢子悬浮液，用移液枪移取 $50\mu L$ 于抗性平板上，然后用涂布棒涂布均匀，以不加抗生素培养平板作对照，适温培养 3～5d 观察结果，确定菌株的耐药浓度。

（2）内生菌抗性筛选　将待筛选菌株接种至上述所确定的天然抗药性浓度的平板上适温培养 10d，挑取可以生长的突变体菌株，再接入同浓度的培养基上，继代一次后转入下一高浓度培养基中，直至最后筛选出稳定抗药性突变体菌株即为所获得的抗生素标记菌株。

二、 免疫学方法

免疫学方法即利用抗原与相应抗体发生特异性反应，用抗体去检测相应的抗原，以此同其他微生物相区别的方法。随着科学技术的发展，荧光技术与免疫技术相结合，使得免疫学检测可视化，利用该技术可通过荧光显微镜或共聚焦激光扫描显微镜直接观察目标菌存在的部位。除此之外，还可结合电镜技术，利用免疫胶体金对目标菌进行标记，再用电镜观测免疫金染色的超薄切片或用光镜观察免疫金染色的半薄切片和石蜡切片，可从超微结构上直接观察目标菌的定殖位点。免疫学检测技术对革兰氏阴性和阳性细菌均适用，可进行原位观察细胞而且能定量统计是免疫学方法检测的最大优点，并且无论是死细胞还是活细胞、可培养的还是不可培养的细胞都可以检测到。

（一）免疫血清鉴定法

免疫血清鉴定法是利用由特定微生物制备的免疫血清作为标记来鉴定种以下的血清型，或在自然基质中追踪该种微生物的一种特异性强、灵敏度高的方法（邓尚平等，1989；许丽华等，1990）。该方法被认为是微生物研究中较为有效的标记方法。

常用的例行程序如下。

1. 制备抗原

以待鉴别的某种微生物菌体作为抗原。一般细菌抗原的菌龄以 15～18h 为宜。用无菌生理盐水（即 0.85% NaCl 溶液）洗下菌苔，然后用无菌生理盐水离心法反复洗涤菌体沉淀 2～3 次，最后用无菌生理盐水制成 1×10^{10} CFU/mL 的菌悬液。配制好的菌悬液 4℃保存备用。

2. 免疫

一般选择 9～12 个月龄的家兔作为免疫动物，家兔体重 2～3kg 为宜。采用耳静脉注射法进行免疫，免疫前先从家兔耳缘大静脉取出 5～10mL 血液作为没有抗体的阴性对照，以备与抗原细菌作凝集试验，检查有无正常凝集素存在。免疫注射时，刮除注射部位的兔毛，以手轻弹耳外缘的静脉，并用乙醇棉球揉擦至静脉扩张，然后用一次性注射器进行注射。前两次的注射量约为 0.2～0.6mL，注射频率为每日或隔日一次；随后每间隔 3～4d 注射 0.6～1.0mL，总共注射 5～6 次。也可采用连续注射方案，共注射 4 次，注射剂量依次为 1mL、2mL、3mL、3.5mL。在最后一次注射前采另一只未注射耳部静脉血进行抗血清效价检测，效价≥1280 视为合格，可在最后一次注射后 5～6d 采血。如测定效价不合格应继续延长免疫时间。

注：抗血清效价系指一定量的抗原与等量的不同稀释度的抗血清反应，以能形成凝集反应的抗血清最高稀释度为抗血清的效价，也叫滴定度。

3. 采血和制备抗血清

采血前动物需禁食24h。一般采用心脏采血或耳部放血法，心脏采血法可获得40～50mL血液。

（1）心脏采血法　将动物固定，剃去胸部的毛，用碘酒在心跳最烈处做局部皮肤消毒。然后用17号或18号针头的注射器刺入心脏。如果一次未刺中心脏，必须把针尖全部拔出体外，再行刺入。若未拔出时轻易移动针头，会造成心脏撕裂，引起动物死亡。另外，抽取血液的动作要缓和。

（2）耳部放血法　将采血部位的兔毛刮除，划破血管让血液流入采血管，可用手擦耳部以加速血流。

采得的血液于4℃冰箱静置过夜，次日用移液器吸取血清离心，取上清液于安培瓶中，临时用的抗血清可在4℃暂存（可保存2周），多余的抗血清可保存在−20℃或−80℃超低温冰箱中。

4. 抗体吸收

在固体培养基上培养异源细菌微生物，用生理盐水将培养基表面的细菌洗脱制成菌悬液，加入一定量的苯酚使终浓度为1%，将细胞杀死，也可用热力使细胞死亡。然后将菌悬液离心，收集菌体沉淀，随即继续用生理盐水离心法洗涤沉淀两次，最后得到菌体沉淀。将菌体沉淀与上述抗血清按照1:9的比例混合置于37℃恒温条件下进行异源抗体的吸收，吸收时定时摇动1～2次。抗血清可依据效价情况适当稀释。2h后离心除去细菌细胞。然后上清液用上述培养的异源活菌细胞做凝集试验，如果不发生反应，便是吸收完全，如果仍有凝集现象，则需重复上述步骤，直至完全吸收为止。吸收后制得的抗血清即可保存备用。抗血清的保存系在清亮的血清中加酚防腐，酚的最终浓度是0.05%，置于−20℃或−80℃下，最好是把样品分装成0.5mL或1mL保存，以免反复冻融而变质。

5. 目标菌接种

将目标菌接种至适宜的培养液中，振荡培养至对数生长期。将培养液施入植物根际或植物表面（一般内生真菌或放线菌施加约为10^9CFU/mL孢子悬浮液，细菌施加约为A_{600}1.0左右的菌悬液），以无灭菌水处理为对照。待宿主植物生长一定时间后，随机采集植物的根、茎、叶备用。

6. 目标菌分离

将采集植物的根、茎、叶清洗干净后阴干，进行表面消毒后组织分离，将所有获得的菌株用于后续抗血清鉴别。

7. 抗血清鉴别微生物方法

（1）凝集反应　该反应有很高的特异性，分为试管凝集法和载玻片凝集法，步骤如下。

表 6-1　试管凝集试验样表

试管编号	抗血清效价	抗原 A	抗原 B	未知抗原
1	1∶10	+++	+++	+++
2	1∶20	+++	+++	+++
3	1∶40	+++	+++	+++
4	1∶80	+++	+++	+++
5	1∶160	+++	+++	+++
6	1∶320	+++	+++	+++
7	1∶640	+++	+++	+++
8	1∶1280	+++	+++	+++
9	1∶2560	———	+++	———
10	1∶5120	———	———	———
CK	—	———	———	———

① 试管凝集法　将抗血清在离心管中按二倍法稀释，具体稀释方法为：首先在第 1 管加 0.8mL 生理盐水，第 2～10 管各加 0.5mL 生理盐水；然后用移液器移取 0.2mL 抗血清加入至第 1 管中混合均匀；随即从第 1 管移取 0.5mL 抗血清至第 2 管混合均匀，随后再移取 0.5mL 至第 3 管混合均匀，如此操作至第 10 管混匀后移取 0.5mL 弃去；最后将各离心管加入 0.5mL 抗原悬液，各管的血清稀释倍数如表 6-1 所示。对照管只加 0.5mL 盐水和 0.5mL 抗原悬液，不含抗血清。将上述处理各离心管置在 37℃下孵育 2～4h，观察有无凝集现象，如果在第 1～8 管有凝集现象（表 6-1 中的抗原 A），其余管中和对照管一样均匀浑浊无凝集作用，此抗血清效价即为 1280。如同法试验另一份抗血清，得到的结果是直至第 9 管中仍有凝集现象（表中抗原 B），其效价则为 2560。这就表明后一种抗血清比前一种抗血清的效价高 2 倍。

对未知菌进行鉴定，需将未知菌和已知菌在同样条件下培养，并制成相同浓度的悬浮液，如同上述方法取 0.5mL 加入各稀释浓度的抗血清中进行凝集试验，如果凝集现象和已知抗原一样，凝集效价也相同，则证明此未知菌和已知抗原是同一菌系。

② 载玻片凝集法　载玻片凝集试验操作较为简单，仅通过是否存在凝集现象作为评价，不能做效价的比较，通常用于对大量未知菌的初步鉴定。

操作方法：首先在洁净的载玻片上滴加一滴稀释的抗血清，以滴加生理盐水作对照。将待测菌株用接种环蘸取少许涂入两液中，如果有絮状或颗粒状沉淀，其液体部分呈清亮状，视为有凝集反应，检测结果为阳性；如果处理和生理盐水一样，水滴始终是浑浊的，则无凝集反应，检测结果为阴性。

（2）沉淀试验　与凝集反应相比，沉淀反应的灵敏度更高，特异性更强。通常凝集试验不能完全确定时，便可用沉淀试验来确定。

沉淀试验的操作步骤：将待测菌在培养基上培养后用生理盐水洗脱制成浓菌液，加入苯酚至终浓度为 0.5% 以防污染。将此悬液置于 4℃ 下保存数天，每天摇动 1~2 次，然后将悬浮液离心弃去沉淀得到清亮透明的细菌蛋白质提取液。将离心管中加入 0.1mL 抗血清，再小心地加入待测菌的蛋白质提取液（实为抗原）0.1mL，在抗血清上面形成双液层。放置 5~15min 后，如果在两液界面上可形成白色沉淀环，说明可发生沉淀反应，检测结果为阳性。试验时需设抗原加免疫前的血清和抗原加纯生理盐水两种对照。

另外，值得注意的是，在凝集反应中抗血清做倍比稀释后，加入的抗原量是固定不变的，但在沉淀反应中抗血清不需要倍比稀释，而抗原需要进行一定的稀释后才可测定，否则浓度太高会抑制沉淀反应。因此，沉淀反应往往需要进行预实验测定，确定抗原最合适的稀释度。如表 6-2 中的数据表明，抗血清最高稀释度为 1∶160，这样可以节省血清的用量，而抗原则必须稀释至 1∶10^5，但如果提高抗原的浓度，仅稀释 100 倍，则抗血清的用量必须固定在 1∶20 以下，否则就不发生沉淀反应。

表 6-2　沉淀反应抗原稀释度的测定

抗血清稀释度	抗原稀释度					
	1∶10	1∶10^2	1∶10^3	1∶10^4	1∶10^5	1∶10^6
1∶20	−	＋	＋	＋	＋	−
1∶40	−	−	＋	＋	＋	−
1∶80	−	−	−	＋	＋	−
1∶160	−	−	−	−	＋	−
1∶320	−	−	−	−	−	−

（3）交叉凝集试验　交叉凝集反应是指由于不同菌种细胞表面可能带有相同的抗原，因此，不同的菌种也可能对同一抗体发生凝集反应。通过凝集反应的强度可作为菌种之间亲缘关系远近的判断依据，两菌交叉反应的强度越接近，菌种之间的亲缘关系越近（如表 6-3 中的细菌 A 和细菌 B），反之，交叉反应的强度相差越大，它们的关系也就越远（如表 6-3 中的细菌 A 和细菌 C）。

表 6-3　交叉凝集试验

抗原	凝集交叉效价		
	抗血清 A	抗血清 B	抗血清 C
细菌 A	5120	2560	1280
细菌 B	2560	5120	1280
细菌 C	1280	1280	2560

（二）荧光抗体法

荧光抗体法是将荧光示踪技术应用于血清鉴定的一种鉴定方法（陈昌福，1998）。其关键的实验步骤在于将抗体标记上荧光素，当抗体与抗原识别后可在荧光显微镜下直视实验结果。因此，如果抗原存在部位可以观察到荧光视为阳性结果，无荧光视为阴性结果。该方法包括以下四个部分。

1. 从抗血清中提取免疫球蛋白

该实验从血清中提取的免疫球蛋白一般为 γ-球蛋白，该免疫球蛋白在血清五类免疫球蛋白（γ-球蛋白、类球蛋白、纤维蛋白、白蛋白和清蛋白）中约占 75%。可用盐析法提取获得本实验要求的制品。

（1）材料和试剂

① 抗血清制备：方法同前。

② 磷酸盐缓冲液（PBS）（0.145mol/L NaCl，0.01mol/L 磷酸盐，pH7.1），配法如下：NaCl 8.5g，Na_2HPO_4 1.07g，NaH_2PO_4 0.39g，蒸馏水 1000mL，pH 7.1。

③ 饱和硫酸铵溶液（pH 7.0）：硫酸铵（分析纯）765g，蒸馏水 1000mL，pH 7.0。

先将水加热至 70～80℃，然后加入硫酸铵，连续搅拌约 15min，至硫酸铵完全溶解，溶液透明为不析出晶体，上清液饱和，以 28% 氨水和 1：2 稀释的硫酸溶液校正至 pH 7.0，用前过滤。

（2）实验步骤

① 取抗血清 50mL，加入 50mL PBS（0.01mol/L，pH7.1），然后加入饱和硫酸铵溶液 40mL，使成 20% 饱和，静置 30min 以上，离心弃沉淀（残余纤维蛋白原）。

② 取上清液加 60mL 饱和硫酸铵溶液，使成 50% 饱和，静置 30min 以上，离心，弃上清液（白蛋白部分）。

③ 将沉淀溶于 50mL PBS（不溶性成分离心去之）中，加 25mL 饱和硫酸铵溶液，使成 33% 饱和，静置 30min 以上，离心，弃上清液（类球蛋白部分）。

④ 重复步骤③三次获得优质球蛋白。

⑤ 沉淀溶在 5～10mL PBS 中，对 PBS 或巴比妥缓冲液（0.05mol/L，pH 8.6）透析去盐。所得粗制 γ-球蛋白溶液，低温保存备用（标记或作进一步提纯的原料）。

⑥ 透析。将上述蛋白溶液装入透析袋（或玻璃纸袋），上部留少许空间，扎紧袋口，先用自来水流动透析 5min 左右，再置生理盐水或 PBS 中透析。透析用水容量至少相当于蛋白溶液的 100 倍以上。透析至透析液不含 NH_4^+ ［纳氏试剂分光光度法（HJ 535—2009）——中华人民共和国环境保护部］和 SO_4^{2-}（用 1% $BaCl_2$ 检

查无白色沉淀为止）。离心去除所有沉淀物，余下溶液即为提纯球蛋白溶液。

⑦ 将以上制得的球蛋白溶液用蔡氏滤器过滤除菌，然后测定蛋白浓度，浓缩或者稀释使每毫升含蛋白量为 20～50mg，以 0.5mL 或 1.0mL 的量分装，置低温下保存备用。

2. 抗体标记荧光素

作标记用的荧光素有异硫氰酸荧光黄（FITC）、四乙基罗丹明（RB200）、四甲基异硫氰酸罗丹明（TMRITC）。标记的程序也很多，下面介绍用异硫氰酸荧光黄标记的一般直接标记法。

（1）材料

① 待标记的免疫球蛋白溶液。

② 透析袋。

③ 异硫氰酸荧光黄（FITC）。

④ 碳酸盐缓冲液（CBS）。

a. 0.025mol/L CBS：$NaHCO_3$ 2.1g，Na_2CO_3 0.16g，蒸馏水 1000mL，pH 9.0。

b. 0.5mol/L CBS：$NaHCO_3$ 3.7g，Na_2CO_3 0.6g，蒸馏水 1000mL，pH 9.5。

（2）步骤

① 用 PBS 校正蛋白浓度至 2%。

② 取相当于蛋白量的 1/100～1/150 的 FITC，溶在相当于抗体溶液量 1/10 的 0.5mol/L、pH9.5 CBS 中。

③ 将 FITC 溶液在用磁力搅拌下缓慢加入抗体溶液，在低温下反应。反应时间与温度的关系如下：

2～4℃ ·································· 6h　　　（1/100 的 FITC）

7～9℃ ·································· 4h　　　（1/100 的 FITC）

20～25℃ ······················ 1～2h　　　（1/150 的 FITC）

④ 将标记溶液对大量 PBS 透析 4h，再进行凝胶过滤。

⑤ 用葡聚糖凝胶柱过滤法除去游离荧光素。

a. 制备葡聚糖凝胶柱：按样品容量为柱床容量 5%～10% 的比例称取凝胶干粉，缓慢倒入约 10 倍于凝胶吸水量的蒸馏水或 PBS 溶液中，在室温下浸泡 3d，或沸水中浸泡 5h，然后轻轻搅拌，室温静置 20～30min 后，将上清液倾去，再加入适量蒸馏水或 PBS 液以重复 4 次左右，即可用于装柱。

b. 柱子为具活塞的玻管，其内径与高度之比应小于 1∶10，柱底垫有玻璃棉，柱子垂直固定在铁架上，然后将制备的凝胶悬液一次全部倒入管内。装管质量要求凝胶柱均匀，柱内无断层、裂隙和气泡。

c. 柱子装好后，以洗脱液（0.01mol/L PBS，pH7.0～7.1）平衡，然后加入样品，样品对柱床容积的比例在 1∶2 以下皆可。样品全部进入柱床后，很快显出两个颜色相同的移动带，快速移动带由标记蛋白和未标记蛋白所组成，慢速移动带为游离荧光色素，两带之间为无色的碳酸缓冲液带。一般根据颜色收集第一带洗脱液。

⑥ 用 DEAE-纤维素柱色谱法除去过度标记的蛋白质。

a. DEAE-纤维素的处理：先用 0.5mol/L NaOH 溶液浸泡 DEAE-纤维素过夜，换浸液数次，同时倾去色素和细粒，用蒸馏水洗成中性，再以 0.5mol/L HCl 溶液洗涤数次，过滤，再用蒸馏水洗至中性，然后以洗脱缓冲液平衡。

b. 柱的大小依样品量而定，内径与高度的比值应小于 0.1。装柱所需 DEAE-纤维素量以干重大于蛋白量 10～15 倍以上为好，如欲分离的蛋白量为 1g，则需干纤维素 10～15g 以上，即相当于柱床容量 60mL 左右。装柱方法和要求与凝胶柱相同。装好后自然沉降 24h，使柱床紧密、高度稳定不变，即可注入样品进行洗脱。

c. 梯度洗脱法：先以 0.01mol/L、pH7.2 PBS 洗脱，这部分可不收集，然后依次以下列不同离子强度的混合缓冲液洗脱，分别收集之。

0.01mol/L pH7.2 PBS（0.05mol/L NaCl）……………………… 第一部分

0.01mol/L pH7.2 PBS（0.1mol/L NaCl）……………………… 第二部分

0.01mol/L pH7.2 PBS（0.2mol/L NaCl）……………………… 第三部分

将此三部分收集洗脱液，分别测 F/P 的比例（即 FITC 荧光素分子与"抗体"蛋白质分子的结合比例），根据要求取适合部分，浓缩处理保存备用。柱上吸附的过度标记蛋白可继续增加 NaCl 浓度至 2.0mol/L 洗脱之，柱子可再使用。

3. 荧光抗体染色

荧光抗体染色不是通常意义上用染料的简单的染色，而是荧光标记的抗体对检测样本的抗原识别的免疫反应。其程序包括制备标本、标本片固定和染色几部分。

（1）目标菌接种及标本采集　方法同前。

（2）标本制备　将采集植物的根、茎、叶清洗干净后阴干，制成石蜡植物组织切片，移取切片样品在洁净载玻片上。

（3）标本片的固定　为防止待检测样品从玻片上脱落，可将载玻片置于 55～60℃ 的热板上固定约 30s，标本固定后应立即进行荧光抗体染色和鉴定，否则应装入容器中，密封，使其保持干燥，置冰箱保存。

（4）染色　荧光染色要求有适宜的染色条件，如染色温度通常为 37℃，孵育时间一般为 30～60min，染色媒介 pH 值约为 7.0～7.2，同时要保证有充分的抗体量（2～4 个染色单位），防止染色液的干燥等。下面介绍经常用于已知抗体检查未知抗原的直接染色法。

① 将固定好的玻片在酒精灯火焰上方迅速过两次去湿，滴加免疫荧光试剂覆

盖在标本上，置湿盒密封，37℃孵育 30min。

② 用 0.01mol/L、pH 7.2 PBS 冲洗一次，除去未结合的标记抗体液，然后浸在大量 PBS 中漂洗三次，每次 10min。

③ 待标本尚未干燥时，滴加一滴封片剂，盖上盖玻片，赶出气泡，镜检。注，封片剂可用 0.5mol/L pH9.0 CBS 与无荧光甘油按照 1∶9（体积比）混合而成。

④ 用明胶封闭样品盖玻片周围，在冷暗处可保存 3～4 个月，其荧光度不退。

4. 荧光显微镜观察

当荧光染色完毕即进行荧光显微镜观察。观察时为了正确判断结果，需设以下对照：

（1）标本自发荧光对照　在标本上加 1～2 滴 PBS 或不加。

（2）特异性对照之一　标本加正常未免疫的同种标记球蛋白溶液。

（3）特异性对照之二　即抑制试验，标本加标记抗体和同类未标记抗体等量混合液（一步抑制），或先加同类未标记抗体作用一定时间（30min）后再加标记抗体（二步抑制）。

（4）特异性对照之三　标记抗体加在含异属抗原的同类标本上，或异属标记抗体加于待检标本。

（5）阳性对照　标记抗体加在已知同属阳性标本上。如（1）～（4）无荧光或弱荧光，（5）和待检标本强荧光，则为特异性阳性染色。

（三）免疫胶体金法

1. 小鼠免疫

选用 BALB/c 小鼠作为供试动物，首次免疫取 0.1mg 免疫原与等体积费氏完全佐剂（FCA）混合，采用背部皮下多位点注射方式注射 6 只 6 周龄小鼠（昆白系 BALB/c）。两周后用费氏不完全佐剂 FICA 乳化与首次免疫相同剂量的免疫原进行加强免疫，之后每隔 10d 进行一次加强免疫，免疫原使用剂量与第 1 次加强免疫相同，自第 2 次加强免疫起，每次免疫后第 7 天通过断尾取血法收集小鼠血清，测定抗血清效价。冲击免疫在第 3 次加强免疫后 10d，用两倍剂量的免疫原不加佐剂直接腹腔注射免疫。冲击免疫 3d 后，摘除眼球取血，拉颈处死，同时小鼠脾脏用于后续单克隆抗体制备（表 6-4）。

表 6-4　免疫方案

免疫时间	免疫间隔时间	免疫剂量	免疫方法
首次免疫	—	0.1mg/只免疫原＋等体积 FCA	背部皮下多点注射
第 1 次加强免疫	2 周	0.1mg/只免疫原＋等体积 FICA	背部皮下多点注射
第 2 次加强免疫	10d	0.1mg/只免疫原＋等体积 FICA	背部皮下多点注射

免疫时间	免疫间隔时间	免疫剂量	免疫方法
第 3 次加强免疫	10d	0.1mg/只免疫原＋ 等体积 FICA	背部皮下多点注射
冲击免疫	10d	0.2mg/只免疫原＋ 等体积生理盐水	腹腔注射

2. 细胞融合

（1）骨髓瘤细胞制备　将费氏不完全佐剂（FICA）注射于 BALB/c 雌性小鼠腹腔，0.2mL/只，正常饲喂一周，备用。取 SP2/0 骨髓瘤细胞解冻后，用含 $20\mu g/mL$ 8-AG 的 DMEM 完全培养基培养一周，选取存活下来的细胞接种到上述小鼠腹腔中，正常饲喂至小鼠腹腔膨大，无菌采集腹水，收集获得的 SP2/0 骨髓瘤细胞，在 DMEM 完全培养基中扩大培养，备用。

（2）饲养层细胞的制备　将健康的 BALB/c 小鼠拉颈处死，用自来水冲洗后在 75％的乙醇中浸泡 5min，在无菌超净台上将小鼠固定在解剖板中央，用眼科剪剪开小鼠腹下部，暴露腹膜，随即用酒精棉擦拭对小鼠腹部进行消毒。取 10mL DMEM 基础培养液注入小鼠腹腔内，然后用棉球揉动腹部，使溶液浸入各个部位，待培养基变为黄色后吸取腹腔液体到 10mL 离心管中，1000r/min 离心 5min，收集细胞。用 HAT 选择培养基稀释细胞至 1×10^5 个/mL，铺于 96 孔细胞培养板，$100\mu L/$孔，置于 37℃、5％ CO_2 培养箱中培养，选择透亮、贴壁牢固的细胞备用。

（3）小鼠免疫脾细胞的制备　将处死的 $4^\#$ 小鼠置于 75％的乙醇中浸泡 5min，在无菌超净台上将其固定在解剖板中央，用眼科剪剪开小鼠腹部，暴露腹膜。无菌操作取出脾脏放在灭菌的培养皿中，用 DMEM 培养液清洗，去除黏附的血液和多余的脂肪，用无菌剪刀将其剪成小块。将 BD $40\mu m$ 孔径的细胞筛网放在 50mL 一次性离心管管口，取小块脾脏组织放在筛网上，用 1mL 的无菌玻璃注射器的内芯研磨脾脏，并且边研磨边滴加 DMEM 培养液，滴加 10mL 左右。收集的脾细胞于离心机 1500r/min 离心 10min，弃上清，用少量的 DMEM 培养基重悬，并用台盼蓝染色计数。

（4）细胞融合

① 将上述制备的脾细胞和骨髓瘤细胞按照 5∶1 的比例混合在 50mL 离心管中，加入 10mL DMEM 培养基，吹打混匀。室温下 1000r/min 离心 8min，去除上清液。

② 将离心管底部放在 EP 管板上，轻轻振荡混匀两种细胞，然后将离心管放入 37℃水浴中。

③ 一边匀速摇动水浴中的离心管，一边匀速加入 1mL PEG，控制在 45s 内加完，随即 37℃温浴静置 1min。然后加入 25mL 的 DMEM 培养基，使 PEG 失去作用。具体操作方法为，首先匀速加入 1mL DMEM 溶液，1min 内加完；随即匀速

加入 4mL DMEM 溶液，2min 内加完；最后匀速加入 20mL DMEM 溶液，2min 内加完。加完 DMEM 溶液后 37℃温浴静置 10min。

④ 温浴静置后在离心机上 1000r/min 离心 8min，去除上清液。用预热 HAT 培养液轻轻吹吸沉积的细胞，待细胞悬浮均匀后继续加入 HAT 培养液至 45mL。

⑤ 将悬浮均匀的细胞加入到铺有饲养细胞的 96 孔板中，100μL/孔，置于 37℃、5% CO_2 培养箱中培养。

⑥ 隔日检查有无污染，待第 4 天采用半量换液法更换板内培养液，第 8 天更换 HT DMEM 培养液。

3. 杂交瘤细胞的筛选及对抗原敏感性测定

（1）主要溶液配制

① 碳酸盐缓冲溶液（CBS，pH 9.6） Na_2CO_3 1.59g、$NaHCO_3$ 2.93g、超纯水 1000mL，pH 9.6。

② 磷酸盐缓冲溶液（PBS，pH 7.4） NaCl 8.0g、KCl 223.6mg、Na_2HPO_4 1.1356g、KH_2PO_4 204.13mg、超纯水 1000mL，pH 7.4。

③ 酶标板洗涤液（0.05% PBST） 0.5mL 的 Tween-20 加入至 1000mL 磷酸盐缓冲溶液（PBS，pH 7.4）中。

④ 底物溶液

A 液：柠檬酸盐缓冲溶液（CPBS）：称取柠檬酸 21.0g、$Na_2HPO_4 \cdot 12H_2O$ 71.6g 加超纯水溶解后定容至 1000mL，4℃下保存备用。

B 液：浓度为 10mg/mL 的 TMB 溶液：称取 TMB 10mg 溶于 1mL DMSO 中。

C 液：0.65% H_2O_2 溶液：0.195mL 3% H_2O_2，加入 9.805mL 超纯水。

配制底物溶液时，取 9.875mL A 液、0.1mL B 液、25μL C 液，三者混匀，现配现用。

⑤ 封闭液（1% OVA） 称取 OVA 1.0g，溶于 100mL PBS 溶液中，4℃避光保存。

⑥ 终止液（2mol/L H_2SO_4） 移取 11.8mL 98% 的 H_2SO_4，溶于 80mL 超纯水中，冷却后定容至 100mL。

⑦ 酶标二抗稀释液 取辣根过氧化物酶标记羊抗鼠 IgG 30μL 加入 90mL 1% OVA。

（2）杂交瘤细胞的筛选 待细胞融合第 9 天开始观察细胞生长状态，记录有串状细胞团的孔，待细胞覆盖孔底 1/3 时吸取各孔的细胞上清进行间接非竞争 ELISA 检测。方法如下：

① 包被抗原 用 CBS 缓冲液将抗原稀释至 1μg/mL，50μL/孔，37℃孵育 2h。

② 封闭 以 1% OVA 作为封闭液封闭，200μL/孔，37℃孵育 1h。

③ 加样 将细胞培养板每个孔的上清稀释 100 倍后取 100μL 加入 96 孔板中，

以加入等量骨髓瘤细胞为阴性对照，加入等量PBS溶液为空白对照，37℃孵育1h。

④ 加酶标二抗　用含有1% OVA 的 PBS 溶液将酶标二抗稀释至工作浓度，100μL/孔加入到96孔酶标板中，37℃孵育45min。

（以上每步结束后都用 PBST 洗涤液洗涤3次，每次洗涤后都将酶标板拍干。）

⑤ 显色　以100μL/孔的剂量，将底物溶液加入到96孔酶标板中，37℃避光孵育15min。

⑥ 终止反应　向96孔酶标板中加入2mol/L H_2SO_4 溶液，50μL/孔，终止反应。于450nm波长下测吸光度（A）。以细胞上清 A 值/阴性对照孔 A 值>2.1为阳性孔（$P/N>2.1$）。

（3）杂交瘤细胞对抗原敏感性测定　对筛选出的阳性孔采用间接竞争 ELISA 检测其对抗原的敏感性。

① 包被　用 CBS 将抗原稀释至一定浓度，100μL/孔，4℃包被过夜。

② 封闭　向96孔酶标板中加入1% OVA 封闭液，200μL/孔，37℃孵育1h。

③ 加样　用 PBS 稀释上述阳性孔上清液至合适的浓度，50μL/孔加入到96孔酶标板中，然后每孔再分别加入50μL 不同浓度的药剂，混匀。空白对照孔加入等量的 PBS，37℃孵育1h。

④ 加酶标二抗　用含有1% OVA 的 PBS 溶液将酶标二抗稀释至工作浓度，100μL/孔加入到96孔酶标板中，37℃孵育1h。

（以上每步结束后都用 PBST 洗涤液洗涤3次，每次洗涤后都将酶标板拍干。）

⑤ 显色　以100μL/孔的剂量，将底物溶液加入到96孔酶标板中，避光显色15min。

⑥ 终止反应　向96孔酶标板中加入2mol/L H_2SO_4 溶液，50μL/孔，终止反应。于450nm波长下测吸光度（A）。

4. 亚克隆

在亚克隆前一天制备饲养层细胞，再进行亚克隆。亚克隆采用有限稀释法：用吸管将阳性孔内的细胞集落吹打散开，用细胞培养液将其稀释至2000个细胞/mL。取0.1mL用细胞悬浮液稀释至50个细胞/mL，在含饲养层细胞的96孔酶标板 A、B 两排每孔各加入100μL 细胞悬浮液，此时每孔大约5个细胞；再将剩余细胞稀释至20个细胞/mL，在96孔酶标板 C、D 两排每孔各加入100μL，此时每孔大约2个细胞；继续稀释细胞悬浮液至5个细胞/mL，在96孔酶标板 E、F、G、H 四排每孔各加入100μL 最终细胞悬浮液，此时每孔大约0.5个细胞；置于37℃、5% CO_2 培养箱中培养。隔日检查有无污染，待第4天用含15%血清的 HAT 培养基补液，第7天用含15%血清的 HT DMEM 培养基换液，第9天左右，细胞覆盖孔底1/3时吸取各孔的细胞上清进行间接竞争 ELISA 检测（检测方法同上）。将具有单个克隆的阳性细胞孔继续进行第二次亚克隆，直到每个杂交瘤细胞孔均为阳性为止。

5. 杂交瘤细胞扩大培养和腹水制备

（1）杂交瘤细胞扩大培养　将上述获得的杂交瘤细胞用新鲜的 HT 培养基在 24 孔细胞板中培养，然后转入 6 孔细胞板中扩大培养，最后转入细胞瓶中培养。待细胞处于对数生长期时（7～10d 左右），倾去培养液，用新鲜的培养液洗涤沉淀细胞，1500r/min 离心 10min，弃上清，用含有 20% 的 DMSO 培养液重悬细胞，分装于冻存管中，做好标记。先在 4℃ 中预冷 30min，然后在 −20℃ 冷冻 2h，之后放入 70℃ 超低温冰箱中过夜，次日将冻存管投入液氮中保存。

（2）采用动物体内诱生腹水法制备单克隆抗体　取 8 周龄期雌性 BALB/c 小鼠，采用腹腔注射法每只注入 0.5mL FICA，同时培养杂交瘤细胞。一周后每只注入 1mL 预先培养好的对数生长期的杂交瘤细胞，细胞浓度为 $1×10^6$ 个/mL。10d 左右，待小鼠腹部明显隆起，行动迟缓时，收集小鼠腹水。1000r/min 离心 5min，去除上层油脂即为腹水抗体，分装后保存在 −70℃ 储存备用。每隔 3d 收集一次腹水，直至小鼠死亡。

6. 单克隆抗体纯化

采用辛酸-饱和硫酸铵法纯化腹水（Wu 等 1999）。

① 将制备的腹水在 6000r/min 离心 30min，去除上清后用 SiO_2 过滤去除掉酯类。

② 按照 1∶2 的比例加入 pH 为 4.8 的醋酸盐缓冲液，混匀，然后将辛酸滴加到腹水中（加入量为每毫升加 $33\mu L$），振荡 15min，4℃ 静置 2h，6000r/min 离心 30min，收集上清液。

③ 将 0.1mol/L 的 PBS 加入到上清液中，调节 pH 至 7.4 左右，然后滴加等体积的饱和硫酸铵，振荡 15min，4℃ 静置 2h，6000r/min 离心 30min 去除上清。

④ 用 1/10 体积的 0.01mol/L 的 PBS 复溶沉淀，4℃ 搅拌透析过夜，分装备用。

7. 免疫金观察目标菌定殖

（1）药品配制

① 封闭液　用 PBS（pH 7.4）将封闭用的山羊血清（原液）配成 5% 的工作液，4℃ 避光临时保存。

② 第一抗体　用封闭液将目标菌抗体稀释 1000 倍，备用。

③ 第二抗体　用封闭液将 Colloidal Gold-AffiniPure Goat Anti-Mouse IgG（H+L）稀释 100 倍，备用。

（2）目标菌接种及标本采集　方法同前。

（3）超薄切片制备　随机选取上述样品若干，切成约 3mm×5mm×7mm 的组织块，进行固定、脱水、包埋。

① 固定　将样品浸没于含有 2％（体积分数）戊二醛的 0.1mol/L 二甲砷酸钠缓冲溶液（pH7.4）中，室温固定 3h，然后以相同的缓冲液彻底冲洗。

② 脱水　将固定后的样品依次用 30％、50％、70％、80％、90％乙醇梯度脱水 10min，最后用 100％的乙醇脱水 3 次，每次 20min。

③ 渗透　彻底脱水后的样品用系列浓度的 LR White 渗透。

④ 包埋　渗透后的样品浸入 100％的 LR White 中包埋，在 65℃下聚合 36h。

⑤ 修块　用双面刀片将包埋块顶端的多余树脂切除，以刚露出样品为宜。

⑥ 定位、切片　将修整好的包埋块在切片机上进行半超薄及超薄切片，样品承载在 200 目镍网上。

（4）胶体金免疫染色

① 将载有超薄切片样品的镍网倒置在超纯水水滴上，润湿 1min。随即用封闭液漂浮封闭 10min。

② 用封闭液将第一抗体稀释 1000 倍后，室温下孵育超薄切片 1h，随后用 PBS 漂洗 5 次。

③ 用封闭液将第二抗体稀释 100 倍后，室温下孵育超薄切片 30min，用 PBS 漂洗 5 次，再用超纯水漂洗 5 次，晾干。

④ 用醋酸双氧铀染色 3min，用超纯水小心冲洗干净。

⑤ 用柠檬酸铅染色 8min，用超纯水小心彻底冲洗，晾干。

⑥ 将样品置于 JEOL JEM-1230 型透射电镜下观察结果。

三、　基因标记法

将外源基因即标记基因或报告基因引入到目标菌的染色体中并在菌体中稳定遗传，通过检测基因表达产物来监测细菌的分布并区别于其他微生物。对比抗生素标记和免疫探针技术，利用报告基因标记技术跟踪检测内生菌对宿主植物的表面吸附、内部定殖以及由此而引起的植物体的生理反应更为直观，是研究植物组织和微生物相互作用的最为重要的手段。

该技术所用的标记基因多是编码酶的基因，目前常见的有：①*LacZY* 标记法。*LacZY* 基因编码半乳糖苷酶和乳糖渗透酶，可利用乳糖裂解半乳糖或其他合成半乳糖，形成蓝色菌落（Drahos 等，1986）。②*xylE* 标记法。*xylE* 基因编码邻苯二酚 2,3-双加氧酶，作用于邻苯二酚后可产生一种黄色物质（Winstanley 等，1991）。③*Gus* 标记法。*Gus* 编码的葡糖苷酸酶裂解吲哚葡糖醛酸，形成蓝色菌落（Ramos 等，2002）。④*CelB* 标记法。*CelB* 基因编码的酶是一种 β-葡萄糖苷酶，它具有 β-半乳糖苷酶活性，可利用乳糖裂解半乳糖或其他合成半乳糖，形成蓝色菌落。⑤GFP 标记法。绿色荧光蛋白（green fluorescent protein，GFP）是从多管水母属的 *Aequorea Victoria* 中分离出的一种天然荧光蛋白，含有 238 个氨基酸残基，在

395nm 能吸收蓝光，受到紫外线激活时发绿色荧光（Lorang 等，2001；吴沛桥等，2009）。GFP 标记系统具有标记基因小、直接肉眼检测荧光、对细胞安全、稳定等优点，已被成功用于微生物定殖、对宿主组织侵染、微生物动态监测、基因表达调控等研究。目前，通过对 GFP 的结构和生化特性进行改造，已获得许多具有不同激发峰和发射峰的突变体，使 GFP 荧光强度和作为报告基因的检测灵敏度大大提高。

（一）*LacZY* 标记法

1. 目标菌的基因标记

目标菌株的基因标记采用三亲本杂交的方法，将供体菌、受体菌和质粒混合培养在抗性平板上，将 *LacZY* 基因导入目标菌株。

2. 定殖检测

用 *LacZY* 基因标记过的目标菌处理待测植物，培养一段时间后，随机选取植物样品，进行 β-半乳糖苷酶组织化学染色，经过次氯酸钠透明后，在解剖镜下观察染色结果，染成蓝色的部位说明有目标菌定殖。也可以对经目标菌处理过的土壤进行根际微生物的分离，然后将获得菌株在 *LacZY* 筛选平板上培养，能长出蓝色菌落说明目标菌可以在植物根际土壤定殖。

（二）*xylE* 标记法

1. 目标菌的 *xylE* 基因标记及筛选

将目标菌株与携带 *xylE* 基因的大肠杆菌分别接种在 LB 培养液中培养，收集菌体各 1mL，混合，取 50μL 转移到培养平板表面的无菌硝酸纤维素滤膜上，在 28℃下培养 16h 后用 10mL 无菌水将滤膜上的菌体洗下，系列稀释后，涂选择性平板，置于 28℃下培养 5~7d。

2. 定殖检测

用 *xylE* 基因标记过的目标菌处理待测植物，培养一段时间后，随机选取植物样品，进行根际以及植物内微生物分离，向生成单菌落的平板表面喷洒 10g/L 邻苯二酚溶液，产生黄色反应者为阳性。

（三）*Gus* 标记法

1. 目标菌的 *gus* 基因标记

制备目标菌的感受态细胞，然后采用点击法或高渗透法将含有 *gus* 标记基因的大肠杆菌内的 *gus* 基因转入。

2. 转化子筛选及鉴定

将得到的转化子用 0.9％的 NaCl 溶液制成菌悬液涂布在含有抗性培养基的平板上，待长出单菌落，挑取单菌落接种于含有 *gus* 基因底物的平板上培养，如果菌落周围变蓝，则表明该菌落中的目标菌已经成功地导入了 *gus* 基因。

3. 定殖检测

用 *gus* 基因标记过的目标菌处理待测植物，培养一段时间后，随机选取植物样品，进行根际以及植物内微生物分离，挑取单菌落接种于含有 *gus* 基因底物的平板上培养，如果菌落周围变蓝，说明目标菌可以定殖。该方法还可以直观地观察根瘤菌在植物根系的定殖情况，如果经目标菌处理后植物根系的根瘤变蓝便可以说明目标菌已经定殖，并且可以标记根瘤菌所形成根瘤的位置和数量。

（四）*CelB* 基因标记法

CelB 基因标记过程与 *gus* 基因的标记和检测过程相同，只是在检测时是将菌落涂在硝酸纤维膜上，若菌落产生蓝色，则表明定殖成功。

（五）*GFP* 基因标记法

1. 目标菌的基因标记

目标菌株的基因标记采用三亲本杂交的方法，将供体菌、受体菌和质粒混合培养于抗性平板上，将生长的单菌落放在长波紫外线灯下照射，肉眼可见接合子菌落发绿色荧光，说明目标菌被标记。

2. 定殖检测

用 *GFP* 基因标记过的目标菌处理待测植物，培养一段时间后，随机选取植物样品，进行根际以及植物内微生物分离，将生长的单菌落放在长波紫外线灯下照射，肉眼可见菌落发绿色荧光，说明目标菌可以定殖。该方法观察根瘤菌在植物根系定殖比较简单，只需要将接种过标记菌株的根瘤剖开，置于平皿上，在长波紫外线灯下照射，若能看到根瘤发生绿色荧光，就可以确定根瘤菌已经定殖，并可以以此来判断所施用的根瘤菌的占瘤率。

总之，基因标记法简单、试验数据量化、受环境微生物的干扰小、有些还可进行原位观察，对不能在固体培养基上生长的微生物尤为适用。但这种方法也存在一定的局限性（张炳欣，2000），如：只能检测到活细胞，无法检测死细胞；某些标记也不是普遍适用的，如 *lacZY* 基因仅用于不能利用乳糖的生物体；标记基因的较高灵敏度和特异性必须结合天然抗生素抗性标记才能达到；此外，引入标记基因会增加细胞的代谢负荷，削弱生防细菌的适应性。用标记基因检测宿主中微生物的一个突出问题是标记菌进入植物体内后，若标记基因转移，有可能产生不良后果。为此，应将标记基因插入到目的菌的染色体上，然后再筛选出细菌代谢受插入此外源基因干扰最小的菌株供研究用。总之，选择标记基因或报告基因时需考虑的主要因素有：被检测样品有无因内源基因产物引起的背景干扰；检测灵敏度是否高；检测简便性如何；检测用的底物通用性如何；检测能否定量；检测费用是否便宜；外源基因的代谢产物是否干扰细菌代谢；在自然生境中（如田间）的应用性如何等。

四、 特异性寡核苷酸片段标记法

特异性寡核苷酸片段标记法是借助于人工合成的寡核苷酸探针（oligonucleotide probe）与被检测菌株的长链 DNA 或 RNA 部分互补结合，检测目标菌株定殖的一种方法。这种标记方法通常采用的是菌落杂交法（van Elsas 等，1992），方法如下：

1. 探针制备

测定菌株 DNA 或 RNA 序列，合成寡核苷酸片段。利用寡核苷酸探针 3′末端地高辛标记试剂盒制备寡核苷酸探针。

2. 定殖菌株分离

用目标菌处理待测植物，培养一段时间后，随机选取植物样品，进行根际以及植物内微生物分离，获得单菌落用于检测。

3. 菌落杂交

将待检菌株接种到培养液中，培养至对数生长期，培养物离心弃上清，沉淀重悬在液体培养基中，稀释至一定浓度。取菌悬液点在醋酸纤维膜或尼龙膜上，然后将膜置于裂解液饱和的滤纸上，37℃孵育 1~2h 之后固定核酸。随后将膜置于杂交液（3~4mL/100cm²）预杂交 1h，相同温度下杂交过夜；同时设不加探针的阴性对照，以相同的方法预杂交、杂交和洗膜。

4. 定殖菌株显色

按照地高辛标记试剂盒说明书对杂交菌株进行显色。

除上述菌落杂交法外，也可以采用直接检测法，将探针与土壤中或植物样品中提取的 DNA 杂交，杂交的对象可以是整个染色体 DNA、一个克隆载体上特殊的插入片段、整个质粒 DNA、16sRNA 序列的一部分或其他特殊的寡聚核苷酸序列。例如利用各菌株 rRNA 含量的不同，通过荧光探针原位杂交所显示荧光信号的强弱即可估计细菌的生理活性。菌落杂交法只能检测活的细胞，而直接检测法既能检测在培养基上可以生长的细胞，还能检测不可以生长的细胞。该法灵敏度高，活细胞或死细胞、能培养的与不能培养的细胞均能检测到。

五、 基因芯片法

基因芯片是指采用光导原位合成或微量点样等方法将大量的 DNA 探针如基因、PCR 产物、人工合成的寡核苷酸等有序地固定在载体表面，形成储存有大量信息的高密度 DNA 微阵列。该微阵列与标记的核酸样品杂交后能快速、准确、大规模地获取样品的核酸序列信息。即微生物检测基因芯片是指用来检测样品中是否含有目标微生物目的核酸片段的基因芯片。具体检测方法如下：

① 人工用合成寡核苷酸探针尽量覆盖目标菌的全基因组，制成目标菌全基因

组检测芯片。

② 定殖菌株分离。用目标菌处理待测植物，培养一段时间后，随机选取植物样品，进行根际以及植物内微生物分离，获得单菌落用于检测。

③ 将大量（通常每平方厘米点阵密度高于 400）探针分子固定在醋酸纤维膜或尼龙膜上，与标记的样品分子进行杂交，通过检测每个探针分子的杂交信号强度，进而获取样品分子的数量和序列信息。

④ 信号检测和结果分析。将杂交反应后的芯片通过芯片扫描仪和相关软件分析图像，将荧光转换成数据，获得有关生物信息。

六、 荧光定量 PCR 检测法

荧光定量 PCR 技术（real-time quantitative PCR，RT-PCR）是通过反应体系中荧光基团信号的积累对整个 PCR 全过程进行实时监测，通过标准曲线可对未知模板起始浓度进行定量。该技术也可以用于定殖内生菌检测分析，具体方法如下：

1. 定殖菌株分离

用目标菌处理待测植物，培养一段时间后，随机选取植物样品，进行根际以及植物内微生物分离，获得单菌落用于检测。设无菌水处理植物分离获得的菌株为对照。

2. 菌株 RNA 提取及纯化

采用 RNA 试剂盒对分离菌株进行 RNA 提取并纯化。也可以直接提取目标菌处理后植物或根际土壤的总 RNA 用于后续测定。

3. 合成相关基因的 cDNA

采用 cDNA 合成试剂盒合成菌株的 cDNA。

4. 目标菌株荧光定量 PCR 检测

合成目标菌株特定基因的引物，采用荧光定量 PCR 分析试剂盒测定目标菌株特定基因的表达量，从而确定目标菌株是否定殖。

⊙ 第三节 内生菌的定殖研究实例

WZS1-1（*Streptomyces rochei*）与 WZS2-1（*Streptomyces sundarbansensis*），是从薇甘菊中分离得到的内生放线菌。

1. 菌株抗药性标记

菌株的抗生素标记：在高氏 1 号培养基中分别加入浓度为 $10\mu g/mL$、$30\mu g/mL$、$50\mu g/mL$、$70\mu g/mL$、$100\mu g/mL$ 的利福平、链霉素、氨苄青霉素，划线接种菌株

WZS1-1、WZS2-1，28℃恒温培养5d，观察菌落的生长状态。

对菌株进行抗药性标记，结果表明，菌株WZS1-1、WZS2-1在利福平浓度为10μg/mL、30μg/mL、50μg/mL的培养基中生长良好，在含有链霉素、氨苄青霉素的培养基中不能正常生长。可见，两株菌对利福平具有一定的抗药性。为此选择10μg/mL、50μg/mL的利福平作为抑制其他杂菌的药剂。

2. WZS1-1、WZS2-1在小麦根部及土壤中的定殖

（1）菌株的土壤定殖能力测定　参照刘健等（2001）的方法并进行修改，供试土壤自然风干后，170℃灭菌2h，500g灭菌土壤装入花盆中，小麦种子75％酒精浸泡20s后，无菌水冲洗，每盆5粒，一个处理3盆，3次重复，菌悬液孢子浓度为10^8CFU/mL，取100mL进行浇灌后，每隔2d用50mL无菌水进行浇灌，15d后每盆取小麦根际土壤1g，溶于99mL无菌水，振荡20min后静置30min，取1mL上清液后稀释至10^{-4}，取100μL涂布在含有10μg/mL利福平的高氏1号平板上，7d后平板计数。

（2）菌株的根内定殖能力测定　小麦种子用自来水清洗，用75％酒精浸泡20s，5％NaOCl处理1min，无菌水冲洗数次，然后将小麦种子放入PDA中培养，检验种子表面消毒后是否带菌。将种子放入10^6CFU/mL菌株孢子悬浮液中，浸泡12h，取出种子，放入灭菌的25mL 0.4％水琼脂培养基的试管中（2.0cm×25cm），在室温下培养5d（Mafia等，2009；Himaman等，2016）。将根取出，根表面用自来水冲洗后，用75％酒精浸泡1min，用灭菌的刀片将根表面剖开，放入含有50μg/mL利福平的高氏1号培养基中，28℃培养7d。

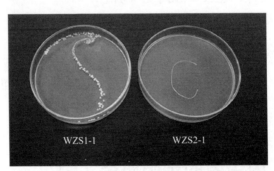

图6-1　WZS1-1、WZS2-1在小麦根内定殖能力测定

采用平板计数法统计菌株在土壤中的定殖能力，结果发现，在含有10μg/mL利福平的高氏1号计数平板上检测出WZS1-1的数量为$1.83×10^6$CFU/mL，WZS2-1的数量为$7.50×10^5$CFU/mL，可见两株菌都可以定殖在小麦根际土壤中，并且WZS1-1的定殖能力比WZS2-1强（Han等，2018）。

同时对菌株进行根内定殖能力测定，结果发现，用10^6CFU/mL孢子悬浮液处理小麦种子5d后，两株菌对小麦根长和芽长有明显的促生作用，蒸馏水、

WZS1-1、WZS2-1 处理后根长分别是 4.9cm、7.2cm、6.3cm，芽长分别是 5.1cm、8.0cm、7.5cm。随后对两株菌处理的小麦根部进行表面消毒，将根纵向切开，置于含 50μg/mL 利福平溶液的高氏 1 号固体平板上。培养 7d 后，发现在高氏 1 号固体平板上，用 WZS1-1 孢子悬浮液处理的小麦，其根系可以长出 WZS1-1 单菌落，而用 WZS2-1 孢子悬浮液处理的小麦，根系未检测到 WZS2-1 的菌落（图 6-1）。由此表明，WZS1-1 菌株可以定殖到小麦根系内部，而 WZS2-1 菌株则不能在小麦根系内部定殖。

参考文献

Drahos DJ，Hemming BC，McPherson S. Tracking recombinant organisms in the environment：flgalactosidase as a selectable non-antibiotic marker for fluorescent pseudomonads. Biotechnology，1986，4：439-444.

Glandorf D C M，Brand I，Bakker P A H M，et al，Rifampicin resistance as a marker for root colonization studies of *Pesudomonas putida* in the field. Plant and Soil，1992，146：135-142.

Han D，Wang L，Luo Y. Isolation，identification，and the growth promoting effects of two antagonistic actinomycete strains from the rhizosphere of *Mikania micrantha* Kunth. Microbiological Research，2018，208：1-11.

Himaman W，Thamchaipenet A，Pathom-Aree W，et al. Actinomycetes from Eucalyptus and their biological activities for controlling Eucalyptus leaf and shoot blight. Microbiological Research，2016，188-189：42-52.

Huang J. Ultrastructure of bacterial penetration in plants. Phytopathol，1986，24：141-157.

Kloepfel D A. The behavior and tracking of bacteria in the rhizosphere. Annu Rev Phytopathol，1993，31：441-472.

Lamb TG，Tonkyn DW，Kluepfel DA. Movement of Pseudomonas aureofaciens from the rhizosphere to aerial plant tissue. Canadian Journal of Microbiology，1996，42：1112-1120.

Lorang JM，Tuori R P，Martinez JP. Green fluorescent protein is lighting up fungal biology. Applied and environmental microbiology，2001，67：1987-1994.

Mafia R G，Alfenas A C，Ferreira E M，et al. Root colonization and interaction among growth promoting rhizobacteria isolates and eucalypts species. Revista Árvore，2009，33（1）：1-9.

Misaghi IJ，Donndelinger CR. Endophytic bacteria in symptom-free cotton plants. Phytopathology，1990，80（9）：808-811.

Ramos C M，Brito Z P，Siso A A，et al. Topical and systemic medications for the treatment of primary Siogren's syndrome. Nature Reviews Rheumatology，2002，8：399-411.

Tombolini R，Unge A，Davey ME，et al. Flow cytometric and microscopic analysis of GFP-tagged Pseudomonas fluorescens bacteria. Fems Microbiology Ecology，1997，22（1）：17-28.

Van Elsas JD. Antibiotic resistance gene transfer in the environment：an overview∥Wellington EMH，van Elsas JD. Genetic interactions among microorganisms in the natural environment. Oxford：

Pergamon Press，1992：17-39.

Winstanley C，Morgan JAW，Pickup RW，et al. Appl Environ Microbiol，1991，57：1905-1913.

Wu J，Qing L，Zhou X，et al. Production of monoclonal antibodies against broad bean wilt virus. Acta Agriculturae Universitatis Chekianensis，1999，25（2）：147-150.

陈昌福. 用直接荧光抗体法对鲤血液中淋巴细胞类型的初步鉴定. 华中农业大学学报，1998（02）：59-63.

邓尚平，庞吉才，赵桂芝，等. 抗人生长激素免疫血清的制备和鉴定. 华西医科大学学报，1989（04）：401-404.

冯永君，宋未. 植物内生细菌. 自然杂志，2001，23（5）：249-252.

刘健，李俊，姜昕，等. 巨大芽胞杆菌 luxAB 标记菌株的根际定殖研究. 微生物学通报，2001（06）：1-4.

楼兵干，张炳欣，Marrten Ryder. 铜绿假单胞菌株 CR56 在黄瓜和番茄根围的定殖能力. 浙江大学学报（农业与生命科学版），2001（02）：67-70.

吴蔼民，顾本康，傅正擎，等. 内生菌 73a 在不同抗性品种棉花体内的定殖和消长动态研究. 植物病理学报，2001，31（4）：289-294.

吴沛桥，胡海，赵静，等. 绿色荧光蛋白 GFP 的研究进展及应用. 生物医学工程研究，2009，28（1）：83-86.

许丽华，薛毅，史俊南，等. 产黑色素拟杆菌群菌株的培养、鉴定及其免疫血清的特异性检测. 中国微生态学杂志，1990（03）：24-26.

张炳欣，张平. 植物根围外来微生物定殖的检测方法. 浙江大学学报（农业与生命科学版），2000（06）：44-48.

第七章

内生菌的活性评价方法

在分离活性成分之前，要对内生菌的提取物进行活性测定。一般先对内生菌进行液体悬浮培养，然后用发酵液，或将发酵液和菌体用溶剂提取得到粗提物，检测其活性。主要采用的方法有带毒平板法、药剂打孔扩散法、滤纸片法、杯碟法、孢子萌发法等。为了防止漏筛，需要选择合适的供试微生物，选择供试菌要考虑：①是否具有代表性；②是否具有科研价值与经济价值；③宿主植物是否对其有明显的抑制活性；④是否为宿主植物的病原菌等。前两种因素可以有效降低漏筛风险，后两种因素是基于植物内生菌与其宿主植物的次生代谢产物存在相似性和植物内生菌可以提高宿主植物的抗病性的原理。

◆ 第一节　内生菌杀虫活性评价方法

一、触杀作用评价方法

（一）点滴法

此法是杀虫剂触杀毒力测定中最准确的方法，也是目前普遍采用的一种测试技术。除了螨类等小型昆虫外，可应用于大多数供试昆虫的触杀毒力测定（吴益东等，1996），如家蝇、棉铃虫、斜纹夜蛾、二化螟、玉米螟、菜青虫、蝽象等。

① 用有机溶剂（如乙酸乙酯）萃取内生菌发酵液，浓缩后，得到有机相；或过滤得到内生菌菌体，使用有机溶剂浸泡，浓缩滤液，将其配制成一定浓度的药剂，备用。

② 用微量注射器取药液点滴在供试昆虫的触角上（如果试虫好动，使用乙醚进行麻醉），5μL/头虫，每个处理 10～20 头虫，实验重复 3 次。注意使测试试虫

个体大小和龄期保持一致。每隔一段时间（12h、24h、48h、72h）观察试虫的死亡情况。

③ 统计各个处理的死虫数和活虫数，计算死亡率和校正死亡率（Abbott's 公式）（张慧，2017）。

$$死亡率(\%)=\frac{试虫数-药后活虫数}{试虫数}\times100$$

$$校正死亡率(\%)=\frac{处理组死亡率-对照组死亡率}{100-对照组死亡率}\times100$$

当对照组死亡率＜20％时，试验结果可信，但试验结果需进行校正；当对照组死亡率＜5％时，可以不用校正。

（二）浸渍法

该法快速、简便，可同时对大批试虫做不同浓度的处理，适用于多种昆虫。不足之处是不能精确求得每个昆虫或每克虫体重所获药量，浸渍时不能避免少量药液进入试虫消化道和气管，所以测得的结果不是单纯的触杀毒力结果。

药剂配制方法同上。

将待测昆虫（大小和龄期一致）浸没于药液中（刘刚，2014），充分浸润，在通风处自然阴干，放入直径12cm的培养皿中，10头/皿，加吸水纸，加盖，标记，置于（25 ± 1）℃、14h 光照的观察室内。设置空白对照和标准药剂对照。每个处理重复3次，72h后检查结果。以毛笔轻触虫体，以不能正常活动视为死虫。计算方法同上。

浸渍时间长短因虫而异。时间过长，会增加死亡率；时间短，效果差。一般试虫个体较小时，浸渍时间为1～5s；个体较大试虫的浸渍时间为5～10s；药液不能重复使用；浸液试虫体表上的多余药液应先除去，待体表药液晾干后，再移入干净的器皿中，以免湿度过大。

（三）POTTER 喷雾法

药剂配制方法同上。

将盛有供试昆虫的培养皿，置于 POTTER 喷雾塔下喷雾［压力为 5Ibf/in²（1Ibf/in²=6894.76Pa），沉降量为 4.35mg/cm²］（付群梅等，2015）。定量的药液直接喷撒到虫体上，待药液稍干或虫体粘粉较稳定后，将喷过药的供试昆虫移入干净的容器内或培养皿内，用通气盖盖好，置于适合于供试昆虫生育的温湿度及通气良好的环境中恢复，1～2h 后，放入无药的新鲜饲料，以空白（CK）为对照。每个浓度重复3次，在规定时间内（12h、24h、48h）观察供试昆虫中毒和死亡情况。计算方法同上。

二、 胃毒作用评价方法

昆虫在取食正常食物的同时将药剂摄入消化道，经肠壁细胞吸收进入血液，随血液循环到达作用部位而使昆虫中毒。它利用昆虫的贪食性，因此要尽量避免药剂与昆虫体壁接触而产生其他毒杀作用。

（一）叶片夹毒法

① 将供试昆虫喜食的叶片如甘蓝嫩叶片制成直径为 2cm 的叶碟，把叶碟放在湿润的培养皿中保湿，备用。药剂配制方法同上。

② 夹毒叶片的制备（刘永杰等，2009）：将药剂均匀滴在叶碟上，计算出每张叶碟的药量（mg/cm^2）。用浆糊（或明胶）涂在无药的圆叶片上，两张叶片相对合并，制成夹毒叶片，同时制备未夹毒叶片作为对照。每个培养皿中放一片，另放一团湿棉花或湿水草纸保湿，备用。

③ 试虫先饥饿 4～8h，每头虫称重，每个培养皿放一头虫，饲喂夹毒叶碟。

④ 观察试虫取食情况，控制试虫的取食叶片量，让一部分试虫取食叶片的 1/3，一部分试虫取食叶片的 1/2，一部分试虫取食叶片的 3/4 或全部叶片。然后取出剩余的夹毒叶片，换新鲜叶片饲喂，经 24h 后，检查死亡率。

⑤ 食量的计算：将剩余叶片进行叶面积扫描，或放在直径 2cm 的方格纸上，计数被取食的方格数（1mm^2/格），然后按每张圆叶片上的总药量，计算每一方格的剂量，即可求出取食药量，从而求得每头虫单位体重所取食的剂量（mg 或 μg/g 体重）。

致死中量的计算：按每头虫取食剂量的大小顺序排列。将供试昆虫分为三组：a. 生存组；b. 中间组（有生存的，也有死亡的）；c. 死亡组；在计算 LD$_{50}$ 时只用中间组，所以设计浓度时，生存组和死亡组试虫的数目越少越好。中间组又分生存部分和死亡部分。

$$致毒反应\begin{cases}生存组\\中间组\begin{cases}生存部分\\死亡部分\end{cases}\\死亡组\end{cases}$$

$$A=\frac{\sum 中间组活虫剂量}{中间组活虫总数}\qquad B=\frac{\sum 中间组死虫剂量}{中间组死虫总数}$$

$$致死中量（LD_{50}）=\frac{A+B}{2}（单位：mg 或 \mu g/g 体重）$$

（二）改良叶片夹毒法

① 将药剂用丙酮稀释成 5～7 个浓度梯度，用微量点滴器在叶碟上点滴 0.5～1.0μL，制成不同浓度的夹毒叶片，每浓度 30～40 片。

② 将整齐一致的试虫饥饿 4～8h 后，放入小培养皿，每皿一头虫，然后放进一张夹毒叶片。24h 后检查，首先将未取食完一张夹毒叶片而又未死亡的试虫剔除，然后再统计每一浓度的死亡率，并从对照的死亡率求出各浓度的校正死亡率。

该法比较准确，省去了逐头称重试虫和测量取食面积的麻烦。

（三）液滴饲喂法

该法主要针对虹吸式口器的昆虫，如家蝇、果蝇、蜜蜂等，这些昆虫喜欢吃糖液，可将药剂加入糖液中，用微量点滴器定量地滴加于家蝇口器饲喂。昆虫个体取食的剂量可采用天平称量试虫饲喂前后的体重来确定，这一方法比较简便。在试验前后将供试昆虫称量，测定其吞食量。

方法是将形成的液滴放在玻璃片上，让家蝇等供试昆虫自行取食，取食前后都称重，以确定其取食量。供试昆虫经药剂处理后，放入清洁干燥的器皿中，置于27℃的条件下，定期观察中毒反应情况，计算死亡率。

此法的缺点是没有完全排除触杀作用的干扰，因为药源必须接触口器，而口器又是对多种杀虫剂较敏感的部位。目前此法实际应用很少。

三、 螨类的评价方法

（一）浸玻片法

该方法被联合国粮农组织（FAO）推荐为螨类抗药性的标准测定方法，适用于雌成螨的测定。

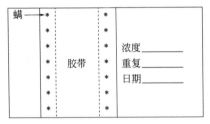

图7-1 浸玻片法示意图

① 药剂配制方法同上。

② 在载玻片的一端用双面胶带粘贴，如图7-1所示，另一端用记号笔标注浓度、重复次数、时间等（霍彦波，2013）。

③ 挑选大小一致、健康的3～5龄的雌成螨，在体视显微镜（或放大镜）下用毛笔挑起雌成螨并将其背部贴在双面胶上（注意螨足、触须以及口器不要被粘着），每行粘15头雌成螨，共2行，即每片粘30头，重复3次，共18片。然后放在干净的培养皿中，培养皿用湿棉花球保湿，盖上皿盖，置于（26±1）℃温度下，备用。1h后，在体视显微镜下检查是否有翻动或逃跑的螨虫，有则需要补上。

④ 将粘有雌成螨的载玻片一端浸入待测的不同浓度的药液中5s，轻轻摇动玻片，对照（CK）用蒸馏水浸5s，用吸水纸吸掉多余的药液或蒸馏水。

⑤ 将处理好的载玻片放在预备好的白瓷盘中（白瓷盘底垫一块泡沫塑料，塑料上放一块略小的蓝布，最上层放保鲜膜，盘中加蒸馏水至蓝布），控制温度（26±1）℃、相对湿度70％、光照16h、暗8h后，检查结果，在体视显微镜下检查死亡率及存活数。死亡标准以小毛笔轻轻触动螨足或口器，无任何反应即为死亡，计算死亡率。

$$死亡率(\%)=\frac{试虫数-药后活虫数}{试虫数}\times100$$

$$校正死亡率(\%)=\frac{处理组死亡率-对照组死亡率}{100-对照组死亡率}\times100$$

（二）叶片浸渍法

① 用盆栽豆苗（大豆苗）繁殖叶螨（如棉叶螨），测定时用成螨，且发育时间（日龄）一致。

② 选取无螨的豆苗，约 5cm 高时，仅留 2 片真叶，其余叶片（子叶、真叶）全部剪去。把 1 片有一定数量（40 头左右）成螨的叶片放在剩下的 2 片真叶上，约 1h 后，当这一片叶片枯萎时，叶螨自行移到豆苗的真叶上。

③ 将上述药剂用蒸馏水稀释成系列浓度各 40～50mL，置于小烧杯中。

④ 将接上螨的豆苗浸入药液中并轻轻摇动 5s，取出后用吸水纸吸去多余的药液（邢燕燕等，2014）。蒸馏水作对照，每一浓度重复 4 次。检查螨的数量。避免光照直射，保温 24h 后检查死亡率。

（三）POTTER 喷雾法

将蚕豆叶片打成直径 2cm 的叶碟，背面朝上，放在保湿的小块棉花上，置于 9cm 塑料培养皿内，用毛笔接朱砂叶螨成螨 10 头/皿，放在（27±1）℃、14h 光照的生化培养箱内培养产卵。24h 后，去除成螨，提高培养温度为（29±1）℃，继续培养至卵块完全孵化，每叶碟上有若螨 30 头以上，备用。将培养皿置于 POTTER 喷雾塔下喷雾，喷雾后加盖（中心处有直径 2cm 的孔），标记后放在（27±1）℃、16h 光照的生化培养箱内（高丽梅，2014）。以空白（CK）为对照。每个浓度重复 4 次，24h 后检查结果。以毛笔轻触虫体，以不能正常爬行为死虫。公式同上，计算死亡率（或校正死亡率），求得致死中浓度。

四、 酶活评价方法

该法适合内生菌发酵液的活性评价。

将供试菌株接种至发酵培养液中发酵，待发酵完毕，先离心，后过滤除去发酵液中的菌丝。取少量待测试虫，处理方式同前所述。挑选处理后的试虫样品若干头进行酶活测定。

（一）细胞色素 P450 的活力

在细胞中，细胞色素 P450 主要分布在内质网和线粒体内膜上，作为一种末端加氧酶，参与了生物体内的甾醇类激素合成等过程，是药物代谢过程中的关键酶。该酶的测定可采用昆虫细胞色素 P450 ELISA 检测试剂盒进行，具体方法如下：

① 随机挑选处理后的试虫，称取重量。加入一定量的 PBS（pH7.4）。用液氮

迅速冷冻保存备用。标本融化后仍然保持 2～8℃ 的温度。加入一定量的 PBS（pH7.4），用手工或匀浆器将标本匀浆充分。2000～3000r/min、20min，收集上清液，备用。

② 从室温平衡 20min 后的铝箔袋中取出所需板条，剩余板条用自封袋密封放回 4℃。

③ 设置标准品孔和样本孔，标准品孔各加不同浓度的标准品 50μL。

④ 样本孔中加入待测样本 50μL；空白孔不加。

⑤ 除空白孔外，标准品孔和样本孔中每孔加入辣根过氧化物酶（HRP）标记的检测抗体 100μL，用封板膜封住反应孔，37℃ 水浴锅或恒温箱温育 60min。

⑥ 弃去液体，吸水纸上拍干，每孔加满洗涤液（350μL），静置 1min，甩去洗涤液，吸水纸上拍干，如此重复洗板 5 次（也可用洗板机洗板）。

⑦ 每孔加入底物 A、B 各 50μL，37℃ 避光孵育 15min。

⑧ 每孔加入终止液 50μL，15min 内，在 450nm 波长处测定各孔的吸光度（A）。

⑨ 昆虫细胞色素 P450 活性计算：以所测标准品的吸光度（A）为横坐标，标准品的浓度值为纵坐标，绘制标准曲线，得到直线回归方程，将样品的吸光度（A）代入方程，计算出样品的浓度。

（二）羧酸酯酶的酶活力

羧酸酯酶（CarE）也称脂族酯酶（aliesterase），广泛分布于组织和器官，属于丝氨酸水解酶家族。CarE 催化含酯键、酰胺键和硫酯键的内源性与外源性物质水解，但不能催化水解乙酰胆碱及其类似物。CarE 参与脂质运输和代谢，并与多种药物、环境毒物以及致癌物的解毒和代谢有关，有机磷农药可结合并且抑制 CarE 活性。CarE 能催化乙酸-1-萘酯生成萘酯，固蓝显色；通过测定 450nm 处的吸光度增加速率，计算出 CarE 的活性。羧酸酯酶（CarEs）的测定可采用公司试剂盒进行，具体方法如下：

① 称取约 0.1g 内生菌发酵液样品，加 1.0mL 的试剂 1，冰上充分研磨，15000r/min 4℃ 离心 30min，取上清液，使用蛋白含量测定试剂盒标定蛋白的含量。

② 分光光度计预热 30min 以上，调节波长到 450nm，蒸馏水调零。

③ 试剂 2 置于 37℃ 水浴中预热 30min 以上。

④ 空白管加样：在 1mL 玻璃比色皿中依次加入 5μL 蒸馏水和 1000μL 试剂 2，迅速混匀后于 450nm 处测定 3min 内的吸光度变化，第 10 秒的吸光度记为 A_1，第 190 秒的吸光度记为 A_2。注意：空白管只需做 1～2 次。$\Delta A_{空白管} = A_2 - A_1$。

⑤ 测定管加样：在 1mL 玻璃比色皿中依次加入 5μL 上清液和 1000μL 试剂 2，迅速混匀后于 450nm 处测定 3min 内的吸光度变化，第 10 秒的吸光度记为 A_3，第 190 秒的吸光度记为 A_4。$\Delta A_{测定管} = A_4 - A_3$。

⑥ CarE 活力计算：将 37℃ 时每分钟催化吸光度增加 1 定义为一个 CarE 活力

单位（U）。

a. 按照蛋白浓度计算：

$$CarE 酶活（U/mg 蛋白）=\frac{\Delta A_{测定管}-\Delta A_{空白管}}{c_{pr}V_{样}t}=66.7\times\frac{\Delta A_{测定管}-\Delta A_{空白管}}{c_{pr}}$$

式中，c_{pr} 为蛋白质浓度，mg/mL；$V_{样}$ 为加入上清液体积，0.005mL；t 为反应时间，3min。

b. 用样品质量计算：

$$CarE 酶活（U/mg 蛋白）=\frac{(\Delta A_{测定管}-\Delta A_{空白管})\times V_{样总}}{V_{样}Wt}=66.7\times\frac{\Delta A_{测定管}-\Delta A_{空白管}}{c_{pr}}$$

式中，W 为样品质量，g；$V_{样总}$ 为上清液总体积，1mL；$V_{样}$ 为加入上清液体积，0.005mL；t 为反应时间，3min。

（三）谷胱甘肽-S-转移酶的酶活力

谷胱甘肽-S-转移酶（GST）是一种具有多种生理功能的蛋白质家族，主要存在于细胞质内。GST 是体内解毒酶系统的重要组成部分，主要催化各种化学物质及其代谢产物与谷胱甘肽巯基的共价结合，使亲电化合物变为亲水物质排出体外。因此，GST 在保护细胞免受亲电子化合物的损伤中发挥着重要的生物学功能。GST 催化还原性谷胱甘肽与 1-氯-2,4-二硝基苯（CDNB）结合，其结合产物的吸收峰波长为 340nm，通过测定 340nm 波长处吸光度的上升速率，即可计算出 GST 活性。该酶的测定可采用公司试剂盒进行，具体方法如下：

① 称取约 0.1g 试虫的组织，加入 1mL 试剂 1，冰上充分研磨，10000r/min 4℃离心 10min，取上清液备用（如上清液不清澈，再离心 3min）。

② 将试剂 2 与试剂 1 按 1∶8 混合，试剂 3 放在 25℃预热。

③ 将分光光度计调到 340nm 处，设定时间为 5min，用双蒸水调零。

④ 样品测定：取 0.1mL 样品液与 0.9mL 混合液混合，在 25℃预热 5min，再加入 0.1mL 的试剂 3，迅速混匀，在 340nm 处测定 5min 内吸光度的变化，第 0 秒的吸光度记为 A_1，第 300 秒的吸光度记为 A_2。

⑤ 空白管测定：将操作④中以 0.1mL 试剂 1 代替 0.1mL 样品液。

⑥ GST 酶活计算。将 25℃下，每毫克蛋白每分钟催化 $1\mu mol/L$ CDNB 与 GSH 结合的 GST 酶量定义为 1U，按下列公式计算酶活：

$$GST（U/mg）=\frac{\Delta A_{340}/min V_{总}\times 10^6}{\varepsilon d V_{样}c_{pr}}=\frac{\Delta A_{340}/min\times 1145.83}{c_{pr}}$$

$\Delta A_{340}=\Delta A_{测定管}-\Delta A_{空白管}$，$\Delta A_{测定管}$ 与 $\Delta A_{空白管}$ 均等于 $(A_2-A_1)/5$，即每分钟吸光度的变化。

式中，ε 为产物在 340nm 处的摩尔吸光系数，$9.6\times 10^3 mol/(L\cdot cm)$；$10^6$ 为摩尔分子换算成微摩尔分子；d 为比色皿光径，1cm；$V_{总}$ 为反应总体积，1.1mL；$V_{样}$ 为加入样本体积，0.1mL；c_{pr} 为样本蛋白质浓度，mg/mL。

注意事项如下。

① 样品处理等过程均需要在冰上进行，且须在当日测定酶活力。

② 本法测定 GST 活性的线性范围可达 76U/L，测定前先用 1～2 个样做预实验，如 5min 内反应不成线性，须对样品做相应稀释，稀释时用样品提取液稀释，计算结果乘以稀释倍数。

(四) 乙酰胆碱酯酶的活力

乙酰胆碱酯酶（AchE）属于丝氨酸水解酶，广泛存在于各种动物组织和血清中。AchE 催化乙酰胆碱（Ach）水解，在神经传导调节中起重要作用。AchE 催化 Ach 水解生成胆碱，胆碱与二硫对硝基苯甲酸（DTNB）作用生成 5-巯基-硝基苯甲酸（TNB）；TNB 在 412nm 处有吸收峰，通过测定 412nm 处的吸光度增加速率，计算 AchE 活性。

采用乙酰胆碱酯酶（acetylcholinesterase，AchE）活性试剂盒测定，具体方法如下：

1. 粗酶液制备

将试虫处理后按照组织质量（g）：提取液体积（mL）为 1：（5～10）的比例（建议 0.1g 组织，加入 1mL 提取液）进行冰浴匀浆，8000g、4℃离心 10min，取上清液备用。

2. 乙酰胆碱酯酶活性测定

① 分光光度计预热 30min，调节波长到 412nm，蒸馏水调零。

② 加入试剂 2 置于 37℃水浴中预热 30min。

③ 空白管：取 1mL 玻璃比色皿，依次加入 $100\mu L$ 蒸馏水、$800\mu L$ 试剂 1、$50\mu L$ 试剂 2 和 $50\mu L$ 试剂 3，迅速混匀，在 412nm 处测定 3min 内吸光度的变化，第 10 秒的吸光度记为 A_1，第 190 秒的吸光度记为 A_2。$\Delta A_{空白管} = A_2 - A_1$。

④ 测定管：取 1mL 玻璃比色皿，依次加入 $100\mu L$ 上清液、$800\mu L$ 试剂 1、$50\mu L$ 试剂 2 和 $50\mu L$ 试剂 3，迅速混匀，在 412nm 处测定 3min 内吸光度的变化，第 10 秒的吸光度记为 A_3，第 190 秒的吸光度记为 A_4。$\Delta A_{测定管} = A_4 - A_3$。

3. AchE 活性计算

活性单位定义：将每克组织每分钟催化产生 1nmol TNB 的酶量定义为 1 个酶活单位。

$$AchE\ 酶活[nmol/(min \cdot g)] = \frac{(\Delta A_{测定管} - \Delta A_{空白}) \times V_{反总} V_{样总} \times 10^9}{\varepsilon d W V_{样} t}$$

$$= \frac{245 \times (\Delta A_{测定管} - \Delta A_{空白管})}{W}$$

式中，ε 为 TNB 摩尔消光系数，13.6×10^3 L/（mol·cm）；$V_{反总}$ 为反应体系总体积，1×10^{-4} L；$V_{样总}$ 为加入提取液体积，1mL；W 为样本质量，g；$V_{样}$ 为加入

上清液体积，0.1mL；t 为反应时间，3min；d 为比色皿光径，1cm。

（五）线粒体相关酶活力

1. 线粒体的提取

参照 Soares 等（2015）的方法略作修改，随机选取 20 只处理后的伊蚊 4 龄幼虫（其他试虫可适当减少或增加数量），加入 0.4mL 冰冻线粒体分离缓冲液 [250mmol/L 蔗糖，5mmol/L Tris-HCl，2mmol/L EGTA，1%（质量浓度）不含脂肪酸的牛血清白蛋白，pH 7.4]，用 1mL 玻璃匀浆器匀浆 10min。匀浆完成后再加入 1.1mL 的分离缓冲液，得到体积为 1.5mL 的匀浆液。幼虫的清洗、匀浆和离心过程均在 4℃下完成。匀浆液先 600g 离心 5min，收集上清液再 10000g 离心 10min。弃去上清液，以不含 BSA 的线粒体提取缓冲液冲洗沉淀后，4℃下 10000g 离心 10min。沉淀即为线粒体颗粒粗提物。

线粒体粗提物用约 400μL 线粒体保存缓冲液（120mmol/L KCl，5mmol/L KH$_2$PO$_4$，3mmol/L Hepes，1mmol/L EGTA，1.5mmol/L MgCl$_2$，0.2% 不含脂肪酸的牛血清白蛋白 BSA，pH 7.2）重新悬浮。取 10μL 线粒体溶液，以 BSA 为标准蛋白，用 BCA 试剂盒检测蛋白浓度后，用线粒体保存缓冲液调节蛋白浓度至 20mg/mL，置于冰上备用，或分装后以液氮速冻，－80℃保存。测定酶活性前，将线粒体溶液置于液氮/室温反复冻融 3 次。

2. 线粒体复合物酶

（1）所需溶液配制

① 磷酸钾缓冲液（0.5mol/L，pH 7.5）　在 0.5mol/L K$_2$HPO$_4$ 中滴加 0.5mol/L KH$_2$PO$_4$ 溶液，至溶液 pH 为 7.5。分装后 4℃保存，最多保存 2 个月。

② BSA（50mg/mL）　250mg BSA 溶于 5mL 纯水，分装后 4℃保存，最多保存 1 个月。

③ KCN（10mmol/L）　6.5mg KCN 溶于 10mL 纯水。通风橱中操作，现配现用。

④ NADH（10mmol/L）　7.5mg NADH 溶于 1mL 纯水。现配现用。

⑤ 鱼藤酮（1mmol/L）　3.94mg 鱼藤酮溶于 10mL 无水乙醇。分装后－20℃避光可保存数月。

⑥ 癸基泛醌（10mmol/L）　3.22mg 癸基泛醌溶于 1mL 无水乙醇。分装后－20℃可保存数月。

⑦ 琥珀酸（400mmol/L）　2.36g 琥珀酸溶于 20mL 纯水中，以 3mol/L KOH 调节 pH 至 7.4。加纯水补足 50mL。分装后－20℃保存，可保存数月。

⑧ DCPIP（0.15mg/mL）　7.5mg DCPIP 溶在 50mL 纯水中。现配现用，避光保存。

⑨ 氧化型 Cyt c（1mmol/L）　12.5mg 氧化型 Cyt c 溶于 1mL 纯水。现配现用。

⑩ EDTA（5mmol/L，pH 7.5） 46.5mg EDTA 溶于 20mL 纯水，用 NaOH 调节 pH 至 7.5。加纯水补足 25mL。室温下可保存数周。

⑪ 吐温 20（2.5%） 200μL 吐温 20 加入 7.8mL 纯水。现配现用，避光保存。

⑫ 抗霉素 A（1mg/mL） 25mg 抗霉素 A 溶于 2.5mL 无水乙醇，制备 10mg/mL 储存液 −20℃保存。用时吸取 10μL 储存液加入 90μL 无水乙醇中进行稀释。

⑬ 癸基泛醇（10mmol/L） 取 250μL 癸基泛醌（10mmol/L）加入离心管中，加入少量硼氢化钾晶体。再加入 5μL 盐酸（100mmol/L），用移液器轻轻吹吸混匀至溶液澄清透明后，10000g 离心 1min。转移澄清溶液至新离心管，避免转入任何硼氢化钾晶体。再加入 5μL 浓盐酸（1mol/L）调节 pH 为 2～3。癸基泛醇溶液置于冰上避光保存，颜色变回黄色则重制。用时现制。

⑭ 磷酸钾缓冲液（100mmol/L，pH 7.0） 在 100mmol/L K_2HPO_4 中滴加 100mmol/L KH_2PO_4 溶液，至溶液 pH 为 7.0。分装后 4℃保存，最多保存 1 个月。

⑮ 还原型 Cyt c（1mmol/L） 12.5mg 氧化型 Cyt c 加入 1mL 磷酸钾缓冲液（20mmol/L，pH 7.0）中溶解。临用前，用吸头挑取几粒连二亚硫酸钠加入氧化型 Cyt c 溶液，溶液颜色由棕色变为橙粉色。充分涡旋。（若溶液在 20μmol/L 终浓度下 $A_{550}/A_{565}>6$，则 Cyt c 被有效还原）用时现制。

⑯ HEPES-Tris buffer（20mmol/L，pH 7.2） 2.383g HEPES 溶于 450mL 纯水，以 1.7mol/L Tris 调节 pH 至 7.2，加纯水补足 500mL。4℃保存。

⑰ 线粒体提取缓冲液（250mmol/L 蔗糖，10mmol/L KCl，5mmol/L EDTA，20mmol/L HEPES-Tris，pH 7.2，1.5mg/mL BSA） 42.79g 蔗糖、372.8mg KCl、930.6mg EDTA 和 2.383g HEPES 溶于 450mL 纯水，以 1.7mol/L Tris 调节 pH 至 7.2，加纯水补足 500mL。4℃保存。临用时加入 1.5mg/mL BSA。

⑱ 线粒体保存缓冲液（2mmol/L HEPES，0.1mmol/L EGTA，250mmol/L 蔗糖，pH 7.4） 238.3mg HEPES、19.02mg EGTA 和 42.79g 蔗糖溶于 450mL 纯水，以 1.7mol/L Tris 调节 pH 至 7.4，加纯水补足 500mL。4℃保存。

⑲ 低渗缓冲液（25mmol/L 磷酸钾缓冲液，pH 7.2，5mmol/L $MgCl_2$） 在 25mmol/L K_2HPO_4 中滴加 25mmol/L KH_2PO_4 溶液，至溶液 pH 为 7.2。分装并加入 5mmol/L $MgCl_2$ 后 4℃保存，最多保存 2 个月。

⑳ 含 0.2% Triton X-100 的 Tris 缓冲液（200mmol/L，pH 8.0） 1.21g Tris 溶于 40mL 纯水，以浓盐酸（1mol/L）调节 pH 至 8.0。加入 0.1mL Triton X-100，并加纯水补足 50mL。4℃保存，最多保存 2 个月。

㉑ DTNB（1mmol/L） 7.9mg DTNB 溶于 20mL Tris 缓冲液（100mmol/L，pH 8.0）。现配现用。

㉒ 乙酰 CoA（10mmol/L） 100mg 乙酰 CoA 溶于 12.35mL 纯水。分装后 −80℃保存，可保存数月。

㉓ 草酰乙酸（10mmol/L）　6.6mg 草酰乙酸溶于 5mL 纯水。现配现用。

㉔ H-Mg 缓冲液（10mmol/L MgSO₄，100mmol/L Hepes-KOH，pH 8.0）
1.19g HEPES 溶于 20mL 纯水，以 8mol/L KOH 调节 pH 至 8.0。加入 60.2mg
MgSO₄，并加纯水补足 50mL。分装后－20℃保存。

㉕ 磷酸烯醇式丙酮酸（50mmol/L）　10.3mg 磷酸烯醇式丙酮酸（单钾盐）溶
于 1mL 纯水。现配现用。

㉖ 丙酮酸激酶（5mg/mL）　5mg 丙酮酸激酶溶于 1mL 纯水，分装后 4℃
保存。

㉗ 乳酸脱氢酶（5mg/mL）　5mg 乳酸脱氢酶溶于 1mL 纯水，分装后 4℃
保存。

㉘ 寡霉素（1mg/mL）　5mg 寡霉素溶于 5mL 无水乙醇，分装后－20℃保存。

㉙ ATP（25mmol/L）　13.78mg ATP 溶于 1mL 纯水，现配现用。

（2）ComplexⅠ（鱼藤酮敏感的 NADH-癸基泛醌氧化还原酶）测定　以癸基泛
醌为电子受体，NADH 为电子供体，通过测定 NADH 被氧化引起的其 340nm 处
吸光度的降低来进行。

取 700μL 纯水加入 1mL 比色杯中，加入 8μL 经预处理的线粒体溶液
（5mg/mL），37℃孵育 2min。分别加入 100μL 磷酸钾缓冲液（0.5mol/L，pH
7.5）、60μL 无脂肪酸 BSA（50mg/mL）、30μL KCN（10mmol/L）和 10μL
NADH（10mmol/L）。平行试验的另一比色杯除上述试剂外，加入 10μL 鱼藤酮
（1mmol/L），测定鱼藤酮不敏感的复合酶活性，扣除后定量鱼藤酮敏感的复合酶Ⅰ
活性。用纯水调节反应混合物体积至 994μL。将以 Parafilm 膜封口的比色杯翻转混
匀反应混合物后在 340nm 监测基线 2min。加入 6μL 癸基泛醌（10mmol/L）启动
反应，测定 2min 内 340nm 处吸光度的降低 [NADH 摩尔消光系数 ε＝6.2L/
(mmol·cm)]。计算公式如下：

$$
复合酶Ⅰ活性[nmol/(min \cdot mg)] = \frac{\left(\dfrac{\Delta A_{340}^{无鱼藤酮} - \Delta A_{340}^{有鱼藤酮}}{min} \right) \times 1000}{\varepsilon L V[prot]}
$$

式中，L 为光程，cm；V 为样品体积，mL；[prot] 为样品蛋白浓度，mg/mL。

（3）ComplexⅡ（琥珀酸癸基泛醌 DCPIP 还原酶、琥珀酸-泛醌氧化还原酶）
测定　以 DCPIP 为电子受体，琥珀酸为电子供体，通过测定 DCPIP 被还原引起的
其 600nm 处吸光度的降低来进行。

取 600μL 纯水加入 1mL 比色杯中，分别加入 50μL 磷酸钾缓冲液（0.5mol/L，
pH 7.5）、20μL 无脂肪酸 BSA（50mg/mL）、30μL KCN（10mmol/L）、50μL 琥珀
酸（400mmol/L）、8μL 线粒体蛋白（5mg/mL）和 145μL DCPIP（0.15mg/mL），
并用纯水调节反应混合物体积至 995μL。将以 Parafilm 膜封口的比色杯翻转混匀反
应混合物后在 37℃孵育 10min，最后 2min 在 600nm 监测基线。加入 5μL 癸基泛醌

（10mmol/L）启动反应，测定 3min 内 600nm 处吸光度的降低［DCPIP 消光系数 $\varepsilon=19.1\text{L}/(\text{mmol}\cdot\text{cm})$］。计算公式如下：

$$\text{复合酶Ⅱ活性}[\text{nmol}/(\text{min}\cdot\text{mg})]=\frac{\dfrac{\Delta A_{600}}{\text{min}}\times1000}{\varepsilon L V[\text{prot}]}$$

（4）ComplexⅢ（泛醇 Cyt c 还原酶、癸基泛醇 Cyt c 氧化还原酶）测定　以氧化型 Cyt c 为电子受体，癸基泛醇为电子供体，通过测定氧化型 Cyt c 被还原引起的 550nm 处吸光度的升高来进行。

取 730μL 纯水加入 1mL 比色杯中，分别加入 50μL 磷酸钾缓冲液（0.5mol/L，pH 7.5）、75μL 氧化型 Cyt c（1mmol/L）、50μL KCN（10mmol/L）、20μL EDTA（5mmol/L，pH 7.5）、10μL 吐温 20（2.5%）和 8μL 线粒体蛋白（5mg/mL）。平行试验的另一比色杯除上述试剂外，加入 10μL 抗霉素 A（1mg/mL），测定抗霉素 A 不敏感的复合酶Ⅲ活性，扣除后定量抗霉素 A 敏感的复合酶Ⅲ活性。用纯水调节反应混合物体积至 990μL。将以 Parafilm 膜封口的比色杯翻转混匀反应混合物后在 550nm 监测基线 2min。加入 10μL 癸基泛醇（10mmol/L）启动反应，迅速混匀反应混合物后立即测定 2min 内 550nm 处吸光度的升高［还原型 Cyt c 消光系数 $\varepsilon=18.5\text{L}/(\text{mmol}\cdot\text{cm})$］。计算公式如下：

$$\text{复合酶Ⅲ活性}[\text{nmol}/(\text{min}\cdot\text{mg})]=\frac{\left(\dfrac{\Delta A_{550}^{\text{无抗霉素A}}-\Delta A_{550}^{\text{有抗霉素A}}}{\text{min}}\right)\times1000}{\varepsilon L V[\text{prot}]}$$

（5）ComplexⅣ（Cyt c 氧化酶）测定　以还原型 Cyt c 为电子供体，通过测定还原型 Cyt c 被氧化引起的 550nm 处吸光度的降低来进行。

取 400μL 纯水加入 1mL 比色杯中，分别加入 250μL 磷酸钾缓冲液（100mmol/L，pH 7.0）和 50μL 还原型 Cyt c（1mmol/L）。将以 Parafilm 膜封口的比色杯翻转混匀反应混合物后在 550nm 监测基线 2min。用纯水调节反应混合物体积至 992μL。加入 8μL 线粒体蛋白（5mg/mL）启动反应，测定 3min 内 550nm 处吸光度的降低［还原型 Cyt c 消光系数 $\varepsilon=18.5\text{L}/(\text{mmol}\cdot\text{cm})$］。计算公式如下：

$$\text{复合酶Ⅳ活性}[\text{nmol}/(\text{min}\cdot\text{mg})]=\frac{\dfrac{\Delta A_{550}}{\text{min}}\times1000}{\varepsilon L V[\text{prot}]}$$

（6）ComplexⅤ（寡霉素敏感的 ATP 合酶、F1F0-ATP 合酶）测定　使用乳酸脱氢酶和丙酮酸激酶作为耦合酶，通过测定 NADH 被氧化引起的 340nm 处吸光度的升高来进行。

取 250μL 纯水加入 1mL 比色杯中，分别加入 500μL H-Mg 缓冲液、30μL NADH（10mmol/L）、50μL 磷酸烯醇式丙酮酸（50mmol/L）、10μL 丙酮酸激酶（5mg/mL）、10μL 乳酸脱氢酶（5mg/mL）、2μL 抗霉素 A（1mg/mL）和 8μL 线

粒体蛋白（5mg/mL）。平行试验的另一比色杯除上述试剂外，加入 $2\mu L$ 寡霉素（1mg/mL），测定寡霉素不敏感的复合酶活性，扣除后定量寡霉素敏感的复合酶Ⅴ活性。用纯水调节反应混合物体积至 $900\mu L$。将以 Parafilm 膜封口的比色杯翻转混匀反应混合物后在 37℃孵育 2min，并在 340nm 监测基线 2min。加入 $100\mu L$ ATP（25mmol/L）启动反应，测定 2min 内 340nm 处吸光度的升高［NADH 摩尔消光系数 $\varepsilon=6.2L/(mmol\cdot cm)$］。计算公式如下：

$$复合酶Ⅴ活性[nmol/(min\cdot mg)]=\dfrac{\left(\dfrac{\Delta A_{340}^{无寡霉素}-\Delta A_{340}^{有寡霉素}}{min}\right)\times 1000}{\varepsilon L V[prot]}$$

3. 线粒体三羧酸循环（TCA）相关酶活检测

（1）苹果酸脱氢酶测定　苹果酸脱氢酶（MDH）是 TCA 循环的关键酶之一，催化苹果酸形成草酰乙酸；相反，胞质中 MDH 催化草酰乙酸形成苹果酸。草酰乙酸是重要的中间产物，连接多条重要的代谢途径。因此，MDH 在细胞多种生理活动中扮演着重要的角色，包括线粒体的能量代谢、苹果酸-天冬氨酸穿梭系统、活性氧代谢和抗病性等。根据不同的辅酶特异性，MDH 分为 NAD-依赖的 MDH 和 NADP-依赖的 MDH，在真核细胞中，NAD-MDH 分布在细胞质和线粒体中。NAD-MDH 催化 NADH 还原草酰乙酸生成苹果酸，导致 340nm 处的吸光度下降。可采用公司的 NAD-苹果酸脱氢酶（NAD-MDH）试剂盒测定苹果酸脱氢酶的活性，具体方法如下：

① 按照组织质量（g）：试剂 1 体积（mL）为 1：（5～10）的比例（建议称取约 0.1g 组织，加入 1mL 试剂 1）进行冰浴匀浆。8000g 4℃离心 10min，取上清液，用 BCA 试剂盒标定粗提液蛋白浓度，然后置冰上备用。

② 分光光度计预热 30min 以上，调节波长至 340nm，蒸馏水调零。

③ 将试剂 2 在 25℃水浴 10min 以上。

④ 依次移取 $20\mu L$ 的样本、$760\mu L$ 的试剂 2、$10\mu L$ 的试剂 1 和 $10\mu L$ 的试剂 4 加入到 1mL 的石英比色皿中，混匀后立即在 340nm 波长下记录初始吸光度 A_1 和反应 1min 后的吸光度 A_2，计算 $\Delta A=A_1-A_2$（若 A_1-A_2 大于 0.5，需将样本用提取液稀释，使 A_1-A_2 小于 0.5，可提高检测灵敏度。计算公式中乘以相应的稀释倍数）。

⑤ NAD-MDH 活力单位的计算：将每毫克组织蛋白每分钟消耗 1nmol 的 NADH 定义为一个酶活力单位，按下列公式计算 NAD-MDH 活性：

$$NAD-MDH(U/mg 蛋白)=\dfrac{\Delta A V_{反总}\times 10^9}{\varepsilon d V_{样}\,c_{pr}t}=\dfrac{6430\times\Delta A}{c_{pr}}$$

注：NAD-MDH 活力也可以按照按样本鲜重计算：将每克组织每分钟消耗 1nmol 的 NADH 定义为一个酶活力单位，按照下式计算酶活：

$$\text{NAD-MDH(U/g 鲜重)} = \frac{\Delta A V_{反总} V_{样总} \times 10^9}{\varepsilon d W V_{样}\, t} = \frac{6430 \times \Delta A}{W}$$

式中，$V_{反总}$ 为反应体系总体积，8×10^{-4} L；ε 为 NADH 摩尔消光系数，6.22×10^3 L/(mol·cm)；d 为比色皿光径，1cm；$V_{样}$ 为加入样本体积，0.02mL；$V_{样总}$ 为加入提取液体积，1mL；t 为反应时间，1min；W 为样本质量，g；c_{pr} 为样本蛋白质浓度，mg/mL。

（2）柠檬酸合酶测定　柠檬酸合酶（CS）广泛存在于动物、植物、微生物和培养细胞的线粒体基质中，是三羧酸循环的第一个限速酶，是三羧酸循环的主要调控位点之一。CS 催化乙酰 CoA 和草酰乙酸产生柠檬酰辅酶 A，进一步水解产生柠檬酸；该反应促使无色的 DTNB 转变成黄色的 TNB，在 412nm 处有特征吸光度。该酶的活性可采用索莱宝的试剂盒测定，具体方法如下：

① 称取约 0.1g 组织或收集 500 万细胞，加入 1mL 试剂 1 和 10μL 试剂 3，用冰浴匀浆器或研钵匀浆，600g、4℃离心 5min。

② 弃沉淀，将上清液移至另一离心管中，11000g、4℃离心 10min。

③ 上清液即胞质提取物，可用于测定从线粒体泄漏的 CS；沉淀中加入 200μL 试剂 2 和 2μL 试剂 3，超声波破碎（冰浴，功率 20% 或 200W，超声 3s，间隔 10s，重复 30 次），用 BCA 试剂盒标定粗提液的蛋白浓度，然后用于线粒体 CS 测定。

④ 分光光度计预热 30min 以上，调节波长至 412nm，蒸馏水调零。

⑤ 将试剂 4、5、6 和 7 在 25℃孵育 5min。

⑥ 依次移取 780μL 的试剂 4、30μL 的试剂 5、30μL 的试剂 6、30μL 的样本和 30μL 的试剂 7 加入至 1mL 玻璃比色皿中，加试剂 7 的同时开始计时，在 412nm 波长下记录 20s 时的初始吸光度 A_1 和反应 2min 后的吸光度 A_2，计算 $\Delta A = A_2 - A_1$。

⑦ CS 活性计算：将每毫克组织蛋白每分钟催化产生 1nmol TNB 定义为一个酶活力单位，按下列公式计算 CS 活性：

$$\text{CS[nmol/(min·mg 蛋白)]} = \frac{\Delta A V_{反总} \times 10^9}{\varepsilon d V_{样}\, c_{pr} t} = \frac{1103 \times \Delta A}{c_{pr}}$$

注：柠檬酸合酶（CS）活力也可以按照按样本鲜重计算：将每克组织每分钟催化产生 1nmol TNB 定义为一个酶活力单位，然后按照下式计算柠檬酸合酶（CS）活力：

$$\text{CS[nmol/(min·g 鲜重)]} = \frac{\Delta A V_{反总} V_{样总} \times 10^9}{\varepsilon d W V_{样}\, t} = \frac{222.8 \times \Delta A}{W}$$

式中，$V_{反总}$ 为反应体系总体积，9×10^{-4}L；ε 为 TNB 摩尔消光系数，1.36×10^4 L/(mol·cm)；d 为比色皿光径，1cm；$V_{样}$ 为加入样本体积，0.03mL；$V_{样总}$ 为加入提取液体积，0.202mL；t 为反应时间，2min；c_{pr} 为样本蛋白质浓度，mg/mL；W 为样本质量，g。

（3）异柠檬酸脱氢酶测定　异柠檬酸脱氢酶（ICDHc）广泛存在于动物、植物、微生物和培养细胞中，催化异柠檬酸脱氢脱羧生成 α-酮戊二酸，同时还原 $NADP^+$ 生成 NADPH。ICDHc 是细胞质中除了磷酸戊糖途径外又一种 NADPH 的重要来源，在逆境中该酶的活性通常会发生显著变化。可通过 ICDHc 催化 $NADP^+$ 还原成 NADPH，在 340nm 下能够测定出 NADPH 浓度变化的原理来检测组织中 ICDHc 的活性。测试方法可参照公司胞质异柠檬酸脱氢酶（ICDHc）活性检测试剂盒测定方法进行。

① 称取约 0.1g 组织，加入 1mL 提取液进行冰浴匀浆。8000g、4℃ 离心 10min，取上清，置冰上待测。

② 分光光度计/酶标仪预热 30min 以上，蒸馏水调零。

③ 将试剂 1、试剂 2、试剂 3 按 85∶1∶1 的比例混合。

④ 在测定管中加入 190μL 的工作液和 10μL 的样本待测液，加样本的同时开始计时，在 340nm 波长下记录 20s 时的初始吸光度 A_1；迅速将比色皿连同反应液一起放入 37℃ 水浴中，准确反应 2min；迅速取出比色皿并擦干，记录 2min 20s 时的吸光度 A_2。计算 $\Delta A = A_2 - A_1$。

⑤ ICDHc 活力单位的计算：将每克组织在反应体系中每分钟生成 1nmol NADPH 定义为一个酶活力单位。按照下列公式计算 ICDHc 活力。

$$ICDHc(U/g\ 鲜重) = \frac{\Delta A V_{反总} V_{提取} \times 10^9}{\varepsilon d W V_{样}\ t} = \frac{1608 \times \Delta A}{W}$$

式中，$V_{反总}$ 为反应总体积，2×10^{-4} L；ε 为 NADPH 摩尔消光系数，6.22×10^3 L/(mol·cm)；d 为石英比色皿光径，1cm；$V_{样}$ 为加入样本体积，0.01mL；$V_{提取}$ 为加入提取液体积，1mL；W 为样本鲜重，g；t 为反应时间，2min。

注意事项如下。

① 若 $A_2 - A_1$ 大于 0.5，需将酶液用提取液稀释，使 $A_2 - A_1$ 小于 0.5，可提高检测灵敏度。若初始值 A_1 大于 0.5，可尝试将酶液用提取液稀释。

② 实验时，试剂 2、试剂 3 和样本在冰上放置，以免变性和失活，工作液 37℃ 水浴放置。

③ 比色皿中反应液的温度必须保持在 37℃。

（4）α-酮戊二酸脱氢酶测定　α-酮戊二酸脱氢酶（α-KGDH）广泛存在于动物、植物、微生物和培养细胞的线粒体中，是三羧酸循环调控的关键酶之一，α-KGDH 可催化 α-酮戊二酸、NAD^+ 和辅酶 A 生成琥珀酰辅酶 A、二氧化碳和 NADH，而 NADH 在 340nm 有特征吸收峰，以 NADH 的生成速率表示 α-KGDH 活性。具体方法可参照公司胞质异柠檬酸脱氢酶（ICDHc）活性检测试剂盒测定方法。

① 称取 0.1g 组织，加入 1mL 试剂 1 和 10μL 试剂 3，用冰浴匀浆器或研钵匀

浆，600g、4℃离心 5min。

② 弃沉淀，将上清液移至另一离心管中，11000g、4℃离心 10min。

③ 上清液即胞质提取物，可用于测定从线粒体泄漏的 α-KGDH，在沉淀中加入 200μL 试剂 2 和 2μL 试剂 3，超声波破碎（冰浴，功率 20％或 200W，超声 3s，间隔 10s，重复 30 次），用于线粒体 α-KGDH 活性测定。

④ 分光光度计或酶标仪预热 30min 以上，调节波长至 340nm 处，蒸馏水调零。

⑤ 在试剂 5 中加入 18mL 试剂 4 充分溶解，置于 25℃（其他物种）水浴 10min，现配现用。

⑥ 在试剂 6 中加入 1mL 蒸馏水，充分溶解待用，现配现用。

⑦ 在微量石英比色皿中加入 10μL 样本、10μL 试剂 6 和 180μL 试剂 5，混匀，立即记录 340nm 处 20s 时的吸光度 A_1 和 2min 20s 后的吸光度 A_2，计算 $\Delta A = A_2 - A_1$。

⑧ α-KGDH 活性计算。将每克组织在反应体系中每分钟生成 1nmol 的 NADH 定义为一个酶活力单位，按下列公式计算 α-KGDH 活性：

$$\alpha\text{-KGDH(U/g 鲜重)} = \frac{\Delta A V_{反总} V_{样总} \times 10^9}{\varepsilon d W V_{样} t} = \frac{650 \times \Delta A}{W}$$

式中，$V_{反总}$ 为反应体系总体积，2×10^{-4}L；ε 为 NADH 摩尔消光系数，6.22×10^3 L/(mol·cm)；d 为比色皿光径，0.5cm；$V_{样}$ 为加入样本体积，0.01mL；$V_{样总}$ 为加入提取液体积，0.202mL；t 为反应时间，2min；W 为样本质量，g。

⊙ 第二节　内生菌抑菌活性评价方法

目前杀菌剂活性筛选应用最普遍的是离体（*in vitro*）和活体（*in vivo*）两大生物测定方法。

一、 内生菌离体活性评价方法

内生菌离体活性评价方法是利用内生菌活体菌株或内生菌发酵液和病原菌直接接触，来评价内生菌活性的方法。即病原菌脱离寄主（感病植物等）在人工培养基或无培养基的条件下，直接和药剂接触，观察药剂生物活性大小和类型。离体条件下反映的仅是供试药剂和病原菌的关系。所以观察的指标，如菌丝生长速率、抑菌圈大小和孢子萌发率等，是供试药剂对病原菌直接毒力的表现。

(一) 对峙培养法

该法适合内生真菌及放线菌的活性评价。

① 内生菌、供试靶标菌的活化　在无菌操作条件下，将获得的内生真菌和靶标真菌分别接种在 PDA 平板中央，于（25±1）℃恒温培养。

② 制作菌饼　待菌落长至 2/3 培养皿时，用直径为 5mm 的打孔器打取菌饼。

③ 对峙培养　将供试靶标菌菌饼接到 PDA 平板中央。用同样的方法打取内生菌菌饼，放在距靶标菌菌饼约 2cm 处，以只接靶标菌为对照，于（25±1）℃恒温培养。

改进的对峙培养（孙建波，2010）：将供试靶标菌菌饼接到 PDA 平板中央。在离靶标菌菌饼约 2cm 处，每皿接种 4 个内生菌菌饼，以只接靶标菌菌饼为对照，放于（25±1）℃恒温培养。

④ 结果检查　待对照菌落长至 2/3 培养皿时（约 3～5d），用十字交叉法测量菌落直径（mm），每个处理重复 3 次。计算菌落生长抑制率，计算公式如下（夏龙荪，2013）：

$$抑制率(\%) = \frac{对照菌落直径 - 处理菌落直径}{对照菌落直径 - 5} \times 100$$

(二) 对峙划线法

该法适合内生细菌及放线菌的活性评价。

① 供试靶标菌的活化　无菌操作条件下，将靶标真菌接种在 PDA 培养基中央，在（25±1）℃恒温培养。

② 制作菌饼　待菌落长至 2/3 培养皿时，用直径为 5mm 的打孔器打取菌饼。

③ 划线培养（单月明，2014）　将供试靶标菌饼接到 PDA 平板中央，用接种环蘸取培养 24h 的内生菌，距菌饼左右约 2cm 处，在平板表面各划 1 条细线，以只接靶标菌饼为对照，在（25±1）℃培养。

④ 结果检查　待对照菌落长至 2/3 培养皿时（约 3～5d），测量菌落直径（mm），每个处理重复 3 次。计算菌落生长抑制率，计算公式如下：

$$抑制率(\%) = \frac{对照菌落直径 - 处理菌落直径}{对照菌落直径 - 5} \times 100$$

(三) 管碟法 (牛津杯法)

该法适合内生真菌、内生细菌和内生放线菌发酵液的活性评价。

① 取活化好的供试菌种，配制成浓度为 10^7 CFU/mL 的菌悬液。

② 将直径为 9cm 的培养皿水平放置，加入 50～60℃刚熔化的 PDA 培养基或 NA 培养基，混匀，加入菌悬液制成带菌平板，注意要使琼脂培养基均匀地附着在培养皿底层。

③ 将灭菌的牛津杯置于培养基上，注意牛津杯不可穿透培养基。也可用不锈

钢圆筒（外径 8mm，内径 6mm，高 10mm）替代牛津杯（何晓锋等，2014）。每个牛津杯中加入供试内生菌悬浮液 200μL。

④ 平板先放在 4℃冰箱中，3h 后，待内生菌悬浮液充分扩散到琼脂层中，然后再将平板放置在（25±1）℃恒温箱中培养，48～72h 后观察抑菌圈的大小。一般十字交叉测定两个直径，取其平均值。每个处理重复 3 次。

（四）孢子萌发法

该法适合内生菌发酵液的活性评价。

① 载玻片的处理　载玻片在使用前用洗液浸泡 10min，取出用自来水冲洗 5 次。再用蒸馏水冲洗 3 次，然后放在防尘条件下干燥。实验时，用记号笔在载玻片背面画直径为 1.5cm 的圆圈 3 个，把煮熔的 0.5%（0.1g 琼脂＋ 20mL 无菌水）琼脂培养基滴在圆圈内，3 滴/圈，凝固备用。

② 孢子悬浮液的配制　在无菌操作下，向供试靶标菌种中加入 4mL 无菌水摇匀（必要时可用接种针轻拨菌种表面），使其充分分散，配成孢子悬浮液。取 1mL 于刻度试管中，再取 1 滴于载玻片上，在低倍显微镜下检查浓度，通过稀释悬浮液调至 35～40 个孢子/视野。（取 5～7 个视野的平均值）。若要提高孢子萌发率，可加寄主组织 2 滴/mL。

③ 发酵液的配制　内生菌培养一段时间后，在 180r/min 的摇床中振荡培养，将发酵液于 4000r/min 离心 3min，上清液经 0.22μm 孔径的滤膜过滤，得到发酵液滤液。

④ 萌发实验　取 0.1mL 发酵液滴在琼脂培养基上，1 滴/圈、3 圈/浓度，对照（CK）滴加无菌水，待药液干后，取 0.1mL 孢子悬浮液滴在药膜上，1 滴/圈，待干。处理后平放在带有润湿滤纸的培养皿中，保湿培养 8～12h（杨小军等，2007）。

⑤ 结果检查　孢子萌发标准为芽管长至超过孢子短径的一半。检查时，先滴乳酸石炭酸棉蓝染色液固定（石炭酸 20g，乳酸 20mL，甘油 40mL，棉蓝 0.05g，蒸馏水 20mL。将棉蓝溶于蒸馏水中，再加入其他成分，微加热使其溶解，冷却备用），1 滴/圈，每圈检查孢子总数 100 个为宜（3 个视野），3 个重复合计检查 300 个孢子。计算公式如下：

$$孢子萌发率（\%）=\frac{萌发的孢子数}{检查的孢子数}\times100$$

凹玻片是专为孢子萌发实验设计的一种载玻片。孢子萌发法改进为：将内生菌发酵液与同体积的靶标菌孢子悬浮液混合，各取 1 滴在凹玻片上，在（25±1）℃恒温箱中保湿培养，8～10h 后镜检孢子萌发数。其他步骤同上。

（五）生长速率法

该法适合内生菌发酵液的活性评价。

① 加热熔化 PDA 培养基（19mL/瓶），待冷至 50～55℃时加入 1mL 内生菌发酵液滤液，充分摇匀后迅速分装到直径 6.0cm 的 3 个培养皿中，待凝固，对照培养基加 1mL 无菌水。

② 以无菌操作方式，在供试靶标菌菌落边缘打取菌饼（菌饼直径 5mm），然后移植靶标菌菌饼在凝固的培养基中央（含菌丝的一面朝下）（骆焱平等，2004）。处理后置于生化培养箱（25±1）℃恒温培养。

③ 待对照菌落长至 2/3 培养皿时（约 3～5d），十字交叉法量菌落直径（mm），每个处理重复 3 次。根据下列公式计算抑制率。

$$抑制率(\%) = \frac{对照菌落直径 - 处理菌落直径}{对照菌落直径 - 5} \times 100$$

（六）纸片扩散法

该法适合内生菌发酵液的活性评价。

1. 靶标菌为细菌的评价方法

① 细菌悬浮液的配制　在酒精灯附近进行无菌操作，在每支含菌种的试管中加入 4mL 无菌水，用灭菌的接种针把斜面上的细菌轻轻刮出（不要划破培养基），摇匀备用。

② 培养基平板制作　加热熔化已灭菌的培养基（60mL/瓶），待冷却至 45℃左右，无菌操作加入 4mL 供试靶标菌菌悬液，摇匀后迅速分装到三个培养皿中（每皿约 20mL），轻轻转动培养皿，使培养基凝固成平面（潘楚芝等，2013）。

用消毒的小镊子将已灭菌的滤纸片（Φ=5mm）放入内生菌发酵液滤液中，使其充分吸收，取出滤纸片（在烧杯壁上停留片刻，让多余的药液流去），并用相应的空白发酵培养液作对照。将滤纸片按照图 7-2 的顺序放入带菌培养皿中，放在（28±1）℃生化培养箱中恒温培养 24h。

用三角板十字交叉法测量抑菌圈直径大小，以毫米（mm）为单位。每个处理重复 3 次。

2. 靶标菌为真菌的评价方法

① 滤纸片（Φ=5mm）放入内生菌发酵液滤液中，使其充分吸收，取出滤纸片（在烧杯壁上停留片刻，让多余的药液流去），制成含有内生菌发酵液的药片；也可用微量注射器滴加在滤纸片上，制成含有一定剂量的药片。并用相应的空白培养液作对照（徐修礼等，2006）。

② 将药片置于 PDA 平板一侧，然后在冰箱内存放 30min，使药剂充分扩散备用。

③ 将供试靶标菌提前培养，用打孔器制成直径为 5mm 的菌块，并置于 PDA 平板的另一侧（图 7-3）。在（25±1）℃培养 48～72h。测量抑菌圈直径大小，以毫米（mm）为单位。每个处理重复 3 次。

（七）最小抑菌浓度（MIC）

利用 96 孔板法（Said 等，2016）测定 MIC。将培养的靶标菌采用血细胞计数板稀释到 10^6 CFU/mL 浓度，96 孔板 1～11 号孔中分别加入 190～200μL 的液体培养基，顺次加入 10～0μL 内生菌提取液样品，12 号孔加入 190μL 牛肉膏蛋白胨液体培养基和 10μL DMSO，37℃培养 24h，用酶标仪观察无明显浊度变化的最低浓度为 MIC（Cherrat 等，2014）。

如果靶标菌是真菌，使用 PDB 液体培养基进行实验；如果靶标菌为细菌，使用牛肉膏蛋白胨液体培养基进行实验。

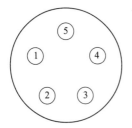

图 7-2　滤纸片的放置示意图

图 7-3　对峙培养法示意图

（八）薄层色谱-生物自显影法（bioautography-TLC）

检测到内生菌有抗菌活性后，一般要对其提取物的活性物质进行追踪分离。追踪分离可以利用薄层色谱法和生物自显影相结合的方法（Homans 和 Fuchs，1970）。将粗提物在薄层板上展开，然后将待测微生物（细菌或真菌孢子）接种在薄层板上，保湿培养，观察抑（抗）菌区，从而指导化合物的追踪分离。具体过程如下：

① 薄层板的制备　将内生菌发酵液粗提物溶于甲醇或乙醇中，配制成浓度为 20mg/mL 的样品液。用毛细管（直径为 0.5mm）分别取 4μL 和 8μL 样品液，在距离薄层板底端 0.5cm 处点样。如果代谢产物为纯的化合物，选择易挥发、可溶解的溶剂将其配制成 2mmol/L 的溶液，用毛细管取 4μL 和 8μL 样品液点样。选择合适的展开剂展开（图 7-4）。

② 孢子悬浮液的配制　用无菌水将待测的靶标真菌孢子悬浮液稀释至每毫升 1.0×10^6 个孢子。取 3mL 孢子悬浮液，加入 7mL PDB 液体培养基中混匀，使用喷壶进行喷板。为了避免其他细菌的污染，常常在孢子悬浮液中添加抗生素（如氯霉素、链霉素等）。

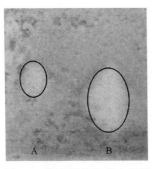

图 7-4　薄层色谱-生物自显影
检测抗菌活性物质

处理后的薄层板放在保鲜盒中保湿，随后放入生化培养箱中，25℃、12h 光照培养，培养时间根据菌种有差别，一般 2～3d。

二、 内生菌组织活性评价方法

植物组织筛选法是利用植物部分组织或器官作为实验材料，评价内生菌活性的方法。它是介于活体与离体之间的筛选方法，具有离体的快速、简便的优点，同时与活体植株的效果相关性很高。例如，适于水稻纹枯病的"蚕豆叶片法"；针对黄瓜灰霉病的"子叶筛选法"；针对细菌性软腐病的"块根筛选法"等。

（一）蚕豆叶片法

① 蚕豆种植及病菌培养（张素华等，1999）：将蚕豆播种在营养钵内，定期添加 Hoagland 培养液（硝酸钙 945mg/L，KNO$_3$ 607mg/L，磷酸铵 115mg/L，硫酸镁 493mg/L，铁盐溶液 2.5mL/L，微量元素 5mL/L，pH＝6.0），待蚕豆两片真叶完全长出备用。供试菌种水稻纹枯病菌在 PDA 培养基中活化后，用直径 5mm 的打孔器取菌饼，移入 PDA 平板中央，(25±1)℃生化培养箱中培养 72h 后备用。

② 内生菌发酵液制备同上。

③ 选择叶龄一致、叶表面光滑的蚕豆叶片，在蒸馏水中洗净晾干后，置入上述内生菌发酵液中浸泡 5min，取出叶片阴干。

④ 用打孔器从水稻纹枯病菌菌丝外缘打取直径 5mm 的菌饼，接种在蚕豆真叶叶片中心部，(25±1)℃培养 72h，待空白对照充分发病后测量病斑长、宽平均值，也可以根据病斑面积分级标准来判断内生菌的活性。

病斑分级参照水稻稻瘟病盆栽法分级标准（农业行业标准 NY/T 1156.8—2007）：

0 级：整个叶片无病；

1 级：刺伤点发病，但未连成片；

3 级：出现纺锤形病斑，病斑面积占整叶面积的 5% 以下；

5 级：典型病斑，病斑面积占整叶面积的 6%～25%；

7 级：典型病斑，病斑面积占整叶面积的 26%～50%；

9 级：典型病斑，病斑面积占整叶面积的 50% 以上。

（二）黄瓜子叶筛选法

① 供试植物　将市售的黄瓜种子播种在营养钵内，定期添加 Hoagland 培养液，待黄瓜子叶充分展开备用。

② 病菌孢子悬浮液的制备　用打孔器将黄瓜灰霉病菌打成 5mm 的菌饼，接种在 PDA 平板中央，23℃培养 4d，黑光灯下照射 48h 即可形成大量孢子（陈定花等，2000）。用 2% 葡萄糖溶液洗下孢子，玻璃纤维滤去菌丝得到孢子悬浮液，将

孢子悬浮液调至 $1×10^5$ CFU/mL。

③ 内生菌发酵液制备　方法同上。

④ 治疗作用的测定　将黄瓜子叶在内生菌发酵液中浸泡 2min，阴干后接种黄瓜灰霉病菌，用直径 8mm 的滤纸片蘸取孢子悬浮液置于黄瓜子叶中部，每个培养皿放置 3 个处理好的黄瓜子叶，将培养皿放在生化培养箱中，在（23±1）℃下保湿培养 48～72h。待对照充分发病后测量病斑大小，与空白对照比较计算防治效果。

（三）香蕉果实筛选法

1. 接种发病法

① 香蕉的准备　从田间采摘健康新鲜的、形状和大小均一的、刚刚成熟的香蕉果实（带蒂），用清水洗净，自然晾干，备用，如果香蕉太硬，可使用乙烯利催熟。

② 供试菌饼的制备　在 PDA 上培养香蕉炭疽病菌，然后用打孔器（直径 5mm）打取菌饼，菌饼要完整无缺，且不拖尾。

③ 内生菌发酵液制备　方法同上。

④ 保护作用的测定　用束针刺伤香蕉果实的表皮，每个香蕉刺 3 个点（深浅一致，等距离），注意不要刺伤香蕉的肉质部分，然后用镊子夹棉花球沾取发酵液均匀涂抹在香蕉上，对照涂清水，自然晾干后，在刺伤部位接菌饼，（菌丝面朝下，用棉花保湿），每处理 3 个香蕉，处理后的香蕉四周放置棉花条保湿，再放入保湿箱中保湿培养 3～7d 检查结果。

⑤ 治疗作用的测定　用束针刺伤香蕉的表皮，每个香蕉刺 3 个点，然后在刺伤部位接供试菌饼（菌丝面朝下），四周放湿棉花条并放入保湿箱中保湿培养 24h，取出晾干，用镊子夹棉花球沾取发酵液均匀地涂在香蕉上，对照涂清水，待药液干后，再放在保湿箱中保湿培养 3～7d，待对照全部发病即可检查结果。

⑥ 结果检查　观察各刺伤点的发病情况，求发病率或测量病斑直径大小（十字交叉测量平均值），再按分级标准计算发病严重程度，根据发病率或病情指数求防治效果。

$$发病率（\%）=\frac{发病点数}{接种点}×100$$

$$病情指数=\frac{\sum（病级斑点数×该病级值）}{接种点数×最高级值}×100$$

$$防治效果（\%）=\frac{对照组病情指数-处理组病情指数}{对照组病情指数}×100$$

病斑分级标准：

0 级：病斑直径为 0；

1 级：刺伤点发病，但未连成片；

2 级：病斑连成片，病斑直径在 5mm 以下；

3 级：病斑直径在 5～7mm；

4 级：病斑直径在 7～10mm；

5 级：病斑直径在 10～15mm；

6 级：病斑直径在 15mm 以上。

观察每个处理的药害情况，药害程度可用下列符号表示：

无药害（－）　　药害轻（＋）　　药害中等（＋＋）　　药害严重（＋＋＋）

根据病情和药害情况，最后综合分析各种药剂的保护和治疗作用的效果。

2. 自然发病法

① 香蕉的准备　田间采摘新鲜健康的八成熟香蕉果实，落梳后去花器及伤病蕉果，每梳保留 5～6 个蕉果，清水洗净后自然晾干，备用。

② 内生菌发酵液的制备　将供试内生菌接入 LB 培养液，在 28℃、180r/min 下振荡培养 18h，取出后 5000r/min 离心 10min，取上清液过滤，收集滤液备用（张斯颖，2018）。

③ 病菌孢子悬浮液的制备　将供试病原菌接入 PSA 试管斜面，28℃恒温培养 10d，即可形成大量孢子。加 5mL 无菌水，轻轻振荡将孢子洗下，制得病原菌的孢子液，加无菌水调整孢子浓度为 10^6 孢子/mL，4℃保存备用。

④ 浸果　将晾干的香蕉果实浸泡在内生菌发酵液滤液中 2min，室内晾干，并接种供试病原菌，作为内生菌处理；以 $250\mu g/mL$ 咪鲜胺水溶液处理为药剂对照，以无菌水处理为空白对照。不同处理蕉果均用厚度 0.04mm 的聚乙烯袋分别密封包装后放入纸箱，放置于 25℃、相对湿度为 78% 的储藏室。

⑤ 结果检查　蕉果成熟时进行各处理的病情调查，香蕉炭疽病的病情分级标准如下（杜婵娟，2016）：

0 级：无病；

1 级：病斑占果皮面积的 10% 以下；

3 级：病斑占果皮面积的 11%～25%；

5 级：病斑占果皮面积的 26%～50%；

7 级：病斑占果皮面积的 51%～75%；

9 级：病斑占果皮面积的 76% 以上。

$$病情指数 = \frac{\sum(各级病果数 \times 相对级值)}{调查总果数 \times 9} \times 100$$

$$防治效果(\%) = \frac{对照组病情指数 - 处理组病情指数}{对照组病情指数} \times 100$$

（四）萝卜块根筛选法

① 萝卜块制备：将新鲜萝卜（绿萝卜和白萝卜均可）制成直径为 1.5cm、高 1cm 的圆柱体备用。

② 将白菜软腐病菌在牛肉膏蛋白胨培养基上于(26 ± 1)℃培养 24～72h 后，取出菌苔用蒸馏水制成菌悬液，其浓度在 721 分光光度计 660nm 下测定，透光度以 40% 为宜，作为供试菌液。

③ 将萝卜圆柱体分别浸泡在已配制好的内生菌发酵液中，20min 后取出。

④ 将滤纸片制成直径 7mm 的圆片，在白菜软腐病菌悬浮液中浸泡 10min，取出滤纸片晾干置于浸过药液的萝卜块表面中央，(28 ± 1)℃保湿培养 24～48h，可清楚地观察到萝卜块从接种点开始出现不同程度的腐烂，待空白对照的腐烂体积达 90% 左右时，流水冲去腐烂组织，对萝卜块的腐烂程度进行分级，并计算防治效果。

分级标准如下：

0 级：无腐烂；

1 级：腐烂体积占 1/4 以下；

2 级：腐烂体积占 1/4 以上；

3 级：腐烂体积占 1/2 以上；

4 级：腐烂体积占 3/4 以上；

5 级：全部腐烂。

$$防治效果(\%)=\left(1-\frac{药液处理平均等级数}{空白对照平均等级数}\right)\times 100$$

三、 内生菌盆栽活性评价方法

（一）伤根接种法

该方法适用于根部病害。制备内生菌菌悬液和病原真菌孢子悬浮液，取同一基因型的组培苗种在盆中，待其长到一定高度时，用伤根法接种。以只接病原菌为对照。每一处理 10 株。接种后挂好标签，置于温室保湿培养，2 个月后统计盆栽植株的发病情况。不同作物的病情分级不同。如香蕉枯萎病的接种方法如下：

（1）盆栽准备　在非香蕉种植地采集土壤，过 20 目筛，160℃灭菌 2h，备用。取同一基因型的四叶期香蕉幼苗，用清水将其根部冲洗干净，定植于已灭菌的土壤中，在 28℃、2000lx 光照条件下，进行 12h 光照与 12h 黑暗的交替培养。

（2）病原菌孢子悬浮液的制备　将分离纯化后的香蕉枯萎病菌株接种到 PDA 液体培养基中，用摇床振荡培养 3～4d 后，使培养液中形成大量小型的分生孢子（何欣，2010）。

（3）内生菌菌悬液的制备　制备方法同上，菌悬液调至 1×10^{9} CFU/mL。

（4）接种　幼苗生长 10d 后，以灌根法接入 50mL 浓度为 10^{9} CFU/mL 的内生菌培养液，以伤根法接入 20mL 浓度为 10^{7} CFU/mL 的香蕉枯萎病菌孢子悬浮液。设以下接种处理：Ⅰ为同时接种病原菌和内生菌；Ⅱ为先接种病原菌，后接种内生菌；Ⅲ为先接种内生菌，后接种病原菌；以只接种病原菌为对照，每一处理 10 株。接种后在 28℃、2000lx 光照条件下，进行 12h 光照与 12h 黑暗的交替培养。常规水肥管理，观察并记录发病情况。

（5）检查结果　接种 14d 后第 1 次调查各处理的病情指数和防治效果，之后每 8d 调查 1 次，共调查 3 次。香蕉枯萎病的分级标准（谢颖等，2011）如下：

0 级　健株；

1 级　植株下部叶片出现枯萎；

2 级　20％以下的叶片枯萎；

3 级　有 20％～40％叶片枯萎；

4 级　有 40％～60％叶片枯萎；

5 级　有 60％～80％叶片枯萎；

6 级　整个植株枯萎，死亡。

$$病情指数 = \frac{\sum(各级病株数 \times 相对级值)}{调查总株数 \times 6} \times 100$$

$$防治效果(\%) = \frac{对照组病情指数 - 处理组病情指数}{对照组病情指数} \times 100$$

（二）发病组织接种法

（1）水稻种植　选择同一基因型的水稻种子，育无病水稻苗，待水稻生长至 20d 时，移栽到灭菌的花盆中，每盆 3 丛，每丛 10 株。

（2）内生菌发酵液的制备　接入供试内生菌，在 28℃、180r/min 振荡培养 3d，备用。

（3）接种发病组织　在水稻分蘖盛期，将培养好的水稻纹枯病菌秸秆取几根夹在每丛健康水稻植株间，并保持每盆秸秆的根数相同（王兰英等，2012）。

（4）喷施内生菌发酵液　发病组织接种的第 2 天，喷施浓度为 10^8CFU/mL 的内生菌发酵液，每丛 20mL 发酵液，设无菌水为空白对照，20％井冈霉素 WP 为药剂对照，每一处理 6 盆。

（5）检查结果　发酵液喷施 10d 后，按下列分级标准统计病情指数及防治效果。水稻纹枯病分级标准如下：

0 级　全株无病；

1 级　第四叶及其以下各叶鞘、叶片发病（以顶叶为第一片叶）；

3 级　第三叶片及其以下各叶鞘、叶片发病；

5 级　第二叶片及其以下各叶鞘、叶片发病；

7 级　剑叶叶片及其以下各叶鞘、叶片发病；

9 级　全株发病，提早枯死。

$$病情指数 = \frac{\sum(各级病株数 \times 相对级值)}{调查总株数 \times 9} \times 100$$

$$防治效果(\%)=\frac{对照组病情指数-处理组病情指数}{对照组病情指数}\times100$$

● 第三节 内生菌抗氧化活性评价方法

一、 TLC 法检测自由基清除活性

① 薄层板的制备方法同第二节。

② 将点好样的 TLC 板用展开剂展开，干燥后喷洒 0.2% DPPH（1,1-二苯基-2-三硝基苯肼）自由基的甲醇溶液，30min 后，在可见光下观察薄层板。有活性（能够清除自由基活性）的化合物在紫色背景下显黄白色斑点（Cuendet 等，1997）。或者将点好样的薄层板展开，干燥后喷 0.05% β-胡萝卜素的氯仿溶液，然后将薄层板置于 254nm 的紫外线灯下，直到薄层板的背景变白。抗氧化活性化合物在白色背景下显浅黄色斑点（Cavin 等，1998）。

二、 高价铁离子还原作用

① 配制 FRAP 溶液（Du 和 Xu，2014）。2.50mL 300mmol/L 醋酸盐缓冲溶液、2.50mL 0.01mol/L 三吡啶三嗪（TPTA）、2.50mL 0.02mol/L 六水合三氯化铁。

② 绘制七水合硫酸亚铁标准曲线。设置七水合硫酸亚铁的浓度梯度，吸取 100μL 不同浓度的七水合硫酸亚铁溶液于试管中，往其中加入 3.0mL FRAP 试剂，置于 37℃恒温反应 5min，在 593nm 测量吸光度，根据吸光度和浓度值绘制标准曲线。

③ 吸取 100μL 内生菌粗提物样品液于试管中，往其中加入 3.00mL FRAP 试剂（充分摇匀）。置于 37℃恒温反应 5min，在 593nm 测样品吸光度。上述试验重复 3 次，求吸光度平均值。根据标准曲线，利用样品的吸光度计算其浓度（mmol/L Fe^{2+}/g DW）。

三、 DPPH 自由基清除作用

① 内生菌粗提物样品的制备同上。

② 取 3.5mL DPPH·溶液（2×10^4 mol/L）于试管中，向装有 DPPH 自由基（DPPH·）溶液的试管中加入 0.5mL 的样品液，充分摇匀。在室温下孵育 30min，转移到比色皿中，在 517nm 下测吸光度。每个浓度 3 次重复，求吸光度 A_i。用

0.5mL 95％乙醇代替 DPPH·溶液测吸光度 A_j，双蒸水代替样品测吸光度 A_c。芦丁作为阳性对照。每组 3 个重复，平均计算每个样品及每个对照品对 DPPH 自由基的清除率（侯文成等，2016）。

$$\text{DPPH 自由基清除率}(\%) = \left(1 - \frac{A_i - A_j}{A_c}\right) \times 100$$

四、 ABTS 自由基清除作用

① 配制 ABTS 自由基溶液：取 10mL 7mmol/L ABTS 溶液加入 10mL 2.45mmol/L 过硫酸钾溶液，混合后在黑暗条件下放置 16h，用 95％乙醇将其稀释，直到其在 734nm 下的吸光度为 0.7±0.02 为宜，黑暗密封备用。

② 取 0.1mL 待测内生菌样品液加入 3.9mL ABTS 自由基溶液，反应 6min 后，在 734nm 测吸光度为 A_s（李花等，2017），用 0.1mL 95％乙醇代替样品液测量吸光度为 A_b，ABTS 自由基清除率计算公式如下：

$$\text{ABTS 自由基清除率}(\%) = \frac{A_b - A_s}{A_b} \times 100$$

五、 超氧阴离子清除作用

① 用磷酸盐缓冲液（100mmol/L，pH7.4）分别配制以下溶液：NBT（156μmol/L），PMS（60μmol/L），NADH（468μmol/L）。

② 内生菌粗提物样品的制备同上。

③ 取一支带塞试管，分别加入 1mL NADH 溶液、1mL NBT 溶液和 0.1mL 样品溶液，混匀后再加入 0.1mL PMS 引发反应，25℃反应 5min，在 560nm 波长处测定吸光度（Zhu 等，2015）。其中空白液以等体积的磷酸盐缓冲液代替 PMS，其他操作与样品相同；阴性对照则以等体积的磷酸盐缓冲液代替样品溶液；抗氧化剂 Trolox 作为阳性对照。超氧阴离子（O^{2-}·）清除率计算公式如下：

$$\text{超氧阴离子清除率}(\%) = \frac{A_o - A_s}{A_o} \times 100$$

式中，A_s 为加入样品的吸光度；A_o 为阴性对照的吸光度（付伟，2011）。

六、 羟基自由基清除作用

① 内生菌粗提物样品的制备同上。

② 取 0.15mL 的 FeSO$_4$-EDTA 混合液（10mmol/L）于试管中，加入 0.15mL 的 2-脱氧核糖溶液（10mmol/L）、0.1mL 的样品溶液、0.15mL 的过氧化氢（10mmol/L CAT）和 0.95mL 的磷酸盐缓冲液（0.2mol/L，pH7.0）组成反应体

系，混匀后于 37℃水浴 2h，然后加入 0.75mL 的硫代巴比妥酸（1.0% TBA）氢氧化钠（50mmol/L）溶液、0.75mL 的三氯乙酸（2.8%）溶液，摇匀后于沸水浴 10min，冷却后于 520nm 处测其吸光度（Zhu 等，2015）。其中空白液以等体积的 EDTA 溶液代替 FeSO$_4$-EDTA 混合液，其他操作与样品相同。选取 Trolox 为阳性对照，阴性对照则以等体积的 50% 甲醇代替样品，其余操作与样品相同。样品对羟基自由基（·OH）的清除率计算公式如下：

$$羟基自由基清除率(\%) = \frac{A_o - A_s}{A_o} \times 100$$

式中，A_s 为加入样品的吸光度；A_o 为阴性对照的吸光度（付伟，2011）。

七、 过氧化氢清除作用

① 内生菌粗提物样品的制备同上。

② 用磷酸盐缓冲液（0.1mol/L，pH 7.4）为溶剂配制辣根过氧化物酶-酚红反应溶液（辣根过氧化物酶 24U/mL，酚红 0.2mg/mL）。

③ 取一试管加入 0.1mL 样品溶液和 0.4mL 过氧化氢溶液（4mmol/L），然后用磷酸盐缓冲液（0.1mol/L pH 7.4）稀释至 1.5mL，混匀后 37℃水浴 20min，加入 1mL 辣根过氧化物酶-酚红反应液后继续水浴 10min，然后加入 50μL 的氢氧化钠（1mol/L）溶液终止反应，610nm 处测定吸光度（Zhu 等，2015）。其中空白液以等体积的酚红溶液代替辣根过氧化物酶-酚红反应溶液，其他操作与样品相同。阳性对照物选 Trolox，阴性对照以等体积的 50% 甲醇代替样品，其余操作步骤与样品相同。样品对过氧化氢的清除率计算公式如下：

$$过氧化氢清除率(\%) = \frac{A_o - A_s}{A_o} \times 100$$

式中，A_s 为加入样品的吸光度；A_o 为阴性对照的吸光度（付伟，2011）。

八、 实例　蜂巢珊瑚内生真菌的抗氧化活性研究

蜂巢珊瑚样品采自海南省西沙群岛。PDA 培养基（马铃薯 200g，葡萄糖 20g，琼脂 16g，海水 1L）。PDB 培养基（马铃薯 200g，葡萄糖 20g，海水 1L）。

1. 菌株分离

用无菌海水清洗珊瑚表面 3 次，放入无菌的研钵中，在室温无菌环境条件下将 2g 珊瑚样品研磨至泥浆状，倒入 50mL 锥形瓶。加入 20mL 无菌海水，将锥形瓶放置摇床 120r/min 振荡 30min，静置 20min 后取其上清液 1mL 加入 9mL 无菌海水将其稀释至 10^{-2} g/mL，同上依次稀释到 10^{-3} g/mL、10^{-4} g/mL、10^{-5} g/mL。每个浓度样品取 100μL 在 PDA 培养基中，用涂布棒进行涂布，置于恒温生化培养箱 28℃培养 5~10d，观察菌落的生长情况。用接种环挑取单个菌落接种在新的

PDA 培养基上，在恒温培养箱 28℃下进行培养、纯化直至为单一的菌株并编号，随后接种到试管斜面培养基上，置于 4℃保存待用。

2. 真菌发酵液的制备

将已分离纯化的菌株接种到 PDA 培养基上，待菌株长到培养皿面积的 2/3时，平板中加入 3mL 无菌海水，涂布棒刮取真菌孢子，移液枪吸取孢子液用 4 层无菌纱布过滤，显微镜下利用血细胞计数板计数，制成孢子浓度为 10^7 CFU/mL 的悬浮液。250mL 的锥形瓶内加入 100mL PDB 培养基，将 10^7 CFU/mL 孢子悬浮液1mL 接种到其中；然后放置在恒温振荡培养箱中，将转速设为 180r/min 培养 5d，取发酵液，室温下 5000r/min，离心 15min，取上清液作为待测液用来测定抗氧化活性。

3. 抗氧化活性测定

（1）高价铁离子还原作用　配制 FRAP 溶液［25mL 300mmol/L 醋酸钠溶液、2.5mL 10mmol/L 三吡啶三嗪溶液（用 40mmol/L 的稀盐酸溶解）和 2.5mL 20mmol/L 六水合氯化铁溶液］，七水合硫酸亚铁为阳性对照，以七水合硫酸亚铁标准曲线和待测提取液的吸光度作为还原作用评价标准。以 0.1～1.6mmol/L 的 $FeSO_4$ 的标准液替代样品绘制标准曲线，取 0.1mL 待测液与 3.0mL FRAP 溶液混合，37℃恒温水浴 5min，取出后迅速混匀，测量混合液在 593nm 处的吸光度。

菌株发酵液中所含有的抗氧化剂能使三价铁还原成二价铁，根据所得吸光度，在标准曲线上求得相应的 $FeSO_4$ 浓度，标准曲线为：$y = 0.063x + 0.0203$（$R^2 = 0.9984$），定义为 FRAP 值，其值越大，即为总抗氧化活性越强。由图 7-5 可知，所测试的 9 株真菌的总抗氧化水平整体较高，均在 70mmol/(L·g DW) 以上，但是菌株 S-1-5 的高价铁离子还原能力等价于 132.016mmol/(L·g DW)。

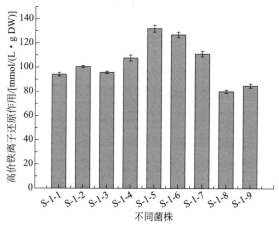

图 7-5　菌株的高价铁离子还原作用

（2）DPPH 自由基清除作用　用 95％乙醇配制 $2×10^4$ mol/L DPPH·溶液，在离心管中加入 0.5mL 提取液、3.5mL DPPH·溶液，常温条件下孵育 30min，混匀后在 517nm 测吸光度 A_s，95％乙醇代替样品测定吸光度 A_b，DPPH·清除率如下：

$$DPPH·清除率（\%）=\frac{A_b-A_s}{A_b}×100$$

二苯基苦味肼基自由基（DPPH·）是一种稳定的以氮为中心的自由基，在 517nm 处有最大吸收。由图 7-6 可知，珊瑚内生真菌在 PDB 培养基发酵条件下，均有一定的抗氧化作用，其中对 DPPH 自由基清除率＞50％的有两株，分别是菌株 S-1-5，其次为 S-1-2，其余真菌发酵液的 DPPH·清除率均低于 30％。菌株 S-1-5 的 DPPH·清除率为 70.60％，菌株 S-1-2 的 DPPH·清除率为 52.32％。

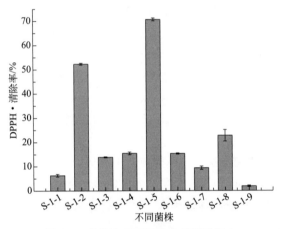

图 7-6　菌株的 DPPH 自由基清除能力

（3）ABTS 自由基清除作用　配制 ABTS 自由基溶液：取 10mL 7mmol/L ABTS 溶液加入 10mL 2.45mmol/L 过硫酸钾溶液，混合后黑暗条件下放置 16h，用 95％乙醇将其稀释至 734nm 吸光度为 0.7±0.02，黑暗密封备用。取 0.1mL 待测提取液加入 3.9mL ABTS 自由基溶液，反应 6min 混合均匀后 734nm 测吸光度 A_s，0.1mL 95％乙醇代替样品测吸光度 A_b，ABTS 自由基清除率计算公式如下：

$$ABTS 自由基清除率（\%）=\frac{A_b-A_s}{A_b}×100$$

ABTS 自由基清除率实验广泛应用于体外抗氧化活性测定，在反应体系中，ABTS 经过氧化后可以生成相对稳定的蓝绿色的 ABTS 自由基，溶液发生褪色，特征吸光度降低。由图 7-7 可以看出，其中 ABTS 自由基清除率＞50％的有 4 株，分别为 S-1-3、S-1-5、S-1-6、S-1-8，ABTS 自由基清除率依次为 50.28％、67.18％、58.27％、56.95％。其中菌株 S-1-5 的 ABTS 自由基清除率最高，为 67.18％。结合形态学特征和分生孢子结构特征，最终将 S-1-5 鉴定为球孢枝孢菌 *Cladosporium sphaerospermum*（NCBI 登录号为 MG787259）。

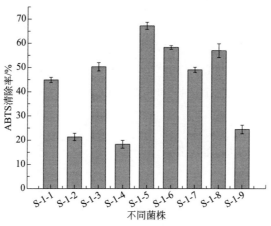

图 7-7　菌株的 ABTS 自由基清除能力

一、　对细胞内氧化应激的评价

1. 内生菌粗提物的制备

如前所述将供试内生菌进行发酵后，用有机溶剂对发酵液进行粗提、减压浓缩至浸膏，称取适量用少量 DMSO 溶解后加入无菌水稀释至抑制中浓度（EC_{50}），用微孔滤膜过滤除去杂质与菌体，备用。

2. ROS 定性测定

① 将靶标菌接种在 PDB 培养液中，25℃、150r/min 恒温振荡培养 72h。

② 用超纯水将菌丝洗涤 3 次，每次 5min。

③ 用内生菌粗提物孵育菌丝，孵育时间分别为 30min、1h、2h、3h、4h、5h、6h。以不加任何药剂的菌丝为阴性对照。

④ 用 pH 为 7.2 的 PBS 将 $2',7'$-二氯荧光素二乙酸酯（DCFH-DA）稀释至 $10\mu mol/L$。

⑤ 将孵育后的菌丝悬浮于稀释后的 DCFH-DA 中，37℃孵育 20min 进行探针装载。每 5min 颠倒混匀一次样品，使得 DCFH-DA 与细胞充分接触。

⑥ 用 pH 为 7.2 的 PBS 洗涤菌丝 3 次，每次 5min。

⑦ 挑取少量菌丝在荧光显微镜上观察菌丝细胞的着色情况，并采集图片。

3. ROS 定量测定

挑取 PD 液体培养的靶标菌 70mg，用超纯水将菌丝洗涤 3 次后，进行内生菌粗提物处理及 DCFH-DA 探针装载，方法同上。孵育后的菌丝用 pH 为 7.2 的 PBS 避光洗涤菌丝 3 次，然后用细胞破碎仪冰浴避光超声 3min，每超声 1min 间隔 1min。将超声后的菌丝于离心机上 4℃、25000g 离心 5min。取上清液稀释至合适的倍数，在荧光分光光度计上，488nm 激发光和 525nm 发射光下，测定上清液吸光度。

二、 对线粒体膜电位的评价

① 内生菌粗提物样品制备同上。

② 使用线粒体膜电位检测试剂盒测定内生菌粗提物对靶标菌线粒体膜电位（$\Delta\Psi_m$）的影响。菌丝培育同 ROS 测定。菌丝经超纯水洗涤后，用内生菌粗提物分别孵育 2h、3h、4h、5h、6h，以不经内生菌粗提物处理的菌丝为阴性对照，以经羰基氰化物间氯苯腙（CCCP）孵育的菌丝为阳性对照（在装载探针前 20min 孵育菌丝）。然后将菌丝用超纯水充分洗涤后悬浮于 1mL JC-1 探针工作液中，37℃ 孵育 20min 进行探针装载。用试剂盒中的洗涤液充分洗涤装载探针后的菌丝，挑取少量菌丝放在载玻片上，置于荧光显微镜上观察并采集图片。

三、 对靶标菌菌体内抗氧化酶系的评价

1. 靶标菌粗酶液的制备

将靶标菌接种于 PDB 培养液中，25℃、150r/min 恒温振荡培养 72h。离心收集菌丝，用 pH 为 7.2 的 PBS 洗涤菌丝 3 次，然后用细胞破碎仪冰浴超声至匀浆，每超声 1min 间隔 1min。将超声后的菌丝于离心机上 4℃、25000g 离心 5min，弃沉淀，上清液即为靶标菌粗酶液。用考马斯亮蓝法标定粗酶液蛋白浓度。

2. 对 CAT 的评价

采用 CAT 试剂盒测定内生菌粗提物对靶标菌 CAT 的影响：将内生菌粗提物配制成 $5\times10^4\mu g/mL$、$2.5\times10^4\mu g/mL$、$1.25\times10^4\mu g/mL$、$6.25\times10^3\mu g/mL$、$3.125\times10^3\mu g/mL$ 备用。按照表 7-1 中的顺序将各试剂加到 5mL 离心管中，混匀后在分光光度计 405nm 处测定各处理的吸光度。将每毫升样品每秒钟分解 $1\mu moL$ H_2O_2 的量定义为一个活力单位。按照下式计算各处理的 CAT 酶活。

$$\text{CAT 活力（U/mg Hb）}=(A_{空白}-A_{处理})\times\frac{271\times1}{60\times\text{取样量}\times c}$$

式中，271 为斜率的倒数；c 为样品蛋白浓度，mg Hb/mL。

表 7-1　CAT 测定试剂添加顺序

添加试剂	空白对照/mL	药剂处理/mL
试剂 1[①]	1.0	1.0
试剂 2[①]	0.1	0.1
双蒸水	0.001	0
靶标菌粗酶液	0	0.01
内生菌粗提物	0	0.001
试剂 3	1.0	1.0
试剂 4	0.1	0.1
靶标菌粗酶液	0.01	0

注：添加试剂 3 之前混匀，37℃反应 1min。
① 试剂需要 37℃预温。

3. 对超氧化物歧化酶的评价

采用 SOD 试剂盒测定内生菌粗提物对靶标菌超氧化物歧化酶（SOD）的影响：将内生菌粗提物配制成 $5 \times 10^4 \mu g/mL$、$2.5 \times 10^4 \mu g/mL$、$1.25 \times 10^4 \mu g/mL$、$6.25 \times 10^3 \mu g/mL$、$3.125 \times 10^3 \mu g/mL$ 备用。按照表 7-2 中的顺序将各试剂加到 5mL 离心管中，加入显色剂后室温放置 10min，在分光光度计 550nm、光径 10cm 处测定各处理的吸光度。将每毫升样品蛋白在每毫升反应液中 SOD 抑制率达到 50%时所对应的 SOD 量定义为一个 SOD 活力单位（U）。按照下式计算各处理的 SOD 酶活。

$$SOD 活力（U/mg 蛋白）= \frac{对照 A 值 - 处理 A 值}{对照 A 值} \div 50\% \times \frac{反应液总体积（mL）}{取样量（mL）}$$
$$\div 待测样品蛋白浓度（mg 蛋白/mL）$$

表 7-2　SOD 测定试剂添加顺序

添加试剂	空白对照/mL	药剂处理/mL
试剂 1	1.0	1.0
内生菌粗提物	0	0.001
靶标菌粗酶液	0.004	0.004
超纯水	0.001	0
试剂 2	0.1	0.1
试剂 3	0.1	0.1
试剂 4	0.1	0.1
显色剂	2.0	2.0

注：添加试剂 4 后需涡旋混匀，然后 37℃温育 40min。

4. 对谷胱甘肽过氧化物酶的评价

采用谷胱甘肽过氧化物酶（GSH-PX）试剂盒测定内生菌粗提物对靶标菌细胞内 GSH-PX 的影响，步骤如下：

① 配制　将内生菌粗提物配制成 $62.5\mu g/mL$、$31.25\mu g/mL$、$15.625\mu g/mL$、

7. 8125μg/mL、3.906μg/mL 备用。

② 稀释　按照说明书要求用倍比法将试剂盒中的标准品依次稀释至 200IU/L、100IU/L、50IU/L、25IU/L、12.5IU/L 备用。

③ 加样　分别设空白孔、标准样品孔、待测样品孔。其中空白孔不加样品和酶标试剂；标准样品孔加入 50μL 标准样品；待测样品孔先加不同浓度的内生菌粗提物稀释液 40μL，再加入 10μL 靶标菌粗酶液，轻轻晃动混匀。

④ 温育　将酶标板用封板膜封住后于 37℃温育 30min。

⑤ 洗涤　揭掉封板膜将板内液体倒掉，甩干，用超纯水将洗涤液稀释 30 倍后每孔加入 200μL，静置 30s 后弃去，拍干，重复 5 次。

⑥ 加酶液　除空白孔外每孔加入 50μL 酶标试剂。

⑦ 温育　将酶标板用封板膜封住后于 37℃温育 30min。

⑧ 洗涤　揭掉封板膜，将板内液体倒掉，甩干，用超纯水将洗涤液稀释 30 倍后每孔加入 200μL，静置 30s 后弃去，拍干，重复 5 次。

⑨ 显色　每孔先加入 50μL 显色剂 A，再加入 50μL 显色剂 B，轻轻振荡混匀，37℃避光显色 10min。

⑩ 终止　每孔加 50μL 终止液，终止反应（此时蓝色立刻转黄色）。

⑪ 测定　以空白孔调零，在酶标仪 450nm 波长下测量各孔的吸光度（A）。注意，测定应在加终止液后 15min 以内进行。

⑫ 数据统计　以标准品的酶活为横坐标，A 为纵坐标求标准曲线的直线回归方程，将样品的 A 代入方程式，计算出样品酶活，再乘以稀释倍数，即为样品的实际酶活。

5. 对谷胱甘肽还原酶的评价

采用谷胱甘肽还原酶（GR）试剂盒测定内生菌粗提物对靶标菌细胞内 GR 的影响，步骤如下：

① 配制　将内生菌粗提物配制成 62.5μg/mL、31.25μg/mL、15.625μg/mL、7.8125μg/mL、3.906μg/mL 备用。

② 稀释　按照说明书要求用倍比法将试剂盒中的标准品依次稀释至 120ng/L、60ng/L、30ng/L、15ng/L、7.5ng/L 备用。

③ 加样　分别设空白孔、标准样品孔、待测样品孔。其中空白孔不加样品和酶标试剂；标准样品孔加入 50μL 标准样品；待测样品孔先加不同浓度的内生菌粗提物稀释液 40μL，再加入 10μL 靶标菌粗酶液，轻轻晃动混匀。

④ 温育　将酶标板用封板膜封住后于 37℃温育 30min。

⑤ 洗涤　揭掉封板膜将板内液体倒掉，甩干，用超纯水将洗涤液稀释 30 倍后每孔加入 200μL，静置 30s 后弃去，拍干，重复 5 次。

⑥ 加酶液　除空白孔外每孔加入 50μL 酶标试剂。

⑦ 温育　将酶标板用封板膜封住后于37℃温育30min。

⑧ 洗涤　揭掉封板膜，将板内液体倒掉，甩干，用超纯水将洗涤液稀释30倍后每孔加入200μL，静置30s后弃去，拍干，重复5次。

⑨ 显色　每孔先加入50μL显色剂A，再加入50μL显色剂B，轻轻振荡混匀，37℃避光显色10min。

⑩ 终止　每孔加50μL终止液，终止反应（此时蓝色立刻转黄色）。

⑪ 测定　以空白孔调零，在酶标仪450nm波长下测量各孔的吸光度（A）。注意，测定应在加终止液后15min以内进行。

⑫ 数据统计　以标准样品的酶活为横坐标，A为纵坐标求标准曲线的直线回归方程，将样品的A代入方程式，计算出样品酶活，再乘以稀释倍数，即为样品的实际酶活。

四、 对细胞内还原型谷胱甘肽含量的评价

采用还原型谷胱甘肽（GSH）含量测定试剂盒测定内生菌粗提物对靶标菌细胞内GSH含量的影响：将内生菌粗提物配制成$5\times10^4\mu g/mL$、$2.5\times10^4\mu g/mL$、$1.25\times10^4\mu g/mL$、$6.25\times10^3\mu g/mL$、$3.125\times10^3\mu g/mL$备用；将前述提取的靶标菌粗酶液加入3倍体积的试剂1，反复冻融2~3次，8000g离心10min，收集上清于4℃备用。按照如下步骤测定靶标菌细胞内的GSH含量。

（1）空白管检测（A_1）　取1mL离心管，依次加入100μL超纯水、700μL试剂2（预先经25℃预热）、200μL试剂3，混匀，室温静置2min，在分光光度计上412nm处测定吸光度。

（2）标准曲线制作　准确称取1mg标准品，用1mL超纯水配制成浓度为1mg/mL的标准品母液。将试剂1配制成10倍稀释液，然后稀释标准品至200μg/mL、100μg/mL、50μg/mL、25μg/mL、12.5μg/mL。取1.5mL离心管依次加入100μL标准品、700μL试剂2（预先经25℃预热）、200μL试剂3，混匀，室温静置2min，在分光光度计上412nm处测定吸光度。以所测定的吸光度减去空白管检测值（A_1）为横坐标，以标准品供试浓度为纵坐标绘制标准曲线。

（3）样品管测定（A_2）　取1mL离心管，依次加入100μL样品、1μL各浓度内生菌粗提物，25℃孵育10min，然后加入700μL试剂2（预先经25℃预热）、200μL试剂3，混匀，室温静置2min，在分光光度计上412nm处测定吸光度，计算$\Delta A = A_2 - A_1$，将ΔA代入标准曲线公式中，计算出样品浓度$y(\mu g/mL)$，按照下式计算样品中GSH的含量。

$$GSH(\mu g/mg\ 蛋白) = \frac{yV_{总}}{V_{样品}c_{pr}}$$

式中，y为样品浓度，$\mu g/mL$；$V_{总}$为反应总体积；$V_{样品}$为加入样品体积；c_{pr}

为样品蛋白浓度。

五、 对小靶标菌细胞凋亡的诱导

1. 末端脱氧核苷酸转移酶荧光素-12UTP 缺口末端标记（TUNEL）

TUNEL 测定步骤如下：

① 将靶标菌接种在 PDB 培养液中，25℃、150r/min 恒温振荡培养 72h。

② 用超纯水将菌丝洗涤 3 次，每次 5min。

③ 用内生菌粗提物孵育菌丝 2h、4h、6h、12h，以不经内生菌粗提物处理的菌丝为对照。

④ 用超纯水将孵育后的菌丝洗涤 3 次，每次 5min。

⑤ 用免疫染色固定液固定 40min。

⑥ 用 pH 为 7.2 的 PBS 洗涤菌丝 3 次，每次 5min。

⑦ 用免疫染色洗涤液重悬菌丝，冰浴 2min，重复 3 次。

⑧ 用酶解液室温下破损细胞壁 5min。

⑨ 用 pH 为 7.2 的 PBS 浸泡洗涤菌丝 5min。

⑩ 按照每个样品 $2\mu L$ TdT 酶、$48\mu L$ 荧光标记液配制 TUNEL 检测液。

⑪ 用 TUNEL 检测液 37℃ 避光孵育 60min。

⑫ 用 pH 为 7.2 的 PBS 洗涤菌丝 2 次，每次 5min。

⑬ 用超纯水将 Hoechst 33342 染色液稀释 100 倍，将洗涤后的菌丝浸入染色液，37℃ 避光孵育 10min。

⑭ 用 pH 为 7.2 的 PBS 洗涤菌丝 2 次，每次 5min，洗涤后的菌丝悬浮在 pH 为 7.2 的 PBS 中。

⑮ 挑取少量菌丝在荧光显微镜上观察，并采集图片。

2. 测试磷脂酰丝氨酸外翻

采用 PI 和 FITC 缀合的膜联蛋白 V（V FITC 细胞凋亡试剂盒）测试磷脂酰丝氨酸（PS）外翻：内生菌粗提物和破损靶标菌细胞壁步骤同 TUNEL 测定，将破损细胞壁后的菌丝用 pH 为 7.2 的 PBS 洗涤 3 次。然后用试剂盒中的结合液 $500\mu L$ 重悬菌丝，随即加入 $5\mu L$ Annexin V-FITC 混匀，再加入 $5\mu L$ PI 混匀。室温避光孵育 10min。挑取少量菌丝放在载玻片上，置于荧光显微镜上观察并采集图片。

3. 对靶标菌 DNA 的影响

（1）菌丝培养及孵育　将靶标菌接种在 PDB 培养液中，25℃、150r/min 恒温振荡培养 72h。用内生菌粗提物分别孵育菌丝 0h、2h、4h、6h、12h、24h、48h，备用。

（2）DNA 的提取

① 将孵育的菌丝真空抽滤至干，称取 100mg 于预冷的研钵中，加入少量石英

砂及液氮研磨成粉状，收集菌丝粉于 1.5mL 离心管中，迅速加入 400μL 2％ CTAB。

② 将样品于 65℃孵育 60min，孵育期间颠倒样品 3 次混匀。

③ 温育后的样品于离心机中 12000r/min 离心 15min，取上清液至另一个 1.5mL 离心管中，约 350μL。

④ 加入等体积的苯酚-氯仿-异戊醇溶液（体积比为 25∶24∶1），颠倒混匀后 12000r/min 离心 15min。

⑤ 小心移除上清液至另一个 1.5mL 离心管中，加入等体积的异戊醇，－20℃ 放置 30min，然后 12000r/min 离心 10min，弃上清液。

⑥ 加入 500μL 70％乙醇漂洗，12000r/min 离心 2min，弃上清液，风干 10min。

⑦ 加入含有 RNase 的超纯水 30μL，37℃温育 30min，低温保存。

（3）电泳检测

① 配制 2％琼脂糖 30mL，加入 1μL GelRed 核酸染料，将胶液倒入水平放置的有机玻璃内槽，插好梳子，室温下冷却。胶凝固后拔掉梳子并把胶与有机玻璃内槽一起放入电泳槽中。

② 取 5μL 样品与 1μL 6×Loading buffer 充分混匀后加入点样孔中。

③ 接通电源，在 120V 恒压、100mA 以上电流条件下电泳 30min。

④ 电泳结束后，将凝胶从电泳槽中取出，放入凝胶成像仪中观察 DNA 条带是否为弥散状，并拍照记录。

参考文献

Cavin A，Hostettmann K，Dyatmyko W，et al. Antioxidant and lipophilic constituents of *Tinospora crispa*. Planta Medica，1998，64（05）：393-396.

Cherrat L，Espina L，Bakkali M，et al. Chemical composition, antioxidant and antimicrobial properties of Mentha pulegium，Lavandula stoechas and Satureja calamintha Scheele essential oils and an evaluation of their bactericidal effect in combined processes. Innovative Food Science & Emerging Technologies，2014，22：221-229.

Cuendet M，Hostettmann K，Potterat O，Dyatmilko W. Iridoidglucosides with free radical scavenging properties from Fagraeablumei. Helvetica Chimica Acta，1997，80：1144-1152.

Du B，Xu B. Oxygen radical absorbance capacity（ORAC）and ferric reducing antioxidant power（FRAP）of β-glucans from different sources with various molecular weight. Bioactive Carbohydrates and Dietary Fibre，2014，3（1）：11-16.

Homans AL，Fuchs A. Direct bioautography on thin-layer chromatograms as a method for detecting fungitoxic substances. Journal of Chromatography A，1970，51：327-329.

NY/T 1156.8—2007 农药室内生物测定试验准则 杀菌剂 第 8 部分：防治水稻稻瘟病试验

盆栽法.

Said Z B，Haddadi-Guemghar H，Boulekbache-Makhlouf L，et al. Essential oils composition，antibacterial and antioxidant activities of hydrodistillated extract of Eucalyptus globulus fruits. Industrial Crops and Products，2016，89：167-175.

Soares JBRC，Gaviraghi A，Oliveira MF. Mitochondrial physiology in the major arbovirus vector Aedes aegypti：substrate preferences and sexual differences define respiratory capacity and superoxide production. PloS one，2015，10（3）：e0120600.

Zhu C，Lei Z，Luo Y. Studies on antioxidative activities of methanol extract from *Murraya Paniculata*. Food Science and Human Wellness，2015，04：108-114.

陈定花，朱卫刚，吴永刚．黄瓜灰霉病子叶筛选法初探研究．浙江化工，2000（S1）：38-39.

单月明．苏云金芽胞杆菌与环境微生物的相互作用研究．哈尔滨：东北农业大学，2014.

杜婵娟，付岗，潘连富，等．短短芽胞杆菌Bb5911的复合诱变及其对香蕉炭疽病的防治作用．中国生物防治学报，2016，32（06）：767-774.

付群梅，智通卫，沈娟，等．不同方法测定7种杀虫剂对水稻褐飞虱室内毒力的比较研究．现代农药，2015，14（03）：49-52.

付伟．中日金星蕨和金星蕨苷生物活性研究．武汉：华中科技大学，2011：30-34.

高丽梅．灰莉的杀螨活性研究．桂林：广西师范大学，2014.

何晓锋，曹晋桂，刘芳，等．管碟法在监测金黄色葡萄球菌对苯扎溴铵抗性中的应用．中华医院感染学杂志，2014，24（20）：5198-5200.

何欣，黄启为，杨兴明，等．香蕉枯萎病致病菌筛选及致病菌浓度对香蕉枯萎病的影响．中国农业科学，2010，43（18）：3809-3816.

侯文成，韩丹丹，陈曼丽，等．蜈蚣草甲醇提取物的抗氧化活性研究．湖南农业大学学报（自然科学版），2016，04：441-444.

霍彦波．西北地区117种植物的杀螨活性筛选．杨凌：西北农林科技大学，2013.

李花，张鹏，邢梦玉，等．海南槌果藤叶提取物的抗氧化及抑菌活性研究．天然产物研究与开发，2017，29：1910-1919.

刘刚．浸渍法可较好地反映新氯化烟碱类杀虫剂对棉花粉蚧的综合作用．农药市场信息，2014（19）：42.

刘永杰，沈晋良，杨田堂，等．氯氟氰菊酯对斜纹夜蛾抗性和敏感种群表皮穿透比较．中国农业科学，2009，42（07）：2386-2391.

骆焱平，郑服丛，杨叶．128种南药植物提取物对6种病原菌的生长抑制作用．热带作物学报，2004（04）：106-111.

潘楚芝，李裕军，赵文文，等．纸片扩散法与微量肉汤稀释法检测鲍曼不动杆菌对替加环素体外敏感性的比较．广东医学，2013，34（14）：2132-2135.

孙建波，王宇光，李伟，等．产几丁质酶香蕉枯萎病拮抗菌的筛选、鉴定及抑菌作用．果树学报，2010，27（3）：427-430.

王兰英，谢颖，廖凤仙，等．水稻纹枯病生防内生菌糖蜜草固氮螺菌的分离与鉴定．植物病理学报，2012，42（04）：425-430.

吴益东，沈晋良，陈进，等．用点滴法和浸叶法监测棉铃虫抗药性的比较．植物保护，1996

（05）：3-6.

夏龙荪．白僵菌和绿僵菌对几种植物病原真菌的拮抗作用研究．合肥：安徽农业大学，2013.

谢颖，张孝峰，王瑀莹，等．香蕉枯萎病拮抗内生菌的分离、筛选及盆栽防效试验．植物检疫，2011，25（05）：4-7.

邢燕燕，韩俊艳，刘广纯．18 种植物乙醇提取物对二斑叶螨的杀螨活性．江苏农业科学，2014，42（08）：121-123.

徐修礼，杨佩红，孙怡群，等．真菌药敏纸片扩散法实验与应用研究．临床检验杂志，2006（04）：278-279.

杨小军，倪汉文，杨立军，等．采用孢子萌发法测定化合物对黄瓜白粉病菌的生物活性．植物保护，2007（01）：75-77.

张慧．球孢白僵菌对葱蝇的致病性和控制潜能研究．北京：中国农业科学院，2017.

张斯颖，骆焱平，胡坚，等．阴香内生菌 YXG2-3 的抑菌活性与生长条件优化．西北农林科技大学学报（自然科学版），2018，46（07）：87-94.

张素华，李树正，杨淑琴．化学药剂防治水稻纹枯病的新筛选方法——蚕豆叶片法．河北农业大学学报，1999（03）：56-58.

第八章

内生菌的促生作用

植物促生菌（plant growth-promoting bacteria，PGPB）被界定为在一定条件下有利于植物生长的能够自由生活在土壤、根际、根表、叶际、植物体内的微生物。目前，关于根际 PGPB 所进行的研究较多。PGPB 通常通过两种不同的方式促进植物生长，其一是通过提供植物生长所需的物质直接促进植物生长，其二是通过其生防作用如产生拮抗作用或诱导植物产生系统抗性等间接促进植物生长。20 世纪 50 年代，有报道采用有益微生物促进作物增产；20 世纪 80 年代后期，加拿大 Philom Bios 公司成功推广了解磷菌剂、固氮菌剂和解磷固氮混合菌剂，主要应用作物有小麦、油菜、豌豆和牧草，平均增产 10%～15%。因此，在农业领域，PGPB 的研究可以追溯到几百年前。随着人们对内生菌关注度的提升，内生菌的促生作用逐渐被报道，如有研究指出，内生菌中的荧光假单胞菌和芽孢杆菌，可作为生物控制型 PGPB 防治土壤病原菌（Mathiyazhagan 等，2004）。可见，内生菌的促生作用已经成为当今内生菌研究领域的热点。

● 第一节 直接促生作用

内生菌的直接促生作用是指内生菌通过产生植物激素如生长素、赤霉素，固氮作用或者解磷、解钾等方式直接促进植物的生长，往往在这种直接作用的影响下，植物的抗逆性也会大大提高，这是内生菌发挥促生作用的主要方式之一。

一、生长素

1. 生长素（IAA）

IAA 是一种重要的天然植物生长素，植物和许多植物促生菌都能合成、分泌 IAA。内生菌和寄主植物之间关于 IAA 合成与分泌的相互作用是一个复杂的物质交换和信号传递的过程。植物根对 IAA 浓度的变化很敏感，例如内生菌合成分泌的 IAA 可以促进根的生长、形态变化，增加根表面积和长度，进而促进根系对养分的吸收。另外，内生菌分泌的 IAA 能够疏松根细胞壁，提高根分泌物量，为根际微生物提供了额外的营养物质（Glick，2010）。当 PGPB 定殖到种皮或是植物根系时，会合成并分泌 IAA，新合成的 IAA 将会被植物体吸收形成内源生长素，从而刺激植物细胞的分裂与延长。Jha（2012）的研究表明，接种能够产生 IAA 的短芽孢杆菌（Brevibacillus brevis）、地衣芽孢杆菌（Bacillus licheniformis）、微球细菌 C（Micrococcus sp.）、乙酸钙不动杆菌（Acinetobacter calcoaceticus）能够增加麻疯树（Jatropha curcas L.）根和地上部分的长度和生物量。

分泌 IAA 能力测定：采用 Salkowski 比色法，用梯度浓度为 $5\mu g/mL$、$15\mu g/mL$、$20\mu g/mL$、$30\mu g/mL$、$40\mu g/mL$、$50\mu g/mL$、$60\mu g/mL$ 的 IAA 溶液代替样品制作标准曲线。取上清液 2mL 加入 4mL 的 Salkowski 比色液（50mL 35% $HClO_4$、1mL 0.5mol/L $FeCl_3$），在 25℃下黑暗处理，静置 30min，取出后立即测量 A_{530}，以加比色液的空白对照调零，根据标准曲线计算 IAA 的量。

2. 1-氨基环丙烷-1-羧酸（ACC）

乙烯是另外一种重要的生长素，具有打破种子休眠、促进种子萌发的作用。但是在种子的萌发过程中，较高浓度的乙烯会抑制根的伸长。植物在受到干旱、水涝、盐碱、病虫害侵染等生物和非生物胁迫时会产生大量的乙烯，抑制植物的生长发育。1-氨基环丙烷-1-羧酸（ACC）是乙烯的前体，具有 ACC 脱氨酶的 PGPB 可以催化乙烯的关键中间前体 ACC 转化成 α-酮丁酸和氨，从而调节植物生长时的乙烯水平，因而利用这类 PGPB 可能有助于提高植物的抗逆性（Hontzeas 等，2006）。

分泌 1-氨基环丙烷-1-羧酸（ACC）能力测定：称取 0.5g 研磨好的植物叶片或根系在 10mL 离心管中，加入 9mL 80% 乙醇，混匀后放入 4℃冰箱中 12h，然后在 4℃下 10000r/min 离心 10min。取 8mL 上清液放入蒸发皿中在通风橱内自然蒸干，将 2mL 氯仿（去除色素干扰）和 4mL 水先后加入蒸发皿中，混匀后将混悬液转移至离心管中，4000r/min 离心 5min，上层液即水层为 ACC 提取液。

冰浴条件下，取 3mL 提取液于体积已标定的测气瓶中，加入 0.3mL 50mmol/L $HgCl_2$。用硅胶塞密封后，再用针管注入 0.3mL 5% NaClO 和饱和 NaOH 的混合液（体积比 2:1），用旋涡振荡器混匀后冰浴 2h。剧烈振荡后抽取 1mL 气体（同时注入 1mL 蒸馏水以保持瓶内气压恒定），注入气相色谱仪测定乙烯生成量，使用 Porapak N（Agilent Technologies，Santa Clara. USA）1m×3mm 柱子，氢离子火焰检测器；注射口温度、柱温和检测器温度分别为 190℃、150℃和 190℃。对照瓶在加入 $HgCl_2$ 前再加入 $10\mu L$ 0.1mmol/L ACC 作为内标。根和叶片各重复 3 次。

3. 赤霉素（GA）

赤霉素（GA）是一种重要的植物激素，对种子萌发、叶片伸展、茎和根的伸长、花和果实的发育等方面均有重要的调控作用。有些内生菌可以通过分泌一定量的赤霉素来促进宿主的生长，因此，分泌赤霉素的能力也作为促生微生物检测的一项指标。

分泌赤霉素能力测定：将分析纯赤霉素溶于体积分数为70％的乙醇中配制成100μg/mL的赤霉素标准液，按浓度梯度0μg/mL、10μg/mL、30μg/mL、40μg/mL、50μg/mL、60μg/mL进行稀释，取各浓度的赤霉素溶液0.5mL与4.5mL浓硫酸充分混匀，置于冰浴中10min，再置28℃水浴中1h，取出置室温下放置15min，测定412nm处的吸光度，绘制标准曲线。将菌株接种在LB培养基中，置于30℃、120r/min摇床上振荡培养24h制备种子液，按1％的接种量将种子液转接在LB培养基中，置于30℃、120r/min摇床上振荡培养，每24h取少量于离心机上10000r/min离心10min，取上清液测定菌株赤霉素浓度，连续测定5次，确定各菌株的最大赤霉素分泌量。

二、 固氮作用

一些PGPB可以通过联合固氮作用与宿主形成互利共生关系，促进植物生长，增强宿主对环境的适应性，提高抗逆性。内生固氮菌是指存在于植物细胞间隙，能在植物内部定殖，与宿主进行联合固氮的固氮菌（Baldani等，1997）。固氮菌不仅可以和豆科植物建立共生关系，促进其生长，还可以与非豆科植物建立共生关系（Santi等，2013）。具有固氮作用的固氮菌属（*Azotobacter*）的细菌、梭菌属（*Clostridium*）的细菌、固氮螺旋菌属（*Azospzrillum*）的细菌、草螺菌属（*Herbaspzrillum*）的细菌、伯克菌属（*Burkholderia*）的细菌，可以提高土壤含氮量，促进水稻的生长（Rao等，1998）。

固氮酶活性测定：用平板划线法将菌株分别接种于Ashby无氮固体培养基（KHPO$_4$ 0.2g，MgSO$_4$·7H$_2$O 0.2g，NaCl 0.2g，CaCO$_3$ 5.0g，甘露醇10.0g，CaSO$_4$·2H$_2$O 0.1g，琼脂18.0g，蒸馏水1000mL，pH7.0），28℃恒温培养，观察菌株的生长情况。

三、 解磷作用

磷是植物生长必需的重要元素之一，自然状态下，磷以难溶的形式与镁、铝、铁、钙等离子进行结合，是不可以被植物所利用的（Hunter等，2014）。植物根系和细菌PGPB的代谢过程中会产生和分泌有机酸，有机酸能够增强植物根际的酸性，有机酸可溶解难溶性磷，增加土壤中磷的利用度（Whipps，2001）。如青霉属（*Penicillum*）、曲霉属（*Aspergillus*）可分泌有机酸如甲酸、醋酸、丙酸、乙醇酸、延胡索酸、乳酸、丁二酸等，这些酸可降低 pH，使不溶性的磷转变成可溶性的磷，供植物吸收和利用。除此之外，内生菌还可以通过菌的分解作用，把无效的有机磷转化为有效的有机磷。目前应用较多的是解磷巨大芽孢杆菌（*B. megaterinm*）、假单胞杆菌。

溶磷能力测定：配制 50mL 改良蒙金娜（Ahmad 等，2013）有机磷液体培养基，加入浓度为 $10^6 CFU/mL$ 的菌株孢子悬浮液 0.5mL，对照接入灭活的孢子悬浮液 0.5mL，28℃、160r/min 振荡培养 5d。收集培养液，4℃、10000r/min 离心 10min，取上清液 2mL，采用钼锑抗比色法测定有机磷含量。配制浓度为 100mg/L 的磷标准（KH_2PO_4）溶液，稀释成不同浓度，测定 A_{700} 值，绘制有机磷标准曲线。

四、 解钾作用

钾在植物生长发育过程中，参与 60 种以上酶系统的活化、光合作用、同化产物的运输、碳水化合物的代谢和蛋白质的合成等过程。内生菌的解钾能力是指该内生菌具有分解含钾矿物的能力，能对土壤中的云母长石等含钾的铝酸盐进行分解，将难溶无效态钾转化为可溶态有效钾，释放出钾的能力。解钾菌有胨冻样芽孢杆菌（*Bacillus mucilagirninosus*）、环状芽孢杆菌（*B. circulars*）。

解钾能力测定：在 100mL 液体培养基中，接入浓度为 $10^6 CFU/mL$ 的菌株孢子悬浮液 1mL，28℃、160r/min 振荡培养 3d 后，菌液以 4% 的接种量接至解钾活性测定培养基——以钾长石为唯一钾源的亚历山鲍罗夫（Aleksandrov）培养基（蔗糖 5.0g，Na_2HPO_4 2.0g，$MgSO_4 \cdot 7H_2O$ 0.5g，$FeCl_3$ 5.0mg，$CaCO_3$ 0.1g，钾长石粉 1.0g，琼脂 20.0g，pH 7.0，去离子水 1L），以等量灭活种子培养液作对照，28℃、160r/min 振荡培养 7d。将待测培养液全部倾入蒸发皿中，加热浓缩至 15mL 左右，加入 4mL 双氧水，继续蒸发，并不断搅拌，至黏液状物质完全透明为止，4℃、8000r/min 离心 10min，将上清液收集到容量瓶中，定容至 50mL。用火焰分光光度计测速效钾的含量。

五、 分泌铁载体

铁元素在自然界中广泛分布，但是由于铁矿石的溶解度很低，能供生物利用的铁元素较少（BF，1991）。铁载体又称嗜铁素，是指微生物在低铁应激条件下分泌的与 Fe^{3+} 有高特异螯合能力的一类小分子化合物（Andrews，2003）。植物以铁-铁载体形式吸收铁，研究表明，一些 PGPB 可生产和分泌对铁具有高亲和力的铁载体，向植物提供生长必需的铁元素（Hussein，2014）。

铁载体检测：采用 CAS（Chrome-azurol S）检测平板法，在每块 CAS 检测平板上放置 4 片已灭菌的滤纸片（直径 6mm），在每片滤纸片上接种 $10\mu L$ 浓度为

10^6CFU/mL 的菌株孢子悬浮液，28℃培养 5d。测定菌体周围的橙色晕圈的直径（Machuca，2003）。

第二节 间接促生作用

通过对病原微生物的生物防治，减轻或抑制了有害的根际微生物，从而间接促进了植物生长，如拮抗作用（Chen 等，2018）、诱导系统抗性（Prathap 等，2015）、信号干扰（Shepherd 等，2009）、铁离子竞争（Machuca 等，2003）等。PGPR 在胁迫作用下，产生拮抗微生物，或系统获得抗性，从而对有害病原菌进行防御，减轻其对健康植株的危害。

一、拮抗作用

一些内生菌在生命活动过程中，可分泌抗生素等有拮抗活性的次生代谢产物，抑制土壤中病原微生物的生长与繁殖，通过减少植物病原菌对植物的危害发挥促进植物生长的作用。如固氮螺菌属（*Azospirillum*）、克雷伯杆菌（*Klebsiella*）、产碱杆菌属（*Alcaligene*）等的某些微生物所分泌的脂肪酸类物质。

拮抗作用测定：参见第七章第二节。

二、诱导系统抗性

内生菌间接的促生作用是通过产生的次生代谢物质诱导植物产生系统抗性实现的。生防菌诱导寄主植物的系统抗病反应是一个多种因素互作的过程，伴随着一系列物质的代谢，而酶类在催化这些代谢反应中起着关键作用。因此，在内生菌诱导植物产生系统抗性的检测中，重点是检测植物体内防御酶的变化。

防御酶检测：用灭菌土种植供试宿主植物，然后分别在不同时间段内（如 0d、7d、14d、21d、28d）将内生菌施入植物根际或植物表面（一般内生真菌或放线菌施加约为 10^9CFU/mL 的孢子悬浮液，细菌施加约为 A_{600} 1.0 左右的菌悬液），以无菌水或者菌株培养液为对照。待宿主植物生长一定时间后，随机采集植物样品（一般采集叶片）测定宿主苯丙氨酸解氨酶（PAL）、过氧化物酶（POD）、多酚氧化酶（PPO）、过氧化氢酶（CAT）、超氧化物歧化酶（SOD）、丙二醛（MDA）、木质素等的变化。主要测定方法如下。

1. 苯丙氨酸解氨酶测定

苯丙氨酸解氨酶（PAL）广泛存在于各种植物和少数微生物中，是植物体内苯丙烷类代谢的关键酶，与一些重要的次生物质如木质素、异黄酮类植保素、黄酮类色素等的合成密切相关，在植物正常生长发育和抵御病菌侵害过程中起重要作用。PAL 催化 L-苯丙氨酸裂解为反式肉桂酸和氨，反式肉桂酸在 290nm 处有最大吸光度，通过测定吸光度的升高速率计算 PAL 活性。该原理普遍应用于苯丙氨酸解氨酶试剂盒，具体检测方法如下：

① 称取约 0.1g 组织，加入 1mL 提取液进行冰浴匀浆。10000g、4℃离心10min，取上清液，置冰上备用。

② 实验设测定管和对照管，首先在测定管中加入测定样本 20μL，然后分别在测定管和对照管加入 780μL、800μL 的试剂 1，各 200μL 的试剂 2，混匀，30℃准确水浴 30min。

③ 分别在测定管和对照管加入 40μL 的试剂 3，混匀，静置 10min 后，用对照管调零，290nm 处记录测定管吸光度 ΔA（$\Delta A = A_{测定管} - A_{对照管}$）。

④ PAL 活性计算：将每克组织在每毫升反应体系中每分钟使 290nm 下吸光度变化 0.1 定义为一个酶活力单位，然后按下列公式计算 PAL 活性：

$$PAL(U/g\ 鲜重) = \frac{\Delta A \times 反应总体积(1040\mu L) \times V_{样总}(1mL)}{样本鲜重(g) \times 样本体积(20\mu L) \times 0.1 \times 反应时间(30min)}$$

$$= \frac{17.3 \times \Delta A}{样本鲜重(g)}$$

2. 过氧化物酶测定

过氧化物酶（POD）是以过氧化氢为电子受体催化底物氧化的酶，主要存在于细胞的过氧化物酶体中，以铁卟啉为辅基，可催化过氧化氢、氧化酚类和胺类化合物，具有消除过氧化氢和酚类、胺类毒性的双重作用。该酶属于细胞木质素合成途径中间的关键酶，研究该酶可以探讨多种生物细胞发育过程中木质素沉积的代谢机理。以愈创木酚作为底物，在酶促反应的最适条件下采用每隔一定时间测定产物生成量的方法，在分光光度计 470nm 处检测吸光度，以吸光度变化计算所需酶量。具体方法可参照试剂盒测定方法。

① 粗酶液提取：称取约 0.1g 组织，加入 1mL 提取液进行冰浴匀浆。8000g4℃离心 10min，取上清液，置冰上备用。

② 将试剂 1、2 和 3 于 25℃放置 10min。

③ 在 1mL 玻璃比色皿中，按顺序加入 520μL 的试剂 1、130μL 的试剂 2、135μL 的试剂 3、270μL 的蒸馏水、15μL 的样本待测液。

④ 将加入药品立即混匀并计时，记录 470nm 下 30s 时的吸光度（A_1）和 90s后的吸光度（A_2），计算 $\Delta A = A_2 - A_1$。如果 ΔA 小于 0.005，可将反应时间延长到 5min。如果 ΔA 大于 0.5，可将样本提取液稀释后测定，计算公式中乘以相应的稀释倍数。

⑤ POD 活性计算：将每克组织在反应体系中每分钟使 A_{470} 变化 0.01 定义为一个酶活力单位，按下列公式计算 POD 活性：

$$POD(U/g\,鲜重)=\frac{反应总体积(1070\mu L)\times\Delta A}{样本体积(15\mu L)\times 0.01\times样本质量}=\frac{7133\times\Delta A}{样本质量}$$

3. 多酚氧化酶测定

多酚氧化酶（PPO）是植物组织内广泛存在的一种含铜氧化酶，植物受到机械损伤和病菌侵染后，PPO 催化酚与 O_2 氧化形成醌，使组织形成褐变，以便损伤恢复，防止或减少感染，提高抗病能力。醌类物质对微生物有毒害作用，所以伤口处醌类物质的出现是植物防止伤口感染的愈伤反应，因而受伤组织处一般这种酶的活性就会提高。多酚氧化酶也可与细胞内的其他底物氧化相偶联，起到末端氧化酶的作用。由于 PPO 能够催化邻苯二酚产生邻苯二醌，后者在 410nm 处有特征吸光度，可以利用这一特性检测，采用分光光度计法测定多酚氧化酶（PPO）活性变化，试剂盒检测方法如下：

① 粗酶液提取：称取约 0.2g 组织，加入 1mL 提取液进行冰浴匀浆。8000g 4℃离心 10min，取上清液，置冰上备用。

② 实验设测定管和对照管，首先在测定管和对照管中依次加入 600μL 的试剂 1 和 150μL 的试剂 2，然后在测定管中加入 150μL 的待测样本，而在对照管中加入 150μL 煮沸的样本，立即混匀于 30℃中准确水浴 10min，迅速放入冰浴中冷却。

③ 实验设测定管和对照管，分别加入 150μL 的试剂 3，充分混匀，5000g 常温离心 10min，收集上清液，用蒸馏水调零，410nm 处检测测定管和对照管的吸光度。

④ PPO 活性计算：将每分钟每克组织蛋白在每毫升反应体系中使 410nm 处吸光度变化 0.01 定义为一个酶活力单位，按下列公式计算 PPO 活性：

$$PPO(U/g\,鲜重)=\frac{V_{反总}V_{样总}\times(A_{测定}-A_{对照})}{V_{样}\,T\times 0.01\times W}=\frac{80\times(A_{测定}-A_{对照})}{W}$$

4. 过氧化氢酶测定

过氧化氢酶（CAT）又称触酶，是一类以铁卟啉为辅基的结合酶，是由 4 个相同亚单位组成的四聚体酶，共含 4 分子的亚铁血红素作为辅基，分子量约为 24000。CAT 能将细胞代谢产生的毒性物质过氧化氢迅速清除，可与 GSH-Px 共同保护疏基酶、膜蛋白和解毒作用。H_2O_2 在 240nm 处有强烈吸收，过氧化氢酶能分解 H_2O_2，使待测溶液的吸光度随反应时间的增加而减少，根据吸光度的变化率可计算出 CAT 活性。该原理广泛应用于过氧化氢酶（CAT）检测试剂盒，具体方法如下：

① 粗酶液提取：称取约 0.1g 组织，加入 1mL 提取液进行冰浴匀浆。8000g 4℃离心 10min，取上清液，置冰上备用。

② 用时在每瓶试剂 2（100μL）中加入 20mL 的试剂 1，充分混匀，作为工作液，测试前放于室温 30min。

③ 取 1mL 的 CAT 检测工作液于 1mL 石英比色皿中，再加入 35μL 粗酶液，

混匀；室温下立即测定 240nm 下的初始吸光度 A_1 和 1min 后的吸光度 A_2。

④ CAT 活性计算：每克组织在反应体系中每分钟催化 1nmol H_2O_2 降解定义为一个酶活力单位，按下列公式计算 CAT 活性：

$$\text{CAT}(\text{U/g 鲜重})=\frac{750\times(A_1-A_2)}{\text{样品质量}(\text{g/L})}$$

5. 超氧化物歧化酶测定

超氧化物歧化酶（SOD）是含金属辅基的酶，能催化超氧化物阴离子发生歧化作用，生成过氧化氢（H_2O_2）和氧气（O_2），SOD 不仅是超氧化物阴离子清除酶，也是 H_2O_2 的主要生成酶，在生物抗氧化系统中具有重要作用。由于超氧自由基是不稳定的自由基，寿命极短，SOD 活性一般用间接方法测定。其中一种重要的测定方法是通过黄嘌呤及黄嘌呤氧化酶反应系统产生超氧阴离子（$O_2^-\cdot$），$O_2^-\cdot$ 将还原氮蓝四唑生成蓝色甲臜，后者在 560nm 处有吸收；SOD 可清除 $O_2^-\cdot$，从而抑制了甲臜的形成；反应液的蓝色越深，说明 SOD 活性愈低，反之，活性越高。具体方法可采用试剂盒方法。

① 粗酶液提取：称取约 0.05g 组织，加入 0.5mL 提取液进行冰浴匀浆；8000g 4℃离心 10min，取上清液，置冰上备用。

② 将试剂 1、2 和 4 室温放置 30min，使试剂的温度不低于室温。

③ 实验设测定管和对照管，首先在测定管和对照管中依次加入 45μL 的试剂 1、100μL 的试剂 2 和 2μL 的试剂 3。

④ 在测定管中加入 15μL 的样品，在对照管中加入 15μL 的蒸馏水。

⑤ 最后在测定管和对照管中均加入 35μL 的试剂 4，充分混匀，室温静置 30min 后，560nm 处测定各管的吸光度。

⑥ 抑制百分率的计算：

$$\text{抑制百分率}(\%)=\frac{A_{\text{对照管}}-A_{\text{测定管}}}{A_{\text{对照管}}}\times100$$

尽量使样品的抑制百分率在 30%～70% 范围内。如果计算出来的抑制百分率小于 30% 或大于 70%，则通常需要调整加样量后重新测定。如果测定出来的抑制百分率偏高，则需适当稀释样品；如果测定出来的抑制百分率偏低，则需重新准备浓度比较高的待测样品。

⑦ SOD 酶活性计算。将在上述黄嘌呤氧化酶偶联反应体系中抑制百分率为 50% 时反应体系中的 SOD 酶活力定义为一个酶活力单位，按下列公式计算 SOD 酶活性：

$$\text{SOD 活性}(\text{U/g 鲜重})=\frac{\text{抑制百分率}}{(1-\text{抑制百分率})\times\text{样本鲜重}(\text{g/mL})}$$

6. 丙二醛测定

氧自由基作用于脂质的不饱和脂肪酸，生成过氧化脂质；后者逐渐分解为一系列复杂的化合物，其中包括丙二醛（MDA）。通过检测 MDA 的水平即可检测脂质氧化的水平。MDA 与硫代巴比妥酸（thiobarbituric acid，TBA）缩合，生成红色产物，在 532nm 有最大吸收峰，进行比色后可估测样品中过氧化脂质的含量；同时测定 600nm 下的吸光度，利用 532nm 与 600nm 下的吸光度的差值计算 MDA 的含量。该原理普遍应用于丙二醛（MDA）测定试剂盒，具体方法如下：

① MDA 提取：称取约 0.1g 组织，加入 1mL 提取液进行冰浴匀浆；4℃离心 10min，取上清液，置冰上备用。

② 准确吸取 0.3mL MDA 检测工作液在 0.5mL 离心管中，再加入 0.1mL 待测液。

③ 混合液在 100℃水浴中保温 30min 后，立即置于冰浴中冷却，离心 10min。

④ 若用可见分光光度计检测，则取上清液至微量玻璃比色皿中，若用酶标板检测，则吸取 300μL 上清液在 96 孔板中，测定各样品在 532nm 和 600nm 处的吸光度。

⑤ 按照下列公式计算 MDA 含量：

$$MDA\ 含量(nmol/g\ 鲜重) = \frac{6.45 \times (A_{532} - A_{600}) - 0.56 \times A_{450}}{样本鲜重(g/mL)}$$

式中，A_{450}、A_{532}、A_{600} 分别为 450nm、532nm、600nm 波长下的吸光度。

● 第三节　促生作用检测

作为植物的促生微生物，无论是直接促生作用还是间接促生作用，最终植物受益后表现出来的都是生长量的保持或者增加，而植物生长量的保持或增加有些是通过促进宿主形态指标的改变实现的，有些是通过生理指标的改变实现的。因此，检测内生菌对宿主的直接效益往往通过测定形态指标和生理指标来确定。

一、　形态指标检测

用灭菌土培育供试植物，同时按照内生菌的生长需求制备菌株发酵液。待供试植物长至一定时期（一般盆栽植物长至 3~5 片真叶）时，定期浇灌菌株发酵液（施加内生真菌或放线菌孢子浓度约为 10^9 CFU/mL，细菌菌悬液浓度约为 A_{600} 1.0），以无菌水或者菌株培养液为对照。待植物收获期测定植株株高（地面到新叶根部的高度）、茎粗、叶面积、地上部和地下部鲜重与干重。有些内生菌还具有促进种子发芽的能力，因此，形态指标检测还包括内生菌对植物种子萌发的影响。

一般采用培养皿法，将菌株发酵液倍比稀释，然后浇灌在培养皿内待测定的种子周围，适温培养一周，测定种子萌发率、种子萌发后的芽长和根长。

二、 生理指标检测

用于生理指标检测的盆栽苗以及内生菌处理方式同形态指标检测，但进行植物样品采集时，除收获期进行采集外，在整个生育期都要定期采集跟踪，采样时间视不同作物而定。一般整个生育期或者整个培育期采集 5 次。将采集样品迅速清洗、阴干、称重，保存于 $-70℃$，最终统一测定。需测定的指标主要有叶绿素、可溶性糖、可溶性蛋白及根系活力。测定方法具体如下。

1. 叶绿素含量的测定

叶绿素包括叶绿素 a 和叶绿素 b，由于不同叶绿素提取液对可见光谱的吸收，利用分光光度计在某一特定波长下测定其吸光度，即可用公式计算出提取液中各色素的含量。试剂盒测定方法如下。

① 取新鲜植物叶片（或其他绿色组织）或干材料，洗净组织表面污物，剪碎（去掉中脉），混匀。

② 称取 0.1g 剪碎的新鲜样品，共 3 份，分别放入研钵中，加入 1mL 蒸馏水、少量试剂 1（约 50mg），在黑暗或弱光条件下充分研磨，转入 10mL 玻璃试管。

③ 用提取液冲洗研钵，将所有冲洗液转入玻璃试管，用提取液定容至 10mL，玻璃试管置于黑暗条件下或者包上锡箔纸浸提 3h，观察试管底部组织残渣完全变白则提取完全，若组织残渣未完全变白，继续浸提至其完全变白。

④ 取浸提液 1mL 于 1mL 玻璃比色皿，提取液调零，测定 663nm 和 645nm 处的吸光度，分别记为 A_{663} 和 A_{645}。

⑤ 结果计算：

$$叶绿素\ a\ 含量(mg/g) = \frac{(12.7 \times A_{663} - 2.69 \times A_{645}) \times V_{提}\ D}{m \times 1000}$$

$$= \frac{0.01 \times (12.7 \times A_{663} - 2.69 \times A_{645}) \times D}{m}$$

$$叶绿素\ b\ 含量(mg/g) = \frac{(22.9 \times A_{645} - 4.68 \times A_{663}) \times V_{提}\ D}{m \times 1000}$$

$$= \frac{0.01 \times (22.9 \times A_{645} - 4.68 \times A_{663}) \times D}{m}$$

$$叶绿素总含量(mg/g) = \frac{(20.21 \times A_{645} + 8.02 \times A_{663}) \times V_{提}\ D}{m \times 1000}$$

$$= \frac{0.01 \times (20.21 \times A_{645} + 8.02 \times A_{663}) \times D}{m}$$

式中，$V_{提}$ 为提取液体积，10mL；D 为稀释倍数；m 为样本质量，g。

2. 可溶性糖测定

糖类物质是构成植物体的重要组成成分之一，也是新陈代谢的主要原料和储存物质。植物体内的可溶性糖主要指能溶于水及乙醇的单糖和寡聚糖。采用检测试剂盒（微量法）测定植物可溶性糖含量。

① 样品中可溶性糖的提取：称取约 0.1～0.2g 样本，加入 1mL 蒸馏水研磨成匀浆，倒入有盖离心管中，沸水浴 10min（盖紧，以防止水分散失），冷却后，8000g 常温离心 10min，取上清液在 10mL 试管中，用蒸馏水定容至 10mL，摇匀备用。

② 分光光度计或酶标仪预热 30min 以上，调节波长至 620nm，蒸馏水调零。

③ 工作液的配制：在试剂 1 中加入 2.5mL 试剂 2。充分溶解后使用，如难溶解，可加热搅拌。

④ 分别设空白管、测试管和标准管，首先在测试管中加入 40μL 的样本，在标准管中加入 40μL 的标准液，然后在空白管中加入 80μL 的蒸馏水，在测试管和标准管中加入 40μL 的蒸馏水，最后在所有管中依次加入 20μL 的工作液和 200μL 的浓硫酸。混匀，置 95℃水浴中 10min（盖紧，以防止水分散失），冷却至室温后，取 200μL 转移至微量石英比色皿或 96 孔板中，在 620nm 处分别读取空白管和测定管的吸光度，$\Delta A = A_{测定管} - A_{空白管}$。

⑤ 标准曲线的建立：620nm 处蒸馏水调零，读标准管的吸光度，$A = A_{标准管} - A_{空白管}$。以浓度（y）为纵坐标，吸光度 $A(x)$ 为横坐标建立标准曲线。

⑥ 可溶性糖含量计算

a. 根据标准曲线，将 ΔA 代入公式中（x）计算样品浓度 y(mg/mL)。

b. 按下列公式计算：

$$可溶性糖(\mathrm{mg/g}\ 鲜重) = \frac{yV_1V_2}{WV_1} = \frac{10y}{W}$$

式中，V_1 为加入样本体积，0.04mL；V_2 为加入提取液体积，10mL；W 为样本鲜重，g。

3. 可溶性蛋白含量测定

可溶性蛋白是重要的渗透调节物质和营养物质，它们的增加和积累能提高细胞的保水能力，对细胞的生命物质及生物膜起到保护作用，因此，经常用作筛选抗性的指标之一。碱性条件下，蛋白质中的半胱氨酸、胱氨酸、色氨酸、酪氨酸以及肽键，能将 Cu^{2+} 还原成 Cu^+；两分子的聚氰基丙烯酸正丁酯（BCA）与 Cu^+ 结合，生成紫色络合物，在 540～595nm 有吸收峰，562nm 处的吸收峰最强，此原理常用于可溶性蛋白含量测定，测定试剂盒方法如下：

① 样品中可溶性蛋白质的提取：按照组织质量（g）：提取液体积（mL）为 1:（5～10）的比例，建议称取约 0.1g 组织，加入 1mL 提取液（酶提取缓冲液或者蒸馏水或者生理盐水），冰浴匀浆，10000r/min 4℃离心 10min，取上清液，备用。

② 可见分光光度计/酶标仪预热 30min，调节波长到 562nm，蒸馏水调零。

③ 工作液置于 60℃ 水浴预热 30min。

④ 分别设空白管、标准管和测定管，首先在空白管中加入 4μL 的蒸馏水，在标准管中加入 4μL 的标准品，在测定管中加入 4μL 的待测液，然后分别在所有管中均加入 200μL 的工作液。

⑤ 将各管中的试剂混匀后置于 60℃ 保温 30min，转入微量玻璃比色皿/96 孔板，在 562nm 处测定吸光度 A，分别记为 $A_{空白管}$、$A_{标准管}$、$A_{测定管}$。

⑥ 按下列公式计算可溶性蛋白含量：

$$c_{pr}(mg/mL) = \frac{c_{标准品} \times (A_{测定管} - A_{空白管})}{A_{标准管} - A_{空白管}} = \frac{0.5 \times (A_{测定管} - A_{空白管})}{A_{标准管} - A_{空白管}}$$

注意：该试剂盒适用于测定蛋白浓度在 $20 \sim 2000\mu g/mL$ 的样品。测定前取 $1 \sim 2$ 个样品做预实验，样品蛋白含量太高，需稀释至相应浓度范围内，以确保测定的准确性。

4. 根系活力测定

植物根系是植物活跃的吸收器官和合成器官，根的生长情况和代谢水平即根系活力直接影响植物地上部的生长和营养状况以及最终产量，是植物生长的重要生理指标之一。TTC（2,3,5-氯化三苯基四氮唑）是一种氧化还原物质，是标准氧化电位为 80mV 的氧化还原色素，溶解于水为无色，植物根系中脱氢酶能够还原 TTC 生成红色而不溶于水的三苯基甲腙（TTF），生成的 TTF 比较稳定（不会被空气中的氧自动氧化），以 TTF 还原量表示脱氢酶活性，并作为植物根系活力的指标。此原理常用于植物根系活力的测定，植物根系活力测定试剂盒方法如下：

① 配制 TTC Assay buffer 工作液：取 TTC 完全溶解在 TTC Assay buffer 中，即为 TTC Assay buffer 工作液，即配即用，避光保存。

② 制作 TTC 标准曲线：取 TTC Assay buffer 工作液置于 10mL 离心管或容量瓶，加入少许 NaS_2O_4 粉末（一般 2mg 左右，各管量一致），混匀，产生红色的 TTF，用乙酸乙酯补加至 10mL，混匀。按表 8-1 分别取上述溶液 0.25mL、0.5mL、1mL、2mL、3mL 置于离心管或容量瓶中，用乙酸乙酯补加至 10mL，即 TTF 含量为 $25\mu g/10mL$、$50\mu g/10mL$、$100\mu g/10mL$、$200\mu g/10mL$、$300\mu g/10mL$ 的系列标准溶液，以乙酸乙酯为空白调零，以分光光度计或酶标仪测定吸光度，绘制标准曲线（表 8-1）。

表 8-1 标准曲线加样值

试剂	1	2	3	4	5
TTC Assay buffer 工作液/μL	0.25	0.5	1	2	3
乙酸乙酯/μL	9.75	9.5	9	8	7
TTF 含量/(μg/10mL)	25	50	100	200	300

③ 准备样品：取植物须根系，洗净，用滤纸吸干，完全浸没于 TTC Assay buffer 工作液，避光孵育，加入 TTC 终止液。空白对照：先加入 TTC 终止液，加入干净的植物须根系，完全浸没于 TTC Assay buffer 工作液，避光孵育，以此液作为空白对照。

④ 加样：把上述根系取出，滤纸吸干水分，放入研钵或匀浆器中，加入乙酸乙酯，充分研磨或匀浆，以提取出 TTF。把红色提取液转移至离心管，并用少量乙酸乙酯把残渣洗涤 2～3 次，再将洗涤液一并转移至离心管，最后补加乙酸乙酯。

⑤ 根系检测：以空白调零，比色杯光径 1.0cm，以分光光度计或酶标仪测定 TTF 吸光度。

⑥ 以系列标准溶液 TTF 浓度为横坐标，以对应的吸光度为纵坐标，绘制 TTF 标准曲线，根据 TTF 与吸光度计算回归方程，根据回归方程计算出待测样品的四氮唑还原量，即为根系活力或脱氢酶活性。

$$根系（脱氢酶）活力[mg/(g \cdot h)] = \frac{cV}{1000Wt}$$

式中，c 为根据标准曲线查得的样品提取液的浓度，$\mu g/mL$；V 为样品提取液总体积，mL；W 为植物须根系的质量，g；t 为孵育时间，h。

➡ 第四节 互作效应

相关试验结果表明，无论是单菌株 PGPR 制剂还是多菌株 PGPR 制剂，均对作物的生长有一定的促进作用，但多菌株制剂的施用效果一般要强于单菌株制剂。其原因可能是多菌株制剂中不同类型的 PGPR 不仅具有的促进植物生长的功能不同，而且不同微生物之间还可以互相提供生长基质和养分，从而组成 PGPR 坚固的促生体系，协同促进植物生长。如一些固氮菌可促进解磷细菌的解磷作用，而一些解磷菌次生代谢产物能促进固氮菌的生长，将固氮、解磷菌组合可以制成较为理想的生物固氮菌肥。可见，寻找具有协同作用的促生菌具有重要的意义。

菌群构建方法：分别配制促生菌液体培养基，分装在 250mL 锥形瓶中，灭菌后接入新鲜的供试菌种，在 28～30℃ 条件下，180r/min 摇床培养至对数生长期，将菌种分别按照不同百分比的接菌量接入新配制的发酵营养液中，在 28～30℃、180r/min 摇床条件下发酵培养，每间隔 2d 稀释平板法取样测定发酵液中各促生内生菌的数量。

促生菌肥制备：选取上述最优的促生菌配比比例接种至 LB 培养液中，振荡培养至对数生长期，按照 8%～10% 的接菌量将混合菌种接入至菌肥载体基质中，混匀后分装在带呼吸阀的聚乙烯薄膜发酵袋中，在 25～32℃下发酵 5～10d，若发酵物料明显变软、颜色变深，则发酵结束，按 NY 411—2000《固氮菌肥料》检测制备的单菌株制剂和多菌株制剂。

第五节　内生菌促生作用研究实例

实例一　链霉菌 HN6 对香蕉的促生作用研究

生防菌株：链霉菌 HN6（*Streptomyces aureoverticillatus*，HN6），香蕉苗：四叶期粉蕉（*Musa* ABB）组培苗，均由海南大学热带农林学院提供。

1. 孢子悬浮液的制备

HN6 接种在高氏 1 号培养平板上，5d 后用无菌水洗脱孢子，用无菌水将 HN6 孢子悬浮液稀释至 10^9 CFU/mL，备用。

2. 香蕉叶片 PAL 和 SOD 活性测定

分别于施入香蕉枯萎病菌 4 号生理小种（FOC4）孢子悬浮液 0d（当天）、14d、22d、30d 随机称取香蕉叶片 1.0g，加 10mL 提取液（0.1 mol/L pH 8.8 硼酸缓冲液，1mmol/L EDTA-Na$_2$，1g/L 聚乙烯吡咯烷酮）和 0.1g 石英砂，在冰浴中研磨成匀浆，4℃、10000r/min 离心 20min，弃沉淀，取上清液作为粗提液，置 4℃冰箱中保存。PAL 及 SOD 酶活性测定参照王兰英等（2015）的方法进行。

由图 8-1 可知，接种 FOC4 前（0d），HN6 处理的香蕉叶片 PAL 活性极显著高于其他 2 个处理；接种病原菌 0～22d，所有处理香蕉叶片 PAL 活性均呈增加趋势，其中 HN6 处理 0～14d 增势平缓，14～22d 增势急剧；接种 22d 时 HN6 处理的香蕉叶片 PAL 活性是无菌水处理的 2.7 倍，是恶霉灵处理的 1.9 倍，3 种处理之间差异极显著；接种病原菌 22～30d，3 种处理的香蕉叶片 PAL 活性均呈缓慢下降趋势，HN6 处理及恶霉灵处理高于 0d 时的值，无菌水处理低于 0d 时的值。总体来看，测定时间内 HN6 处理的香蕉叶片 PAL 活性一直高于恶霉灵及无菌水处理，HN6 对香蕉叶片 PAL 诱导效应明显。

由图 8-2 可知，香蕉叶片中 SOD 变化趋势与 PAL 相似。接种 FOC4 前（0d），HN6 处理的香蕉叶片 SOD 活性极显著高于其他处理；接种病原菌 0～22d，3 个处理组的香蕉叶片 SOD 活性均呈明显增高趋势，其中 HN6 处理增幅最大。接种 22d 时 HN6 处理的香蕉叶片 SOD 活性是无菌水处理的 1.6 倍，是恶霉灵处理的 1.3 倍，三者之间的差异极显著；接种病原菌 22～30d，3 种处理的香蕉叶片 SOD 活性均呈下降趋势，此时酶活均高于 0d 时的值。总体来看，测定时间内 HN6 处理的

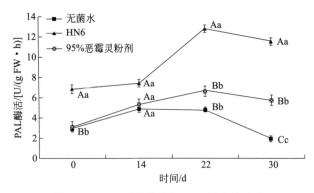

图 8-1 HN6 对香蕉叶片 PAL 活性的变化

图中小写字母表示在 0.05 水平的差异显著性，大写字母表示在 0.01 水平的差异显著性。

香蕉叶片 SOD 活性一直高于恶霉灵及无菌水处理，HN6 对香蕉叶片 SOD 诱导效应明显。

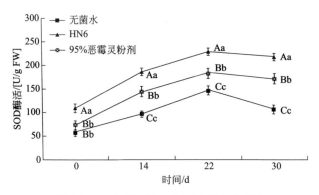

图 8-2 HN6 对香蕉叶片 SOD 活性的变化

小写字母表示在 0.05 水平的差异显著性，大写字母表示在 0.01 水平的差异显著性。

3. HN6 促生作用测定

香蕉苗定植 15d 后灌根法接入 10^9 CFU/mL HN6 孢子悬浮液，以无菌水为对照。每处理 10 株，重复 3 次。于接种 30d 时用直尺测定香蕉苗株高（地面到新叶根部的高度）；用游标卡尺测定香蕉苗茎粗（植株离地面土层 3cm 的假茎茎粗）；将香蕉苗地上部分和地下部分切断，分别称量地上部分和地下部分的鲜重；按照李合生（2000）的方法测定香蕉叶片叶绿素、可溶性蛋白质、可溶性糖含量及根系活力。

（1）HN6 对香蕉植株形态指标的影响　由表 8-2 可知，施加 HN6 孢子悬浮液后，盆栽香蕉苗的株高、茎粗、地上部分鲜重、地下部分鲜重均显著高于无菌水处理。相比较之下，HN6 对植株株高的影响最大，相对于无菌水处理增加了 39.3%，总体来看，该菌株对香蕉植株形态指标的影响顺序为：株高＞茎粗＞地上部分鲜重＞地下部分鲜重；HN6 处理的根系活力是无菌水处理的 1.9 倍，可见 HN6 可以增强香蕉植株根系对水分、养分的吸收能力。

表 8-2　HN6 对香蕉形态指标及根系活力的影响结果

处理	株高 /cm	茎粗 /cm	鲜重/g		根系活力 /[μg/(g·h)]
			地上部分	地下部分	
HN6	31.07Aa	4.03 Aa	106.16 Aa	18.71 Aa	44.9536 Aa
无菌水	22.32 Bb	2.91 Bb	85.41 Bb	15.64 Bb	23.2213 Bb

注：小写字母表示在 0.05 水平的差异显著性，大写字母表示在 0.01 水平的差异显著性。

（2）HN6 对香蕉叶绿素、可溶性糖及可溶性蛋白含量的影响　叶绿素是作物进行光合作用的主要原料，叶绿素含量越高，潜在的光合能力就越强。由表 8-3 可知，HN6 处理香蕉苗的叶绿素 a、叶绿素 b 以及类胡萝卜素含量均高于无菌水处理，其中叶绿素 a 和类胡萝卜素含量差异达极显著水平；同时，HN6 处理能明显提高叶绿素 a/b 值，可以有效提高植株光能转化率及光能利用率。这说明 HN6 能明显提高香蕉叶绿素总含量，增强香蕉幼苗的光合能力，加强植株体内光合产物积累，促进植株生长。另外，经 HN6 处理后，香蕉叶片中的可溶性糖、可溶性蛋白质含量比无菌水对照增加了 38.5% 和 29.9%，说明 HN6 也能显著提高香蕉可溶性糖、可溶性蛋白质含量。

表 8-3　HN6 对香蕉叶绿素、可溶性糖和可溶性蛋白含量的影响　　　mg/g

处理	叶绿素 a	叶绿素 b	叶绿素 a/b	类胡萝卜素	叶绿素总量	可溶性糖	可溶性蛋白质
HN6	1.8264Aa	0.6254Aa	2.9203	0.4783Aa	2.9302Aa	5.9229Aa	2.8512Aa
无菌水	1.2392Bb	0.5206Aa	2.38	0.2880Bb	2.0477Bb	4.2750Bb	2.1950Bb

注：小写字母表示在 0.05 水平的差异显著性，大写字母表示在 0.01 水平的差异显著性。

实例二　放线菌 HN20 对黄瓜、生菜的促生作用研究

供试菌株：HN20 灰色链霉菌（*Streptomyces griseus*），由海南大学环境与植物保护学院农药实验室提供。

供试蔬菜品种：黄瓜品种：津研 4 号；生菜品种：广东生菜。

供试培养基：皿内培养为高氏 1 号培养基；发酵培养为高氏 1 号改良培养液：葡萄糖 5g、可溶性淀粉 5.0g、蛋白胨 5.0g、酵母膏 5.0g、牛肉膏 5.0g、KNO_3 1.0g、K_2HPO_4 0.5g、$FeSO_4$ 0.001g、蒸馏水 1000mL，pH 7.2～7.4。

1. HN20 对黄瓜、生菜种子的促生作用

将菌株 HN20 用涂皿法接种于高氏 1 号平板，28℃培养 5d。用直径为 7mm 的打孔器打取菌饼，挑取 10 块接种于菌株发酵培养液中，28℃、180r/min 培养 5d。所获得的发酵液分为两部分，一部分作为原液处理，备用；另一部分用清水分别

稀释至50×、100×备用。精选大小均一、颗粒饱满的黄瓜、生菜种子，用1‰高锰酸钾表面消毒10min，催芽至露白。取露白的种子称重后均匀摆入铺有滤纸的培养皿内，于培养皿边缘加入5mL HN20发酵原液或50×、100×稀释液，室温下保温保湿培养，以空白培养液、清水为对照，每处理重复5次。5d后测量种子干重、鲜重增加量及胚根、胚芽长。

（1）对黄瓜种子的影响　通过喷施放线菌HN20处理液后，测得黄瓜种子萌发率等各指标如下：

表8-4　放线菌HN20对黄瓜种子的影响

处理	发芽率/%	胚根长/cm	胚芽长/cm	总干重/g	总鲜重/g
原菌液	0.00d	0.00c	0.00c	1.01c	1.11d
50倍菌液	70.0b	1.56b	2.10b	2.97b	5.00b
100倍菌液	36.6b	0.90b	1.22b	1.40c	3.60c
培养液	0.00d	0.00c	0.00c	0.99d	1.16d
清水	83.3a	3.29a	4.20a	4.80a	7.49a

注：小写字母表示在0.05水平的差异显著性。

由表8-4可知，与清水对照相比，原菌液、50倍菌株稀释液、100倍菌株稀释液对黄瓜种子发芽率及萌发后各指标表现出明显的抑制作用，其中50倍菌株稀释液的抑制作用相对较小，但与清水对照差异显著。原菌液的效果与培养液处理相当。

（2）对生菜种子的影响　通过喷施放线菌HN20的三个不同浓度后，测得生菜种子萌发后的各指标如下：

表8-5　生菜种子萌发率的影响

处理	发芽率/%	胚根长/cm	胚芽长/cm	总干重/g	总鲜重/g
原菌液	0.00c	0.00c	0.00c	0.000c	0.000c
50倍菌液	86.67a	1.18a	1.70a	0.095a	1.610a
100倍菌液	86.67a	0.79b	1.53b	0.092a	1.410a
培养液	0.00c	0.00c	0.00c	0.000c	0.000c
清水	75.56b	0.71b	0.81c	0.090b	1.110b

注：小写字母表示在0.05水平的差异显著性。

由表8-5可知，50倍菌液的促生效果最好，能够显著促进生菜种子的萌发，胚根、胚芽的生长以及鲜重、干重的增加，均与清水处理差异显著；100倍菌液也对生菜种子的萌发、胚芽的生长以及鲜重、干重的增加影响较为明显，与清水处理差异显著；原菌液、培养液不能使种子萌发。

2. HN20对盆栽黄瓜、生菜的促生作用

从海南大学环境与植物保护学院教学基地采集土壤（养分含量：全磷0.80g/kg、

速效磷 7mg/g；全氮 1.2g/kg、碱解氮 76mg/kg；全钾 10.1g/kg、速效钾 84mg/kg。pH5.2），过筛后，160℃干热灭菌 2h，装在营养钵内，备用。精选大小均一、颗粒饱满的黄瓜、生菜种子，用 1‰高锰酸钾表面消毒 10min，催芽至露白常规播种。待幼苗长至 4～5 片真叶时进行定植，每钵 1 株黄瓜或生菜，在相应营养钵中分别浇灌 HN20 的 3 种发酵处理液，分别以不接菌培养液、清水为对照。每个处理 50 次重复。于定植 15d、30d 各巩固施加一次处理液。一个月后每组随机选取 20 株，测定植株株高、茎粗、叶片数、干重及鲜重，同时分别采用 TTC 法、分光光度法测定根系活力和叶绿素含量（杨振德，1996），用手持测糖仪测定可溶性固形物的含量。

（1）对黄瓜形态指标的影响　通过喷施放线菌 HN20 的三个不同浓度后，测得黄瓜植株形态的各指标如下：

表 8-6　HN20 对黄瓜形态指标的影响

处理	株高/cm	茎粗/mm	叶片数/片	鲜重/kg	干重/kg	根冠比
原菌液	78b	6.1b	7a	0.358b	0.037b	0.0217c
50 倍菌液	74b	6.2b	8a	0.341c	0.032b	0.0319b
100 倍菌液	73b	6.4b	8a	0.333c	0.031b	0.0328b
培养液	82a	6.7a	9a	0.454a	0.045a	0.0313b
清水	83a	7.0a	8a	0.444a	0.043a	0.622a

注：小写字母表示在 0.05 水平的差异显著性。

由表 8-6 可知，与清水对照相比，原菌液、50 倍菌株稀释液、100 倍菌株稀释液对黄瓜形态指标的影响表现为一定的抑制作用，其中原菌液对干重、鲜重的抑制作用相对较小，但与培养液、清水处理差异显著；50 倍菌液、100 倍菌液对根冠比的抑制作用相对较小，与清水对照差异显著。

（2）对黄瓜生理和品质指标的影响　通过喷施放线菌 HN20 的三个不同浓度后，测得黄瓜叶绿素含量、根系活力等指标如下：

表 8-7　黄瓜生理和品质指标

处理	叶绿素含量/(mg/g)	根系活力/[mg/(g·h)]	可溶性糖含量/(mg/g)
原菌液	1.661c	0.0219b	1.565a
50 倍菌液	2.610a	0.0187d	1.188b
100 倍菌液	2.670a	0.0171d	1.028b
培养液	1.0841d	0.0209c	0.934c
清水	2.130b	0.0232a	0.909c

注：小写字母表示在 0.05 水平的差异显著性。

由表 8-7 可知，50 倍菌液、100 倍菌液能显著促进叶绿素含量的增加，与培养液、清水处理差异显著；三种菌株的处理液均能促进植株可溶性糖的含量，随着浓度降低促进作用增强，均与培养液、清水处理差异显著；但三种菌株的处理液不能促进植株根系活力增强，表现出一定的抑制作用，随着浓度降低抑制作用增强。

（3）对生菜形态指标的影响　通过喷施放线菌 HN20 的三个不同浓度后，测得生菜形态的各指标如下：

表 8-8　生菜形态指标

处理	株高/cm	茎粗/mm	叶片数/片	鲜重/kg	干重/kg	根冠比
原菌液	7.9c	3.4b	5a	0.234d	0.011c	0.0381d
50 倍菌液	12.4b	4.2a	5a	0.621b	0.030b	0.0508b
100 倍菌液	23.8a	4.3a	6a	0.667a	0.040a	0.0509b
培养液	8.5c	2.5c	4a	0.113e	0.006e	0.0579a
清水	10.0b	3.2b	5a	0.443c	0.042a	0.0451c

注：小写字母表示在 0.05 水平的差异显著性。

由表 8-8 可知，100 倍菌液对苗期生菜的促生效果最为明显，除叶片数与培养液、清水处理效果相当外，对其他形态指标均能起到显著的促进作用；50 倍菌液主要对苗期生菜的茎粗、鲜重、干重以及根冠比促进作用明显，与培养液、清水处理相比差异显著；而原菌液对生菜形态各项指标均表现为一定的抑制作用，与清水处理相比，对株高、鲜重、干重以及根冠比的抑制作用都较为明显。

（4）对生菜生理和品质指标的影响　通过喷施放线菌 HN20 的三个不同浓度后，测得生菜生理和品质的各指标如下：

表 8-9　生菜生理和品质指标

处理	叶绿素含量/(mg/g)	根系活力/[mg/(g·h)]	可溶性糖含量/(mg/g)
原菌液	0.5412a	0.0080c	1.1930b
50 倍菌液	0.5665b	0.1101b	1.2220b
100 倍菌液	0.6031b	0.1830a	1.4852a
培养液	0.4456c	0.0537c	1.1891c
清水	0.5948b	0.1085b	0.8571d

注：小写字母表示在 0.05 水平的差异显著性。

由表 8-9 可知，原菌液能明显促进生菜苗期叶绿素、可溶性糖含量的增加以及根系活力的增强，与培养液、清水处理差异显著；与清水处理相比，50 倍菌液、100 倍菌液均能显著促进生菜苗期可溶性糖的含量，两者对叶绿素含量、根系活力则表现为一定的抑制作用。

实例三　放线菌 WZS1-1 与 WZS2-1 菌株的促生作用测定

供试菌株：WZS1-1 与 WZS2-1，来源于海南大学热带农林农药实验室。

1. 产 IAA 能力

定性试验：在 100mL 高氏 1 号液体培养基中加入 0.05％（质量浓度）色氨酸

（Trp），接入浓度为 $10^6CFU/mL$ 的菌株孢子悬浮液 1mL，28℃、160r/min 振荡培养 5d。在 4℃下，10000r/min 离心 10min，取 2mL 上清液，加入等量 Salkowski 试剂（每升 10.8mol/L H_2SO_4，含 4.5g $FeCl_3$），黑暗条件下孵育，观察颜色变化。定量试验：采用 Salkowski 比色法（Glickmann 等，1995），用梯度浓度为 $5\mu g/mL$、$15\mu g/mL$、$20\mu g/mL$、$30\mu g/mL$、$40\mu g/mL$、$50\mu g/mL$、$60\mu g/mL$ 的 IAA 溶液代替样品制作标准曲线。取上清液 2mL 加入 4mL 的比色液即 Salkowski 比色液，在 25℃下黑暗处理，静置 30min，取出后立即测量 A_{530}，以加比色液的空白对照调零，根据标准曲线计算 IAA 的量。

根据不同浓度的 IAA 试剂，在 530nm 处测量其吸光度，获得产 IAA 的标准曲线为 $y=0.0288x-0.0929$（$R^2=0.9988$）。研究发现，在不添加色氨酸的高氏 1 号培养基上，供试的两株放线菌均可产生 IAA。WZS1-1 产生的 IAA 为（11.40 ± 0.49）$\mu g/mL$，WZS2-1 产生的 IAA 为（19.72 ± 1.56）$\mu g/mL$。当培养基中加入 5% 的色氨酸时，WZS1-1 产生的 IAA 减少到（7.08 ± 0.32）$\mu g/mL$，可见色氨酸抑制了 WZS1-1 产生 IAA；而 WZS2-1 产生的 IAA 为（35.76 ± 2.92）$\mu g/mL$，是未添加色氨酸的 1.81 倍，表明 WZS2-1 可以有效地利用外源色氨酸产生 IAA，而 WZS1-1 不能利用色氨酸产生 IAA。由于植物根系能够分泌色氨酸，而植物根际放线菌能充分利用分泌的色氨酸产生 IAA，从而促进植物生长。我们发现，WZS2-1 菌株利用色氨酸产生 IAA 的量为 $35.76\mu g/mL$，远高于文献（Xue 等，2013）报道的 $19.9\sim22.7\mu g/mL$ 的范围，因此，这两株菌，特别是 WZS2-1 具有显著的促生作用。

2. 铁载体的检测

在每块 CAS（chrome-azurol S）检测平板上放置 4 片已灭菌的滤纸片（直径 6mm），在每片滤纸片上接种 $10\mu L$ 浓度为 $10^6CFU/mL$ 的菌株孢子悬浮液，28℃ 培养 5d。测定菌体周围的橙色晕圈的直径。

在亮蓝色的 CAS 检测平板内，接种孢子悬浮液的滤纸片周围出现橙色晕圈，表示孢子分泌物与平板中的铁离子络合，导致滤纸片周围的颜色发生变化。从图 8-3 可知，WZS1-1 菌落周围出现橙色晕圈，晕圈直径为 0.71cm；WZS2-1 菌落周围出现较大的橙色晕圈，晕圈直径为 1.90cm。由此表明，这两株菌都可以产生橙色晕圈现象，但是 WZS2-1 菌株的效果更明显。

3. 解有机磷能力

配制 50mL 改良蒙金娜有机磷液体培养基，加入浓度为 $10^6CFU/mL$ 的菌株孢子悬浮液 0.5mL，对照接入灭活的孢子悬浮液 0.5mL，28℃、160r/min 振荡培养 5d。收集培养液，4℃、10000r/min 离心 10min，取上清液 2mL，采用钼锑抗比色法测定有机磷含量。配制浓度为 100mg/L 的磷标准（KH_2PO_4）溶液，稀释成不同浓度，测定 A_{700}，绘制有机磷标准曲线。

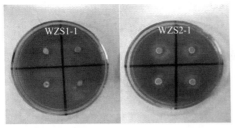

图 8-3 铁载体与固氮酶活性检测平板

在 700nm 处，测得磷酸二氢钾的标准曲线为 $y = 0.4540x + 0.0396$（$R^2 = 0.9952$）。根据标准曲线，测得 WZS1-1、WZS2-1 菌株的解磷增加量分别为（28.49±0.30）mg/L 和（5.52±0.41）mg/L，说明这两株菌具有降解磷的能力，能够将植物难以吸收利用的磷转化为可吸收利用的速效磷，从而为植物提供磷养分，促进植物生长。

4. 产有机酸能力

用葡萄糖替代高氏 1 号培养基中的淀粉，调节 pH 值为 7.0，取浓度为 10^6 CFU/mL 的菌株孢子悬浮液 1mL，接种在 100mL 液体培养基中，同时接入等量灭活的孢子悬浮液为对照，28℃、160r/min 振荡培养 5d，收集培养液，4℃、8000r/min 离心 10min，取 10mL 上清液，加入 3～5 滴甲基红试剂，充分振荡后，静置观察溶液的颜色变化。

有机酸试验，上清液滴加甲基红后均不变色，则证明在普通培养基中无法产生有机酸；但是在解磷试验中，检测到两株菌发酵液的 pH 值为 5～6，呈现弱酸性，表明在解磷过程中，产生了酸性物质，导致 pH 降低，进一步验证了这两株菌的解磷能力。

5. 固氮酶活性

用平板划线法将 WZS1-1 与 WZS2-1 分别接种于 Ashby 无氮固体培养基（见本章第一节），28℃恒温培养，观察菌株的生长情况。

6. 解钾能力

在 100mL 高氏 1 号液体培养基中，接入浓度为 10^6 CFU/mL 的菌株孢子悬浮液 1mL，28℃、160r/min 振荡培养 3d 后，菌液以 4% 的接种量接至解钾活性测定培养基——以钾长石为唯一钾源的 Aleksandrov 培养基（见本章第一节），以等量灭活种子培养液作对照，28℃、160r/min 振荡培养 7d。将待测培养液全部倾入蒸发皿中，加热浓缩至 15mL 左右，加入 4mL 双氧水，继续蒸发，并不断搅拌，至黏液状物质完全透明为止，4℃、8000r/min 离心 10min，将上清液收集到容量瓶中，定容至 50mL。用火焰分光光度计测速效钾的含量。用不同浓度梯度的 0μg/mL、2.5μg/mL、5.0μg/mL、10.0μg/mL、15.0μg/mL、20.0μg/mL、40.0μg/mL KCl 溶液制作标准曲线，然后从标准曲线上求得菌液中可溶性钾的浓度。

以下式计算解钾率：

$$解钾率(\%)=\frac{a-b}{cd\times 2\times 10^{4}}\times 100\%$$

式中，a 为菌液速效钾含量，mg/L；b 为对照速效钾含量，mg/L；c 为钾长石质量，g；d 为全钾含量，%。

两株菌在固氮平板上生长良好，表明这两株菌具有固氮潜力。根据获得的 KCl 标准曲线 $y=1.3858x+46.4020$（$R^{2}=0.9901$），得到 WZS1-1 菌株的解钾率为 7.46%，WZS2-1 菌株的解钾率为 13.71%，表明这两株菌都显示出解钾能力，从而为植株提供速效钾，最终促进植物生长（表 8-10）。

表 8-10 促生指标结果

处理	IAA/(μg/mL)		CAS橘色晕圈直径/cm	解磷能力/(mg/L)	有机酸	固氮	解钾率
	无 Trp	有 Trp					
WZS1-1	11.40±0.49	7.08±0.32	0.71±0.06	28.49±0.30	—	+	7.46%
WZS2-1	19.72±1.56	35.76±2.92	1.90±0.10	5.52±0.41	—	+	13.71%

注：+表示有，-表示无。

参考文献

Ahmad B，Nigar S，Malik NA，et al. Isolation and characterization of cellulolytic nitrogen fixing Azotobacter species from wheat rhizosphere of Khyber Pakhtunkhwa. World Applied Science Journal，2013，27（1）：51-60.

Andrews SC，Robinson AK，Rodriguez-Quinones F. Bacterial iron homeostasis. Fems Microbiology Reviews，2003，27（2-3）：215-237.

Baldani JI，Caruso L，Baldani VLD，et al. Recent advance in BNF with nonlegume plants. Soi Biology and Biochemistry，1997，29：911-922.

BF M. Structures，coordination chemistry and functions of microbial iron chelates//Winkelmann G. CRC handbook of microbial iron chelates. Boston：CRC Press，1991：15-64.

Chen Y，Zhou D，Qi D，et al. Growth Promotion and Disease Supppression Abillity of a Streptomyces sp. CB-75 from Banana Rhizosphere Soil. Front in Microbiology，2018，8：2704.

Glick BR. Using soil bacteria to facilitate phytoremediation. Biotechnology Advances，2010，28（3）：367-374.

Glickmann E，Dessaux Y. A Critical Examination of the Specificity of the Salkowski Reagent for Indolic Compounds Produced by Phytopathogenic Bacteria. Applied & Environmental Microbiology，1995，61（2）：793-796.

Hontzeas N，Hontzeas CE，Glick BR. Reaction mechanisms of the bacterial enzyme 1-aminocyclopropane-1-carboxylate deaminase. Biotechnology Advances，2006，24（4）：420-426.

Hunter PJ，Teakle G，Bending GD. Root traits and microbial community interactions in relation to phosphorus availability and acquisition, with particular reference to Brassica. Frontiers in plant science, 2014, 5 e: 27.

Hussein SM, Puri MC, Tonge PD, et al. Genome-wide characterization of the routes to pluripotency. Nature, 2014, 516: 198-206.

Jha CK, Saraf M. Evaluation of Multispecies Plant-Growth-Promoting Consortia for the Growth Promotion of *Jatropha curcas* L. Journal of Plant Growth Regulation, 2012, 31 (4): 588-598.

Machuca A, Milagres AMF. Use of CAS-agar plate modified to study the effect of different variables on the siderophore production by Aspergillus. Letters in Applied Microbiology, 2003, 36 (3): 177-181.

Mathiyazhagan S, Kavitha K, Nakkeeran S, et al. PGPR mediated management of stem blight of Phyllanthus amarus (Schum and Thonn) caused by Corynespora cassiicola (Berk and Curt) Wei. Archives of Phytopathology and Plant Protection, 2004, 37 (3): 183-199.

Prathap M, Ranjitha K. A Critical review on plant growth promoting rhizobacteria. J Plant Pathol Microbiol, 2015, 6 (4): 1-4.

Rao VR, Ramakrishnan B, Adhya TK, et al. Current status and future prospects of associative nitrogen fixation in rice. World Journal of Microbiology & Biotechnology, 1998, 14 (5): 621-633.

Santi C, Bogusz D, Franche C. Biological nitrogen fixation in non-legume plants. Annals of Botany, 2013, 111 (5): 743-767.

Shepherd R W, Lindow S E. Two dissimilar N-acyl-homoserine lactone acylases of Pseudomonas syringae influence colony and biofilm morphology. Applied and environmental microbiology, 2009, 75 (1): 45-53.

Whipps JM. Microbial interactions and biocontrol in the rhizosphere. Journal of Experimental Botany, 2001, 52: 487-511.

Xue L, Xue Q, Chen Q, et al. Isolation and evaluation of rhizosphere actinomycetes with potential application for biocontrol of Verticillium wilt of cotton. Crop Protection, 2013, 43: 231-240.

李合生. 植物生理生化实验原理和技术. 北京: 高等教育出版社, 2000.

王兰英, 王琴, 骆焱平. 金黄垂直链霉菌 HN6 对香蕉的防病促生作用. 西北农林科技大学学报 (自然科学版), 2015, 43 (05): 163-167.

杨振德. 分光光度法测定叶绿素含量的探讨. 广西农业大学学报, 1996, 15 (2): 145-150.

第九章
内生菌代谢产物的研究

植物内生菌具有丰富的生物多样性，其代谢产物种类繁多，主要有萜类、生物碱、皂苷类、芳香类、多肽类等，这些物质大多具有生物学活性，其中很多对严重威胁人类健康的疾病有很好的疗效，另外，拮抗内生菌在植物保护的开发与应用方面也具有重要作用。

内生菌抑菌活性物质的提纯一般是指将在发酵液中积累的活性物质经过分离、浓集、纯化，获得符合使用要求的产物。微生物活性物质的研究，理论上讲是一个多门主要学科融于一体的分支学科。它包括微生物学、植物保护学、分子生物学、药理学及天然产物化学等，各学科的结合已成为微生物药物开发的推动力。

第一节　内生菌代谢产物的分离

内生菌代谢产物的分离程序见图 9-1。首先使用摇瓶发酵的方法，大量获得内生菌的发酵液，也可以使用液体发酵罐进行发酵。一般大规模液体发酵罐发酵获得的代谢物种类和数量较少，摇瓶发酵更加充分，所得代谢产物较多。通过过滤可得到固体的菌体物和发酵滤液。菌体或其破壁后的物质使用有机溶剂浸泡的方法，浸提代谢产物，或者直接提取活性毒素等物质。发酵液可以使用有机溶剂进行萃取，如石油醚、乙酸乙酯、氯仿、正丁醇等，得到不同溶剂的萃取物，浓缩后得到浸膏备用。剩余水相可以使用大孔树脂进行吸附分离。发酵液也可进行离心，获得上清液，使用硫酸铵沉淀法或低温乙醇沉淀法提取蛋白质等大分子物质。所得浸膏通过色谱法进行分离纯化，使用波谱学进行鉴定。

一、小分子代谢产物的提取分离

内生菌的小分子代谢产物的分子量一般不超过 1000，主要包括醇类、酚类、

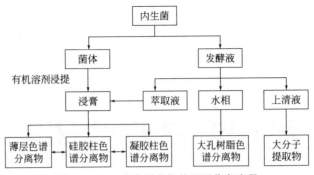

图 9-1　内生菌代谢产物的通用分离流程

酮类、酸和酯类、黄酮类、香豆素、生物碱、萜类等。抑菌活性物质的初步分离方法主要有溶剂萃取、吸附、沉淀、超滤等，目的是除去与目标产物有很大差异的物质，一般会发生显著的浓缩和产物质量的增加。在分离提纯活性物质之前常用有机酸（碱）调其 pH 值，从而使活性成分充分释放以提高其收率，同时除去对后续工作有干扰的大分子胶态物质及某些金属离子。接下来的高度纯化技术对产物有高度的选择性，用于除去有相似化学功能和物理性质的不纯物，典型的方法有色谱法、电泳等。常用的分离方法如下。

（一）萃取法

萃取法（extraction method）是利用溶质在互不相溶的溶剂里溶解度的不同，用一种溶剂把溶质从另一溶剂所组成的溶液里提取出来的操作方法。该法被广泛用于从天然资源中寻找生物活性成分的研究。在内生菌发酵液中，利用水相和有机相之间分配系数的差异，使用有机溶剂（乙酸乙酯等）进行萃取分离，将其内生菌的次生代谢产物富集在有机相，从而达到初步分离的目的。

具体方法是向待分离溶液中加入与之不相互溶解的萃取剂，形成共存的两个液相。利用原溶剂与萃取剂对各组分的溶解度的差别，使它们不等同地分配在两液相中，然后通过两液相的分离，实现组分间的分离。

（二）沉淀法

利用有机物的溶解性或与某些试剂产生沉淀的性质可实现代谢物的初步分离，对所分离的成分来讲，这种沉淀反应应该是可逆的。

表 9-1　几种实验室常用的沉淀剂

常用沉淀剂	化合物
中性乙酸铅	酸性、邻位酚羟基化合物，有机酸，蛋白质，黏液质，鞣质，树脂，酸性皂苷，部分黄酮苷
碱性乙酸铅	除上述物质外，还可沉淀某些苷类、生物碱等
明矾	黄芩苷

常用沉淀剂	化合物
雷氏铵盐	生物碱
碘化钾	季铵生物碱
咖啡碱、明胶、蛋白质	鞣质
胆固醇	皂苷
苦味酸、苦酮酸	生物碱
氯化钙、石灰	有机酸

酸性或碱性化合物还可通过加入某种沉淀试剂（NaCl、硫酸铵、氯化钾、硫酸钠、硫酸镁）使之生成水不溶性的盐类沉淀等析出。中性乙酸铅或碱式乙酸铅在水或稀醇溶液中能与许多物质生成难溶性的铅盐或络盐沉淀，利用这种性质可使所需成分与杂质分离。脱铅方法常采用通硫化氢气体，使沉淀分解并转为不溶性硫化铅沉淀而除去。脱铅的方法也可用硫酸、磷、硫酸钠、磷酸钠等，但生成的硫酸铅及磷酸铅，在水中有一定的溶解度，所以脱铅不彻底。由于方法比较简便，实验室中有时仍采用。几种实验室常用的沉淀剂见表9-1。此外，还有乙酸钾、氢氧化钡、磷钨酸、硅钨酸等沉淀剂。对多糖、蛋白质类成分等可加丙酮、乙醇或乙醚沉淀。

（三）重结晶法

重结晶（recrystallization）是将晶体溶于溶剂或熔融以后，又重新从溶液或熔体中结晶的过程。原理是固体有机化合物在溶剂中的溶解度随温度的升高而增加。将化合物溶在某溶剂中，在较高温度时制成饱和溶液，然后使其冷到室温或降至室温以下，即会有一部分成结晶析出。利用溶剂与被提纯物质和杂质的溶解度不同，让杂质全部或大部分留在溶液中（或被过滤除去），从而达到提纯的目的。

重结晶过程：根据选择的重结晶溶剂，在装有回流冷凝管的圆底烧瓶中，加入待提纯的样品和适量溶剂，加热回流使样品全部溶解，然后冷却，静置，溶剂中析出晶体，过滤得到纯化的样品。

如果在热溶解过程中，有少量不溶物，就进行热过滤，去掉不溶解的杂质；当重结晶的产品含有颜色时，可加入适量的活性炭脱色。活性炭的脱色效果和溶液的极性、杂质的多少有关，活性炭在水溶液及极性有机溶剂中的脱色效果较好，而在非极性溶剂中的效果则不显著。活性炭的用量一般为固体量的1％～5％左右，不可过多。若用非极性溶剂时，也可在溶液中加入适量氧化铝，摇荡脱色。

（四）薄层色谱法

薄层色谱法（thin layer chromatography，TLC）又称薄层层析法，是色谱法中的一种，是快速分离和定性分析少量物质的一种重要的实验技术，属固-液吸附色谱，兼具了柱色谱和纸色谱的优点。

将被分离的样品配制成溶液，用毛细管蘸取样品点在薄层板上靠近一端约 5mm 处，将含样品点的薄层板放入展开槽中（见图 9-2），作为流动相的溶剂（称为展开剂），依靠毛细现象从点有样品的一端向另一端运动，并带动样品点向上移动。样品点在薄层板上经过反复多次的吸附和溶解竞争后，吸附力较弱或溶解度较大的组分移动的速度较快，前进的距离较长；反之，吸附力较强或溶解度较小的组分移动的距离较短，从而使各组分间表现出不同的拉开距离，达到分离和鉴别物质的目的。最后，观察结果可以采用碘显法（少量碘与硅胶粉混匀）、硫酸显色法（硫酸乙醇混合液或硫酸香兰醛混合液）或紫外分光光度计检测。

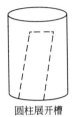
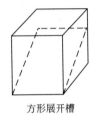

圆柱展开槽　　　　　方形展开槽

图 9-2　薄层色谱展开槽

薄层色谱作为化合物鉴定的手段，其理论依据是每种化合物都有自己特定的比移值。比移值也叫 R_f 值，它是在薄层色谱中化合物样点移动的距离与展开剂前沿移动距离的比值，即：

$$R_f = \frac{\text{化合物样品点移动的距离}}{\text{展开剂前沿移动的距离}}$$

在薄层色谱中用作流动相的溶剂称为展开剂，是由被分离物质的极性决定的。被分离物的极性小，选用极性较小的展开剂；被分离物的极性大，选用极性较大的展开剂。下面列出了常见溶剂的极性大小顺序。

甲酰胺＞乙腈＞甲醇＞乙醇＞丙醇＞丙酮＞二氧六环＞四氢呋喃＞甲乙酮＞正丁醇＞乙酸乙酯＞乙醚＞异丙醚＞氯仿＞二氯甲烷＞溴乙烷＞甲苯＞四氯化碳＞环己烷＞己烷、石油醚。

该法除分析检测样品纯度外，还可用于分离少量化合物。具体方法是，将待分离样品（少量）溶解在合适的溶剂中，用毛细管（$\Phi=0.5mm$）蘸取样品液，在距离薄层色谱硅胶板（9cm×9cm）底端 1cm 处点一条线。待溶剂挥发，样品被吸附在底端后，将硅胶板置于展开槽中，根据事先选择好的展开剂（$R_f=0.3\sim0.6$ 为宜）展开。当展开剂前沿离顶端约 1cm 时，取出硅胶板，用刀具将需要的样品点连同硅胶一块刮下。用合适的溶剂洗脱刮下的硅胶，合并滤液，减压浓缩，干燥，分离得到需要的样品点，从而达到分离纯化的目的。

（五）大孔树脂吸附法

大孔树脂（macroporous resin）由聚合单体和交联剂、致孔剂、分散剂等添加剂经聚合反应制备而成。聚合物形成后，致孔剂被除去，在树脂中留下了大大小小、形状各异、互相贯通的孔穴，且孔径较大，在 100～1000nm 之间，故称为大孔吸附树脂。大孔树脂的表面积较大、交换速度较快、机械强度高、抗污染能力强、热稳定性好，在水溶液和非水溶液中都能使用。大孔树脂可吸附其中的有效成分，再经洗脱回收，是除掉杂质的一种纯化精制方法。

影响树脂吸附的因素很多，主要有被分离成分的性质（极性和分子大小等）、上样溶剂的性质（溶剂对成分的溶解性、盐浓度和 pH 值）、上样液浓度及吸附水流速等。极性较大的分子适用中极性树脂分离，极性小的分子适用非极性树脂分离；体积较大的化合物选择较大孔径的树脂；上样液中加入适量无机盐可以增大树脂吸附量；酸性化合物易于在酸性液中吸附，碱性化合物易于在碱性液中吸附，中性化合物易于在中性液中吸附；一般上样液的浓度越低越利于吸附；对于滴速的选择，则应保证树脂可以与上样液充分接触吸附为佳。影响解吸条件的因素有洗脱剂的种类、浓度、pH 值、流速等。洗脱剂可用甲醇、乙醇、丙酮、乙酸乙酯等，应根据不同物质在树脂上吸附力的强弱，选择不同的洗脱剂和不同的洗脱剂浓度进行洗脱；通过改变洗脱剂的 pH 值可使吸附物改变分子形态，易于洗脱下来；洗脱流速一般控制在 0.5～5mL/min。

（六）硅胶柱色谱法

硅胶柱色谱法的原理是根据物质在硅胶上的吸附力不同而得到分离，一般情况下，极性较大的物质被硅胶吸附强，极性较弱的物质被硅胶吸附较弱，整个色谱分离过程即是吸附、解吸、再吸附、再解吸过程。

色谱分离过程中溶剂的选择对组分分离的关系极大。在柱色谱分离时所用的溶剂（单一剂或混合溶剂）习惯上称洗脱剂。洗脱剂的选择，须根据被分离物质与所选用的吸附剂性质这两者结合起来加以考虑。在用极性吸附剂进行色谱分离时，当被分离物质为弱极性物质，一般选用弱极性溶剂为洗脱剂；被分离物质为强极性成分，则须选用强极性溶剂为洗脱剂。如果对某一极性物质用吸附性较弱的吸附剂（如以硅藻土或滑石粉代替硅胶），则洗脱剂的极性亦须相应降低。如极性小的选用乙酸乙酯：石油醚系统；极性较大的用甲醇：氯仿系统；极性大的用甲醇：水：正丁醇：醋酸系统。硅胶柱色谱分离的步骤一般为：装柱（干法，湿法）→上样（干法，湿法）→洗脱（洗脱剂极性从小到大）→收集与检测。

（1）选择洗脱系统　用不同的洗脱剂对样品置于系统中进行 TLC 薄层色谱分离，选择分离效果最好的洗脱剂，一般选择 R_f 值为 0.15～0.2 的洗脱剂为最佳。

（2）装柱　用洗脱剂中较低极性的溶剂充分浸透适量硅胶（200～300 目），并用玻璃棒沿同一方向轻轻搅拌以除去悬液中的气泡。随后缓缓地将匀浆倒入已选好的色谱柱内，打开色谱柱阀门，让硅胶沉降，加压辅助硅胶压实，最终尽量使色谱柱达到平整、无断层和气泡。出现断层和气泡时，可以用吸耳球或软塑料管轻轻敲打色谱柱壁，达到排出气泡的目的。

（3）拌样　在拌样碗中倒入适量的拌样硅胶（60～80 目），用少量易挥发且能溶解样品的有机溶剂溶解样品，用滴管取溶解好的样品慢慢滴在硅胶上，搅拌均匀后，待溶剂完全挥发得到上柱样品。

（4）干法上样　待色谱柱内硅胶压实后，直接将上柱样品装入硅胶柱中，在上柱样品表面覆盖一层石英砂（或棉花、无水硫酸钠等）。

（5）梯度洗脱　按极性由小到大的顺序，配制不同浓度比例的洗脱剂，将洗脱剂加入柱中，开始色谱分离。在柱子下方用小锥形瓶或试管收集，一般 10mg 上样量，1g 硅胶，0.5mL 收集一个馏分；1～2g 上样量，50g 硅胶，20～50mL 收集一个馏分。最后用薄层色谱法点板确定分离情况。

注意事项如下。

① 尽可能选用极性小的溶剂装柱和溶解样品，或用极性稍大的溶剂溶解样品后，以少量吸附剂拌匀挥干，上柱。

② 一般以 TLC 展开时使组分 R_f 值达到 0.2 左右的溶剂系统作为最佳溶剂系统进行洗脱。实践中多用混合的有机溶剂系统。

③ 为避免化学吸附，酸性物质宜用硅胶、碱性物质宜用氧化铝作为吸附剂进行分离。

④ 通常在分离酸性（或碱性）物质时，洗脱溶剂中常加入适量的醋酸（或氨、吡啶、二乙胺），以防止拖尾、使斑点集中，少量极性大的溶剂可改善分离效果。

⑤ 一般用来分离极性小的物质，极性大的物质吸附力太大，难以分离。

（七）葡聚糖凝胶色谱法

羟丙基葡聚糖凝胶（Sephadex LH-20）：水溶液或非极性溶液中使用，可分离多糖、蛋白质等物质（水溶液中）或生物碱、黄酮等极性小的物质（非极性溶液中）。在许多水溶液及有机溶剂系统中都稳定。在 pH＝2 以下或强氧化剂中不稳定。

Sephadex LH-20 的分离原理主要有两方面：以凝胶过滤作用为主，兼具反相分配的作用（在反相溶剂中）。因为凝胶过滤作用，所以大分子的化合物保留弱，先被洗脱下来，小分子的化合物保留强，最后出柱。如果使用反相溶剂洗脱，Sephadex LH-20 对化合物还起反相分配的作用，所以极性大的化合物保留弱，先被洗脱下来，极性小的化合物保留强，后出柱。如果使用正相溶剂洗脱，这主要靠凝胶过滤作用来分离。葡聚糖凝胶色谱分离的步骤如下。

（1）凝胶溶胀　商品葡聚糖凝胶为干燥颗粒，使用前必须水化溶胀，凝胶溶胀有两种方法：一种是在室温下溶胀，把所需溶胀的葡聚糖凝胶浸入蒸馏水中即可；另一种是放在沸水中溶胀。目前多用“热法”溶胀，这样可大大加速溶胀平衡，通常 1～2h 即可完成。“热法”溶胀不仅可以杀死污染的细菌，达到消毒的效果，而且也有助于排出凝胶内聚集的气泡。注意：搅拌会导致凝胶颗粒破裂从而产生碎片，因此，在凝胶进行溶胀的过程中，一定要尽量避免剧烈搅拌。

（2）装柱　灌注凝胶时要求一次性将溶胀处理好的凝胶加到所需的柱床高度，

不能时断时续，否则将出现分层或"纹路"等现象。如果在灌好凝胶后才发现"纹路"、分层等现象时，为避免影响色谱分离的效果，需要重新装柱。凝胶柱装好后，在使用前必须用相当于柱床体积两倍以上的洗脱液冲洗凝胶柱，压实凝胶。

（3）上样　先用较合适的少量溶剂将样品溶解，过滤以除去杂质，打开凝胶柱下端的阀门开关，将凝胶柱上面的溶剂放出，但注意溶剂液面一定要高于凝胶表面。然后将溶解好的样品用滴管吸取后慢慢加在凝胶表面，打开凝胶柱下端的阀门开关，并调节流速，让样品慢慢通过凝胶。加样时一定要轻和慢，避免将凝胶冲起，使凝胶表面不平整，同时也不能将样品沿管壁流下，当样品液面与凝胶表面相齐时，关闭凝胶柱下端的阀门开关，上样完成。最后接上洗脱瓶加入洗脱剂准备洗脱。

（4）洗脱　倒入选择好的洗脱剂，分子量不同的样品随着洗脱剂的流过而被分开，洗脱过程一定要保持适当的恒定流速，一般为 5～10s/滴，流速过快过慢都会有一些影响效果。

（5）检测与处理　通过 TLC 薄层色谱检测收集到的各个组分，并将具有类似或相同 R_f 值以及显色情况的组分合并收集。

注意事项如下：

① 葡聚糖凝胶色谱分离时流速不能太快，中途不要断断续续地收集。

② 色谱柱尽可能长。

③ 上样时需要过滤，去除样品中的不溶杂质等。

④ 鞣质成分在 Sephadex LH-20 中吸附严重。

⑤ Sephadex LH-20 对黄酮类成分的分离效果极佳。

⑥ 凝胶填料反复使用，每次用完，可用甲醇将柱子洗干净，然后用下一次分离的溶剂将甲醇替换出来，待用。暂时不用可水洗→含水醇洗（醇的浓度逐步递增）→醇洗，最后泡在醇中储于磨口瓶中备用。如长期不用时，可在以上处理的基础上，减压抽干，再用少量乙醚洗净抽干，室温充分挥散至无醚味后，60～80℃干燥后保存。

（八）反相（RP-18）柱色谱法

反相柱（reversed phase column）中的填料是十八烷基硅烷键合硅胶填料，这种填料有较高的碳含量和更好的疏水性，对各种类型的生物大分子有更强的适应能力，因此，在生物化学分析工作中应用广泛。在反相柱色谱分离中，极性大的组分先流出，极性小的组分后流出。反相柱色谱分离的步骤如下：

（1）装柱　可以直接将新买来的反相材料用甲醇浸泡过夜后湿法装柱，装好后，反复用甲醇冲洗，平衡好后，再将柱内溶剂用水置换，当甲醇全部置换出来后，就可以准备上样了。对于具体的装柱方法，跟硅胶柱一样，不同的是反相柱需要用甲醇来装柱。

（2）上样　分为两种，一种是湿法上样；另一种是干法上样。湿法上样，就是将样品用适合的溶剂溶解至一定体积（注意最好用起始流动相溶解，溶解时尽量将溶剂体积控制在较少量，量大会导致分离度变差），然后上样；干法上样，就是将所要分离的样品溶解后，与反相材料混匀后进行拌样，待溶剂挥发后，即可上样。

（3）洗脱　如果有反相薄层板，可以先点板，查看样品大致的极性，一般当 R_f 值在 0.25～0.35 之间较好；如果没有反相薄层板，可采取常规的梯度洗脱，洗脱剂一般为水、甲醇或甲醇和水的混合溶剂等，分瓶收集洗脱流分。

（4）检测与处理　通过洗脱收集得到的各个组分，经过 TLC 薄层色谱检测后，把 R_f 值和显色情况类似或相同的部分合并收集。

（九）半制备/制备型高效液相色谱法

半制备/制备高效液相色谱（semi-preparative/preparative high performance liquid chromatography）由储液器、泵、进样器、色谱柱、检测器、记录仪等几部分组成。储液器中的流动相被高压泵打入系统，样品溶液经进样器进入流动相，被流动相载入色谱柱（固定相）内，由于样品溶液中的各组分在两相中具有不同的分配系数，在两相中做相对运动时，经过反复多次的吸附-解吸的分配过程，各组分在移动速度上产生较大的差别，被分离成单个组分依次从柱内流出，通过检测器时，样品浓度被转换成电信号传送到记录仪，数据以图谱形式打印出来。

与反相柱色谱分离化合物的原理一样，只是柱效更高，但需要花费大量的时间摸索过柱系统、出峰时间、柱压等条件，用于分离一些难于分开且量很少的化合物。

二、 蛋白质的提取分离

1. 蛋白质的水溶液提取法

凡能溶于水、稀盐、稀酸或稀碱的蛋白质或酶，一般都可用稀盐溶液或缓冲溶液进行提取。稀盐溶液有利于稳定蛋白质结构和增加蛋白质溶解度。加入的提取液的量要适当，一般用量为原料的 3～6 倍即可，可一次提取或分次提取。提取时常缓慢搅拌，以提高提取效率。

用盐溶液或缓冲液提取蛋白质和酶时，常综合考虑下列因素：

（1）盐浓度　提取蛋白质的盐的浓度，一般在 0.02～0.2mol/L 的范围内。常用的稀溶液和缓冲液有 0.02～0.05mol/L 磷酸缓冲液、0.09～0.15mol/L NaCl 溶液。在某些情况下，也用到较高的盐浓度，如提取脱氧核糖核蛋白及膜蛋白。有时为了螯合某些金属离子和解离酶分子与其他分子的静电结合，选用柠檬酸缓冲液和焦磷酸钠缓冲液可获得较好的效果。

如硫酸铵沉淀法。在抑菌物质粗提液中加入一定量的硫酸铵，混匀，置于 4℃

静置过夜。以硫酸铵饱和度达到80%的培养液作为对照。10000r/min、4℃下离心20min，收集沉淀（张轶群等，2008；许亦峰等，2013）。

（2）提取液pH　所用提取液pH一般选择在被提取的蛋白质等电点两侧的稳定区内。如细胞色素c是一碱性蛋白质，常用稀酸提取。肌肉甘油醛-3-磷酸脱氢酶是一酸性蛋白质，则用稀碱提取。植物组织中的一些酸性或碱性蛋白质常分别用0.1%～0.2%的氢氧化钾或1%的碳酸钠溶液提取。在某些情况下，为了破坏所分离的蛋白质与其他杂质的静电结合，选择偏酸（pH3～6）或偏碱（pH10～11）提取，可以使离子键破坏而获得单一的蛋白成分。

（3）温度　蛋白质和酶一般都不耐热，所以提取时通常要求低温操作。只有对某些耐高温的蛋白质或酶（如胃蛋白酶、酵母醇脱氢酶及某些多肽激素）才在比较高的温度下提取，更有利于和其他不耐热蛋白质的分离。

2. 蛋白质的有机溶剂提取法

一些和脂质结合比较牢固或分子中非极性侧链较多的蛋白质和酶，难溶于水、稀盐、稀酸和稀碱，常用有机溶剂提取。如丙酮、异丙醇、乙醇、正丁醇等，均可溶于水或部分溶于水，这些溶剂都同时有亲脂性和亲水性。其中正丁醇有较强的亲脂性，也有一定的亲水性，在0℃时于水中有10.5%的溶解度。它在水和脂分子间起着类似去污剂的作用，取代蛋白质与脂质重新与蛋白质结合，使原来蛋白质在水中的溶解度大大增加。丁醇在水溶液及各种生物材料中解离脂蛋白的能力极强，是其他有机溶剂所不及的。

有些蛋白质和酶既溶于稀酸、稀碱，又能溶于一定比例的有机溶剂。在这样的情况下，采用稀的有机溶剂提取常常是为防止水解酶的破坏，并兼有除杂和提高纯化效果的作用。

如低温乙醇沉淀法。无水乙醇置于冰箱内进行预冷处理。在抑菌物质粗提液中缓慢加入乙醇，此反应在冰浴中进行。于4℃静置4h以上，10000r/min、4℃下离心20min，收集沉淀（金晶等，2010）。

3. 从细胞膜上提取水溶性蛋白质的方法

膜上的蛋白质或酶一般有两种存在状态，一是在膜表面上，与膜成分结合比较松；二是膜的内在成分之一，或与膜成分结合较紧。蛋白质与膜成分的结合可通过脂质形成复合物，也可以通过金属离子与膜成分结合，或与膜其他蛋白质形成复合物。与膜成分结合较松的蛋白质或酶，经过充分破碎细胞，在一定pH范围用稀盐溶液即可提取分离。如线粒体上的细胞色素c，是与细胞器结合较松的一个酶，用pH4.0的酸或等渗KCl溶液破坏其与膜成分的静电引力，线粒体上的细胞色素c即解离转到提取液中。但一些与膜成分结合较牢或属于膜组成的蛋白质，提取则比较困难，须用超声波、去污剂或其他比较强烈的化学处理，才能从膜上分离出来。一般常用的方法有如下几种：

（1）浓盐或尿素等溶液提取　如 NaCl、尿素、肌盐酸等溶液均有人应用于提取膜蛋白，当以上溶液浓度达到 2mol/L 时，可提取分离 2700 以上的膜蛋白，但使用这样的条件易引起蛋白质和酶的变性。

（2）碱溶液提取　碱性条件也可以解离与膜上成分结合的蛋白质。在 pH 8～10 范围内，某些膜蛋白随着 pH 的提高而溶解度大大增加；至 pH 为 11 时，有40%～50%的膜蛋白被抽出，但碱提取法也容易引起蛋白质和酶的失活，应用上有一定的局限性。

（3）加入金属螯合剂　蛋白质通过金属离子与膜成分结合时，加入金属螯合剂如 EDTA 可使蛋白质释放出来。用此法曾成功地提取了膜上 ATP 酶的偶联因子 I。EDTA 与超声波联合处理抽提膜上的磷酰转移酶效果更好。

（4）有机溶剂抽提　使用乙醇、吡啶、叔戊醇、正丁醇等溶剂抽提及用冷丙酮做成丙酮粉，是提取膜上与脂质结合的脂蛋白或膜内脂蛋白组分最常用也较有效的方法，其中叔戊醇及正丁醇用于膜内脂蛋白效果尤佳。前已提到正丁醇可在广泛的 pH（pH3～10）和温度（−2～40℃）范围内使用。用有机溶剂结合其他方法已成功地提取了多种膜上蛋白质和酶，如 NPDH 脱氢酶、琥珀酸脱氢酶、细胞色素氧化酶、碱性磷酸酯酶、胆碱酯酶等。

（5）去垢剂处理　去垢剂处理是目前广泛应用于提取膜上水溶性蛋白和脂蛋白的方法，常用的去垢剂有弱离子去垢剂脱氧胆酸盐、胆酸盐，强离子型去垢剂十二烷基磺酸钠（SDS）和非离子型去垢剂 Triton X-100、Tween、Lubroi 和 Brij 等。去垢剂处理膜蛋白时的浓度通常为 1% 左右，用此法提取的膜蛋白和酶有细胞色素 B_5、胆碱酯酶、细胞色素氧化酶、DPNH 氧化酶、ADP/ATP 载体蛋白等。

（6）加入脂肪酶或磷酸酯酶水解蛋白质-脂质复合物　从蛇毒中提取的磷酸酯酶 A 主要作用于磷脂，最适 pH 为 6～8。从胰脏中提取的脂肪酶作用于单酰甘油、二酰甘油、三酰甘油，酶作用的最适 pH 为 7～8。脂肪酶和磷酸酯酶均需要 Ca^{2+} 激活。用酶法处理提取的膜蛋白及酶有细胞色素 c、α-磷酸甘油脱氢酶、TPNH-细胞色素 c 还原酶等。

4. 蛋白质和酶提取后的进一步纯化

蛋白质和酶从细胞内提取出来后，仍处于十分混杂的体系中，必须进一步纯化。但经过选择性则可提取除去大量与制备物性质差别较大的杂质，只剩余与制备物性质大致相近或类似的物质。因此，经过有选择性地提取这一步骤，为以后的纯化工作创造了十分有利的条件。蛋白质和酶溶剂提取后进一步分离纯化的常用方法如下：

① 盐析法；

② 等电点沉淀法；

③ 有机溶剂分级分离法；

④ 色谱法（凝胶过滤色谱、离子交换色谱、吸附色谱、亲和色谱）；

⑤ 电泳法（等电聚焦电泳、双向凝胶电泳）；

⑥ 结晶纯化等。

由于各类蛋白质和酶从细胞中提取分离后进一步纯化的方法选择及操作步骤繁简都不相同，很难作统一规定。但对于同一类的蛋白质，在提取分离上仍有许多共同点。

三、 多糖的提取分离

（一）糖类的溶解性与性质鉴定

1. 糖类的溶解性

根据要提取的糖类的性质，从生物中直接提取糖类宜用水或稀醇。根据糖在水和乙醇中溶解度大小的不同，可将糖分为以下六类：

（1）易溶于冷水和乙醇　包括各种单糖、二糖、三糖和多元醇类。

（2）易溶于冷水而不溶于乙醇　包括果胶和树胶类物质，常以钙镁盐形式存在。

（3）易溶于温水，难溶于冷水，不溶于乙醇　包括黏液质，如木聚糖、菊糖、糖淀粉、胶淀粉、糖原等。

（4）难溶于冷水和热水，可溶于稀碱　包括水不溶胶类，总称半纤维素，如木聚糖、半乳聚糖、甘露聚糖等。

（5）不溶于水和乙醇，部分溶于碱液　包括氧化纤维素类，可溶于氢氧化铜的氨溶液。

（6）在以上溶剂中均不溶　如纤维素等。

2. 糖类的性质鉴定

（1）棕色环试验法（苯酚-硫酸法）　苯酚-硫酸试剂可与游离或多糖中的戊糖、己糖中的醛酸起显色反应。测试时，在样品溶液中加入 3 滴 5％苯酚，摇匀，再沿壁加几滴浓硫酸，有棕色环出现，表明有糖类化合物。

（2）蒽酮-硫酸法　糖类化合物与浓硫酸反应会脱水成糠醛及其衍生物，然后与蒽酮缩合变成绿色物质。用样品配成 50g/L 左右的溶液，取 1mL 试样溶液，加蒽酮试剂 4mL，此时样品颜色由无色变为绿色，证明样品是糖类化合物。

（3）斐林试剂反应　具有还原性的糖可以将铜试剂还原成氧化亚铜红棕色沉淀，而多糖则无还原性，但在无机酸作用下水解，可得定量有还原性的单糖。因此可以来判断样品是单糖还是多糖。取少许样品溶液，加入等体积斐林试剂，于近沸水浴加热数分钟后，观察有无棕色沉淀。如果有沉淀生成，则说明是单糖。

（4）成脎反应　取少许样品溶液加数滴浓盐酸，在沸水浴加热 10min，让其水解后分成两份，其中一份用 10％ NaOH 调至中性，加入等体积斐林试剂，即重复上述实验，观察有无沉淀生成。另一份在试管中加入 0.5mL 的 15％醋酸钠和 0.5mL 的 10％苯肼置入沸水浴中加热并不断振荡，观察脲结晶的生成速度和时间。如果样品在经盐酸水解后与斐林试剂反应有棕红色沉淀生成，可确定样品不是单糖。而另一份则先出现淡黄色结晶后逐步以黄色结晶出现，则说明已有具有多种糖类特点的糖脲生成，从而再次确定样品为多糖化合物。

（二）糖类的提取分离

1. 水提-醇沉法

热水浸提法是多糖提取的传统方法，用水作为溶剂浸取多糖，温度一般控制在 50～90℃，在恒温水浴上回流浸提 2～4h，过滤后得滤液和滤渣。再用水在相同条件下将滤渣反复浸取 3～5 次，合并滤液，浓缩使绝大部分水挥发除去，然后边搅拌边加体积相当于余下溶液 2～5 倍的 950mL/L 乙醇，多糖呈絮状沉淀析出，而大部分蛋白质和其他成分保留在溶液中，离心分离（3000～6000r/min）20min 左右，用适量丙酮或乙醚洗涤脱水，干燥得到粗多糖。此法操作简便，但由于水作为溶剂难以完全溶出其中的多糖物质，所以需要多次浸提，操作时间长，收率低。

（1）酸浸提法　向原料中加盐酸溶液使其浓度为 0.3mol/L，置于 90℃恒温水浴中浸提 1～4h，用碱中和后过滤，滤渣加盐酸溶液反复浸提 2～3 次，合并滤液，浓缩，用 950mL/L 乙醇沉淀、分离、洗涤脱水、干燥得粗多糖。

（2）碱浸提法　向原料中加氢氧化钠溶液使其浓度为 0.5mol/L，置于室温或 90℃恒温水浴中浸提 1～4h，用酸中和后过滤，滤渣加氢氧化钠溶液反复浸提 2～3 次，合并滤液，浓缩、用 95％乙醇沉淀、分离、洗涤脱水、干燥得粗多糖。酸浸提法和碱浸提法易使部分多糖发生水解，减少多糖得率。

（3）酶法　该法是先用蛋白酶分解除去大部分蛋白质，然后再从溶液中浸提多糖。过程如下：按原料：水＝1：（10～20）的比例配成溶液，调整适当的 pH。加入 10～30g/L 蛋白酶或复合酶制剂，置于 50～60℃水浴中酶解 1～3h，然后过滤、浓缩，用 950mL/L 乙醇沉淀、分离、洗涤脱水，干燥得粗多糖。此法提高粗多糖的得率和蛋白质脱除率。

2. 透析法

透析法是利用一定大小孔目的膜，使无机盐或小分子糖透过而达到分离目的的方法。孔目较大时，较大分子的糖也能透过，因此，选择适当的透析膜是十分重要的。纤维膜（celluphan）的孔小于 2～3nm，适用于糖类，可使单糖分子通过。孔目稍大的如 3～5nm 可使小分子透过加速，多糖留存在不透析部分。纤维膜可用乙醇化法使孔目变小。透析在逆相流水中进行或需经常换水，pH 保持在 6.0～6.5，时间可达数天，透析液浓缩后可用乙醇沉淀多糖。

3. 活性炭柱色谱法

活性炭柱色谱法适宜于分离低聚糖的混合物。通常用活性炭和硅藻土的等量混合物柱色谱法进行糖液分离。在此，硅藻土有利于色谱分离时洗脱液的通过。也可用 40～60 目的颗粒状活性炭装柱。

装柱之前，应先以 0.2mol/L 柠檬酸缓冲液或 150mL/L 醋酸溶液将活性炭中所含有的 Fe^{2+}、Ca^{2+} 冲洗干净。一般情况下，先用水洗脱出单糖，再用 50～75mL/L 的稀醇洗出二糖，用 100mL/L 的稀醇洗出聚合度较高的多糖。如此逐渐增加乙醇浓度，得到聚合度渐增的多糖。糖类在活性炭上的吸附力有如下渐增的顺序：L-鼠李糖、L-阿拉伯糖、D-果糖、D-木糖、D-葡萄糖、D-半乳糖、D-甘露糖、蔗糖、乳糖、麦芽糖、棉子糖、毛蕊糖等。活性炭的吸附容量不受糖液浓度或无机盐的影响，因此，这是一个有效的分离方法。

4. 离子交换树脂色谱法

阴离子交换树脂，如 Amberlite IR 400，用 NaOH 处理过后，可以选择性地吸附还原糖，完全不吸附糖醇和苷，而部分地吸附蔗糖。所有的糖都可用 100g/L NaCl 溶液洗脱出来。阳离子交换树脂可用于酸性糖类和中性糖类的分离。中性糖类的多羟基结构与硼酸络合成酸性酯后，也可再用离子交换树脂进行分离。

常用的强碱性阴离子交换树脂是 Dowex 1。在使用时，先用硼酸盐处理树脂，再将糖混合物的硼酸络合物上柱，即可起到选择性的交换作用。再用浓度递增的硼酸盐溶液依次洗出单糖、二糖、三糖等。

5. 季铵盐沉淀法

阳离子型清洁剂，如十六烷基三甲铵盐（CTA 盐）和十六烷基吡啶盐（CP 盐）等，和酸性多糖阴离子可以形成不溶于水的沉淀，从而使酸性多糖从水溶液中沉淀出来，而中性多糖则留存在母液中。再利用硼酸络合物，即可使中性多糖沉淀下来；或者是在高 pH 的条件下，增加中性糖上羟基的解离度而使之沉淀。因此，通过将十六烷基三甲铵溴化物（CTAB）顺次加入不同 pH 的多糖水溶液中，就可在酸性、中性、微碱性、强碱性的溶液中分步沉淀出多糖。加入少量（0.02mol/L）硫酸钠可以促进沉淀聚集，由此达到分离的目的。

● 第二节　内生菌代谢产物的鉴定

一、 定性鉴定

（一）通用显色剂配制

1. 硫酸显色剂

制备：5％的浓硫酸乙醇溶液，或浓硫酸-醋酸（1∶1）。

使用：喷洒后，在空气中干燥15min，再加热至110℃直至出现颜色斑点或荧光。

2. 碘显色剂

① 薄层板放密闭缸内或瓷盘内，缸内预先放有碘结晶少许，大部分有机化合物呈棕色斑点。

② 薄层板放碘蒸气中5min（或喷5％碘的氯仿溶液），取出置空气中待过量的碘蒸气全部挥发后，喷1％淀粉的水溶液，斑点转成蓝色。

3. 碘化铋钾（Dragendorff）显色剂

Ⅰ液：取0.85g次硝酸铋、10g酒石酸溶在40mL水中。

Ⅱ液：取16g碘化钾溶在40mL水中。

配制：取5mL Ⅰ液、5mL Ⅱ液和20g酒石酸与100mL水混合，喷洒到薄层板上即可。

4. Keddé 试剂

取5mL新配制的3％ 3,5-二硝基苯甲酸乙醇溶液和5mL 2mol/L NaOH水溶液混合，喷洒到薄层板上即可。

5. Bornträger 试剂

50g/L或100g/L KOH的乙醇溶液，喷洒到薄层板上即可。

（二）显色剂的应用

除在256nm或365nm紫外光下显示外，实验中使用的特定类型化合物的薄层色谱显色剂及颜色见表9-2。

表 9-2　薄层色谱常用显色剂

化合物	显色剂	颜色
生物碱	1. 碘化铋钾试剂 2. 碘-碘化钾	橘红色 棕色
黄酮体	1. 紫外线-氨熏 2. 三氯化铝乙醇溶液	荧光增强 黄色
蒽醌类	1. 醋酸镁甲醇溶液 2. Bornträger 试剂	随羟基位置变化 红色
强心苷类	Keddé 试剂	蓝色或紫色
糖	1. 邻苯二甲酸苯胺 2. 苯酚-硫酸法（戊糖、己糖显色） 3. 蒽酮-硫酸法 4. 斐林试剂（还原性糖）	蓝色或黄褐色 棕色环 绿色 红棕色
甾体	1. 茴香醛硫酸溶液 2. 三氯化锑冰醋酸	绿色 黄—红色
酚类	1. 三氯化铁水溶液 2. 三氯化铁-铁氰化钾溶液 3. 香草醛盐酸溶液	紫色 黄色 紫色

化合物	显色剂	颜色
有机酸类	1. 葡萄糖苯胺 2. 溴甲酚绿乙醇溶液	蓝绿色 黄色

（三）薄层色谱法的定性分析

对分离纯化的化合物，选择 TLC 方法可以快速、便宜、简便地对化合物纯度进行鉴定；将分离纯化后的化合物溶解在合适的溶剂中，选择适宜的展开剂展开，观察 TLC 显色后是否为单一斑点来确定目标组分有无杂质组分。

二、红外光谱分析法

红外光谱（infrared spectra，IR）分析是将一束不同波长的红外射线照射到物质的分子上，某些特定波长的红外射线被吸收，形成这一分子的红外吸收光谱。每种分子都有由其组成和结构决定的独有的红外吸收光谱，据此可以对分子进行结构分析和鉴定。红外光谱最常用的方法是溴化钾（KBr）压片法，压片法时供试样品的量一般为 $1\sim2mg$。

红外光谱常见基团的键值范围如下：

① 烷烃：C—H 伸缩振动 $3000\sim2850cm^{-1}$，C—H 弯曲振动 $1465\sim1340cm^{-1}$。

② 烯烃：烯烃 C—H 伸缩振动 $3100\sim3010cm^{-1}$，C=C 伸缩振动 $1675\sim1640cm^{-1}$，烯烃 C—H 面外弯曲振动 $1000\sim675cm^{-1}$。

③ 炔烃：C≡C 伸缩振动 $2250\sim2100cm^{-1}$，炔烃 C—H 伸缩振动 $3300cm^{-1}$ 附近。

④ 芳烃：芳环上 C—H 伸缩振动 $3100\sim3000cm^{-1}$，C=C 骨架振动 $1600\sim1450cm^{-1}$，C—H 面外弯曲振动 $880\sim680cm^{-1}$，芳香化合物一般在 $1600cm^{-1}$、$1580cm^{-1}$、$1500cm^{-1}$ 和 $1450cm^{-1}$ 可能出现强度不等的 4 个峰。

⑤ 醇和酚：O—H 伸缩振动 $3650\sim3600cm^{-1}$，为尖锐的吸收峰；分子间氢键 O—H 伸缩振动 $3500\sim3200cm^{-1}$，为宽的吸收峰；C—O 伸缩振动 $1300\sim1000cm^{-1}$，C—H 面外弯曲振动 $769\sim659cm^{-1}$。

⑥ 脂肪醚：$1150\sim1060cm^{-1}$ 一个强的吸收峰；芳香醚：两个 C—O 伸缩振动吸收，$1270\sim1230cm^{-1}$ 为 Ar—O 伸缩振动，$1050\sim1000cm^{-1}$ 为 R—O 伸缩振动。

⑦ 醛和酮：醛的主要特征吸收 $1750\sim1700cm^{-1}$（C=O 伸缩），$2820cm^{-1}$、$2720cm^{-1}$（醛基 C—H 伸缩）；脂肪酮：$1715cm^{-1}$，强的 C=O 伸缩振动吸收，如果羰基与烯键或芳环共轭会使吸收频率降低。

⑧ 羧酸：羧酸二聚体：$3300\sim2500cm^{-1}$，强的 O—H 伸缩吸收；$1720\sim1706cm^{-1}$，C=O 吸收振动；$1320\sim1210cm^{-1}$，C—O 伸缩振动；$920cm^{-1}$，成键的 O—H 键的面外弯曲振动。

⑨ 酯：饱和脂肪族酯（除甲酸酯外）的 C═O 吸收谱带：$1750\sim1735cm^{-1}$；区域饱和酯 C—C（═O）—O 谱带：$1210\sim1163cm^{-1}$ 区域，为强吸收。

⑩ 胺：$3500\sim3100cm^{-1}$，N—H 伸缩振动吸收；$1350\sim1000cm^{-1}$，C—N 伸缩振动吸收；N—H 变形振动相当于 CH_2 的剪式振动方式，其吸收带在 $1640\sim1560cm^{-1}$；面外弯曲振动在 $900\sim650cm^{-1}$。

⑪ 脂肪族腈 $2260\sim2240cm^{-1}$，芳香族腈 $2240\sim2222cm^{-1}$。

⑫ 酰胺：$3500\sim3100cm^{-1}$ N—H 伸缩振动，$1680\sim1630cm^{-1}$ C═O 伸缩振动，$1655\sim1590cm^{-1}$ N—H 弯曲振动，$1420\sim1400cm^{-1}$ C—N 伸缩振动。

⑬ 有机卤化物：C—X 伸缩脂肪族，C—F 伸缩振动 $1400\sim730cm^{-1}$；C—Cl 伸缩振动 $850\sim550cm^{-1}$；C—Br 伸缩振动 $690\sim515cm^{-1}$；C—I 伸缩振动 $600\sim500cm^{-1}$。

三、 核磁共振波谱法

核磁共振（nuclear magnetic resonance，NMR）是根据处在某个静磁场中的物质原子核系统当受到相应频率的电磁波作用时，在磁能级间产生共振跃迁的原理而采取的一种技术。目前，核磁共振已成为鉴定化合物结构和研究化学动力学极为重要的方法，具有操作方便、分析快速、不破坏样品等优点。绝大多数化合物主要由 C、H 组成，在有机化学中研究最多、应用最广的是氢核（[1]H）的核磁共振谱（^{1}H NMR）和碳核的核磁共振谱（^{13}C NMR）。还有 [19]F、[31]P 核磁共振波谱等。

氢谱提供的信息，主要是由化学位移、耦合常数及峰面积积分曲线分别提供含氢官能团、核间关系及氢分布等三方面的信息。具体如下：

① 峰的数目：标志分子中磁不等价质子的种类。

② 峰的强度（面积）：每类质子的数目（相对）。

③ 峰的位移（δ）：每类质子所处的化学环境，化合物中的位置。

④ 峰的裂分数：相邻碳原子上的质子数。

⑤ 耦合常数（J）：确定化合物构型。

碳谱的化学位移判断方式与氢谱大致相当，分辨率高，谱线简单，可观察到季碳，可给出化合物的骨架信息，分四个区：

① 烷碳区：$0\sim50ppm$。

② 取代烷碳区：$50\sim80ppm$，C—O、C—N、C—S 等。

③ 芳烯区：$100\sim150ppm$。

④ 羰基区：$150\sim200ppm$。

^{1}H NMR 和 ^{13}C NMR 核磁共振谱均为一维谱，当化合物结构复杂或在一维谱中有的地方官能团重叠，不能决定结构时，需要通过二维谱提供更详细的结构信

息。二维核磁共振谱是将化学位移、耦合常数等核磁共振参数展开在二维平面上，这样在一维谱中重叠在一个频率坐标轴上的信号分别在两个独立的频率坐标轴上展开，这样不仅减少了谱线的拥挤和重叠，而且提供了自旋核之间相互作用的信息。这些对推断一维核磁共振谱图中难以解析的复杂化合物结构具有重要的作用。二维谱主要包括[1]H-^{1}H COSY、HMBC、HMQC、NOESY 谱。

其中，COSY 是 H—H 相关，通过化学键连接的两个质子，例如 H—C—C—H 键之间的相关信号。

HMQC 给出的是直接相连的碳氢关系，即 C—H 键信号，而不能解决碳与季碳相连的问题，或隔碳相连的问题。

HMBC 给出的是远程耦合的碳氢关系，可得相隔 2 个或 3 个键的碳氢相关谱（芳环体系中，可能出现跨越 5 个化学键的 C、H 原子的相关峰）。当未知结构含有季碳或杂原子时，只有 HMBC 能解决。

NOSY 给出的是空间上接近的两个质子之间的 NOE 效应信号，可以用来判断相对构型。出现 NOSY 信号，表明其在空间上相互接近，一般小于 5 个碳才有相关，可作为结构判定的依据，或者计算出质子间的空间距离。

列举我们前期分离得到的化合物 stagonolide G（图 9-3），其核磁共振波谱解析如下（王洁，2018）。

化合物为白色固体，由高分辨质谱 HR-ESI-MS：m/z 323.1833 $[M + Na]^+$，确定该化合物的分子式为 $C_{16}H_{28}O_5$，不饱和度为 3。化合物的 IR 分别在 $3426cm^{-1}$、$1731cm^{-1}$ 区域有较强吸收，分别是羟基和酯基的特征吸收峰。

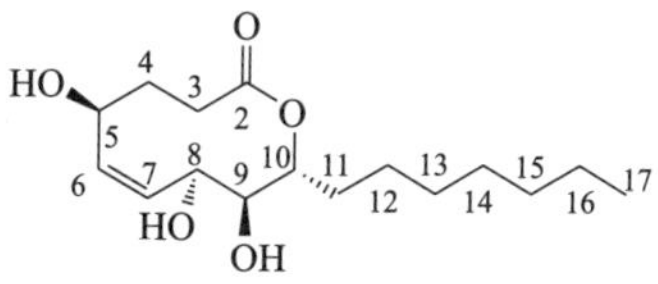

图 9-3　化合物 stagonolide G 的化学结构

化合物的[1]H NMR 在高场区有 1 个甲基信号：$\delta_H 0.89$（3H，t，$J=7.0Hz$），在低场区有 2 个双键氢信号：$\delta_H 5.49$（1H，ddd，$J=15.7，9.3，2.2Hz$）和 $\delta_H 5.77$（1H，dd，$J=15.7，2.2Hz$）。^{13}C NMR 和 DEPT 谱显示化合物有 16 个碳原子，其中包括 1 个甲基碳（$\delta_C 14.45$），8 个亚甲基碳，6 个次甲基碳（其中 4 个为连氧次甲基碳 δ_C 72.01、$\delta_C 73.53$、$\delta_C 74.57$、$\delta_C 75.81$，2 个为双键碳 $\delta_C 128.06$、$\delta_C 133.37$），1 个季碳（为酯羰基碳 $\delta_C 176.18$）。该化合物有 3 个不饱和度，其中 1 个酯基和 1 对双键各占 1 个不饱和度，推测化合物可能成环。

化合物的平面结构是通过对 HSQC、^{1}H-^{1}H COSY 和 HMBC 谱的解析来确定的。首先对 HSQC 谱进行碳氢信号归属，再通过[1]H-^{1}H COSY 谱确定化合物的主要结构片段（图 9-4）为 C-3/C-4/C-5/C-6/C-7/C-8/C-9/C-10/C-11 和 C-16/C-17，高场区亚甲基碳的氢信号严重重叠，无法进行碳氢信号归属。通过 HMBC 谱可知，3 位氢 $\delta_H 2.04$（1H，td，$J=13.6，2.0Hz$）和 $\delta_H 2.27$（1H，ddd，$J=13.9$，

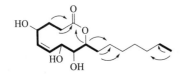

图 9-4 化合物的 HMBC 和 ¹H-¹H COSY 主要相关信号

6.3，2.3Hz)、4 位氢 δ_H1.82（1H，m）和 δ_H1.91（1H，dddd，$J=10.9$，6.4，4.7，1.9Hz）与 10 位氢 δ_H5.11（1H，td，$J=9.5$，2.7Hz）都与 C-2（δ_C176.18）有 BC 相关，说明 C2～C10 为十元内酯环，且有支链与 C-10 相连；C11～C16 的连接方式无法直接判断，可以通过 BC 谱间接确定，10 位氢 δ_H5.11（1H，td，$J=9.5$，2.7Hz）与 C-12（δ_C25.67）有相关，11 位氢 δ_H1.47（1H，ddd，$J=12.8$，8.9，3.9Hz）与 C-12（δ_C25.67）、C-13（δ_C30.64）相关，可以确定 C-11/C-12/C-13 的连接方式，17 位甲基氢 δ_H0.89（3H，t，$J=7.0$Hz）与 C-15（δ_C32.99）、C-16（δ_C23.73）相关，表明 C-15/C-16/C-17 相连，从而确定了侧链的连接方式为 C-11/C-12/C-13/C-14/C-15/C-16/C-17。HMBC 谱结合 ¹H-¹H COSY 谱确定了化合物的平面结构如图 9-4 所示。

化合物的相对构型是通过 NOESY 谱确定的。NOSEY 谱显示（图 9-5），H-7 与 H-5、H-9 有 NOE 相关，说明 H-5、H-7、H-9 在同一侧。H-8 与 H-6、H-10 有 NOE 相关，说明 H-6、H-8、H-10 在同一侧。通过 NOESY 确定了化合物的相对构型。与文献报道化合物（5R,8S,9R,10S,E)-5,8,9-trihydroxy-10-methyl-3,4,5,8,9,10-hexahydro-2H-oxecin-2-one 的相对构型相同

图 9-5 化合物的 NOESY 主要相关信号

（Vadhadiya 等，2012），除了 C-10 连接的支链长度有差别。

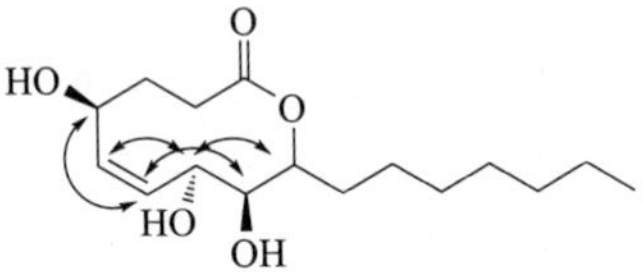

化合物的绝对构型是通过旋光值确定的。化合物的 $[\alpha]_D^{25}=+24.83$（c 0.0193，MeOH），与文献中化合物 A 的 $[\alpha]_D^{25}=-20.9$（c 0.5，MeOH）相反，因此，可以确定化合物的绝对构型为 5S，8R，9S，10R，可将其命名为 stagonolide G。其核磁数据见表 9-3。

表 9-3　化合物的核磁共振波谱数据(CD₃OD)

位置	δ_H(mult,J in Hz)	δ_C	¹H-¹H COSY	HMBC(H→C)	NOESY
2		176.18,C			
3	α 2.27(ddd,13.9,6.3,2.3) β 2.04(td,13.6,2.0)	32.48,CH₂	4	2,4,5	
4	α 1.80(dd,13.2,2.3) β 1.91(ddd,10.9,6.4,4.7)	33.85,CH₂	3,5	2,3,5,6	
5	4.05(ddd,10.8,9.3,4.6)	75.81,CH	4,6	4,5,7,8	
6	5.49(ddd,15.7,9.3,2.2)	128.06,CH	5,7	5,7,8	
7	5.77(dd,15.7,2.2)	133.41,CH	6,8	6,8,9	5,9
8	4.38(q,2.3)	73.53,CH	7,9	6,9,10	6,10

位置	δ_H(mult, J in Hz)	δ_C	^{1}H-^{1}H COSY	HMBC(H→C)	NOESY
9	3.50(dd,9.7,2.5)	74.57,CH	8,10		
10	5.11(td,9.5,2.7)	72.01,CH	9,11	2,8,9,11,12	
11	α 1.83(m) β 1.47(ddd,12.8,8.9,3.9)	32.77,CH$_2$		10,12,13	
12	1.28(m)	25.67,CH$_2$		10,11	
13	1.28(m)	30.64,CH$_2$			
14	1.28(m)	30.39,CH$_2$			
15	1.28(m)	32.99,CH$_2$			
16	1.28(m)	23.73,CH$_2$	17		
17	0.89(d,7.0)	14.45,CH$_3$	16	15,16	

注:氢谱为 600MHz,碳谱为 150MHz。

四、 质谱分析法

质谱 (mass spectrometry, MS) 分析法是一种测量离子质荷比 (质量-电荷比) 的分析方法, 其基本原理是使样品中各组分在离子源中发生电离, 生成不同质荷比的带电荷的离子, 经加速电场的作用, 形成离子束, 进入质量分析器。质谱分析具有灵敏度高、样品用量少、分析速度快、分离和鉴定同时进行等优点, 因此, 质谱技术广泛地应用于天然产物化学、医药、生命科学、材料科学等领域。

质谱仪可以分为气相色谱-质谱联用仪 (GC-MS)、液相色谱-质谱联用仪 (LC-MS)、基质辅助激光解吸飞行时间质谱仪 (MALDI-TOFMS)、傅里叶变换质谱仪 (FT-MS) 等。

质谱技术是一种鉴定技术, 在有机分子的鉴定方面发挥着非常重要的作用。它能快速而极为准确地测定生物大分子的分子量, 使蛋白质组研究从蛋白质鉴定深入到高级结构研究以及各种蛋白质之间的相互作用研究。

质谱分析的一般过程如下:

① 确认分子离子峰, 并由其求得分子量和分子式 (饱和分子式 C_nH_{2n+2}); 计算不饱和度。

② 找出主要的离子峰 (一般指相对强度较大的离子峰), 并记录这些离子峰的质荷比 (m/z 值) 和相对强度。

③ 结合 UV、IR、NMR 和样品理化性质提出试样的结构式。最后将所推定的结构式按相应化合物裂解的规律, 检查各碎片离子是否符合。若没有矛盾, 就可确定可能的结构式。

④ 已知化合物可用标准图谱对照来确定结构是否正确, 未知化合物可以使用

专业软件（如 Chemdraw Software）进行模拟分析确定。

五、 圆二色光谱分析法

圆二色光谱（circular dichroism）是用于推断非对称分子的构型和构象的一种旋光光谱，也是研究稀溶液中蛋白质构象的一种快速、简单、较准确的方法，广泛应用于有机化学、生物化学、配位化学和药物化学等领域，成为研究有机化合物的立体构型的一个重要方法。

面对光前进的方向看去，电矢量端点的圆运动可以是顺时针方向的，也可以是逆时针方向的，因此，圆偏振有 R 与 L 两种。

对未知化合物的检测，需要先测试化合物的紫外吸收波长，以此作为圆二色光谱观察的波长范围。样品浓度一般为 1mg/mL，如果浓度太大，测定时信号不好，还需要稀释。对样品纯度的要求较高，但不能有影响该测定方法的吸光物质存在。

● 第三节　真菌 *Xylaria feejeenisis* 的代谢产物研究

真菌菌株 *Xylaria feejeenisis* 分离自南海的海绵（*Stylissa massa*），经 18S rDNA 分析鉴定为 *Xylaria feejeenisis*（登录号：MG871188），该菌种保存在海军军医大学药学系海洋药物研究中心。真菌 *Xylaria* sp. 属于子囊菌门（Ascomycota）、粪壳菌纲（Sordariomycetes）、炭角菌目（Xylariales）、炭角菌科（Xylariaceae）、炭角菌属（*Xylaria*），常见于枯木上，有 300 多个小种。

将菌株 *Xylaria feejeenisis* 接种至 20L 琼脂平板培养基上，28℃发酵，得到发酵产物。发酵产物用乙酸乙酯超声提取 6 次，浓缩后得到粗浸膏 25g。粗浸膏经 TLC 点板检测后，选取石油醚/乙酸乙酯系统和二氯甲烷/甲醇系统作为流动相洗脱。将粗浸膏进行正相硅胶柱色谱梯度洗脱 [hexane：P/E 10：1，5：1，3：1；D/M 50：1，30：1，20：1，10：1，5：1，3：1，100%（MeOH）] 得到 10 个组分（Fr. A～Fr. J），结果见图 9-6。

将 Fr. H 部分经过 Sephadex LH-20 凝胶柱色谱分离（CH_2Cl_2：MeOH=2：1）得到 7 个组分（Fr. H.1～Fr. H.7），将 Fr. H.3 部分经正相硅胶柱色谱分离（CH_2Cl_2：MeOH=60：1）得到 11 个组分（Fr. H.3.1～Fr. H.3.11），Fr. H.3.9 部分经 RP-HPLC 分离得到化合物 M1（6.2mg，MeOH：H_2O=60：40，2mL/min，t_R=59min）、M2（3.1mg，MeOH：H_2O=60：40，2mL/min，t_R=30min）、M3（3.3mg，MeOH：H_2O = 60：40，2mL/min，t_R = 40min）、M23（9.7mg，

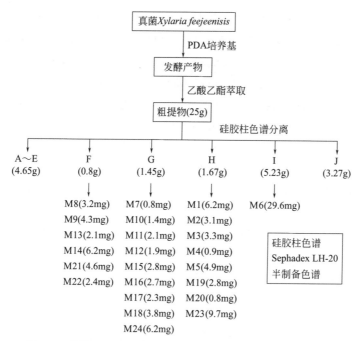

图 9-6　真菌 *Xylaria feejeenisis* 分离流程图（wang 等，2018）

MeOH：H_2O＝94：6，2mL/min，t_R＝28min）；Fr. H. 3.7 经 RP-HPLC 分离得到化合物 M4（0.9mg，MeOH：H_2O＝50：50，2mL/min，t_R＝23min）、M5（4.9mg，MeOH：H_2O＝63：37，2mL/min，t_R＝38min）、M19（2.8mg，MeOH：H_2O＝16：84，2mL/min，t_R＝53min）、M20（0.8mg，MeOH：H_2O＝16：84，2mL/min，t_R＝68min）；将 Fr. I 部分经过 Sephadex LH-20 凝胶柱色谱分离（CH_2Cl_2：MeOH＝2：1）得到 7 个组分（Fr. I. 1～Fr. I. 7），将 Fr. I. 5 部分经 RP-HPLC 分离得到化合物 M6（29.6mg，MeOH：H_2O＝51：49，18mL/min，t_R＝29min）；将 Fr. F 部分经 Sephadex LH-20 凝胶柱色谱分离（CH_2Cl_2：MeOH＝2：1）得到 7 个组分（Fr. F. 1～Fr. F. 7），将 Fr. F. 3 部分经正相硅胶柱色谱分离（PE：EA＝4：1）得到 8 个组分（Fr. F. 3. 1～Fr. F. 3. 8），Fr. F. 3. 2 部分经 RP-HPLC 分离得到化合物 M9（4.3mg，MeOH：H_2O＝40：60，2mL/min，t_R＝70min）、M22（2.4mg，MeOH：H_2O＝40：60，2mL/min，t_R＝25min）；Fr. F. 3. 4 部分经 RP-HPLC 分离得到化合物 M8（3.2mg，MeOH：H_2O＝40：60，2mL/min，t_R＝56min）、M14（6.2mg，MeOH：H_2O＝40：60，2mL/min，t_R＝45min）；Fr. F. 3. 8 部分经 RP-HPLC 分离得到化合物 M13（2.1mg，MeOH：H_2O＝30：70，2mL/min，t_R＝61min）、M21（4.6mg，MeOH：H_2O＝30：70，2mL/min，t_R＝40min）；将 Fr. G 部分经过 Sephadex LH-20 凝胶柱色谱分离（CH_2Cl_2：MeOH＝2：1）得到 7 个组分（Fr. G. 1～Fr. G. 7），将 Fr. G. 3 部分经正

相硅胶柱色谱分离（CH_2Cl_2：MeOH＝100∶1）得到 7 个组分（Fr. G. 3. 1～Fr. G. 3. 7），Fr. G. 3. 3 部分经 RP-HPLC 分离得到化合物 M12（1.9mg，MeOH：H_2O＝30∶70，2mL/min，t_R＝28min）、M17（2.3mg，MeOH：H_2O＝33∶77，2mL/min，t_R＝13min）、M18（3.8mg，MeOH：H_2O＝33∶77，2mL/min，t_R＝14min），Fr. G. 3. 6 部分经 RP-HPLC 分离得到化合物 M7（0.8mg，MeOH：H_2O＝30∶70，2mL/min，t_R＝21min）、M10（0.8mg，MeOH：H_2O＝30∶70，2mL/min，t_R＝32min）、M11（2.1mg，MeOH：H_2O＝30∶70，2mL/min，t_R＝39min）、M15（2.8mg，MeOH：H_2O＝35∶65，2mL/min，t_R＝19min）、M16（2.7mg，MeOH：H_2O＝35∶65，2mL/min，t_R＝20min）；将 Fr. G. 2 部分经正相硅胶柱色谱分离（PE：EA＝3∶1）得到 7 个组分（Fr. G. 2. 1～Fr. G. 2. 7），Fr. G. 2. 6 部分经 RP-HPLC 分离得到化合物 M24（6.2mg，MeOH：H_2O＝93∶7，2mL/min，t_R＝30min）。

上述化合物经过 NMR、IR、HR-MS、ECD 等多种现代波谱技术，结合已知文献报道数据，鉴定为下列 24 个化合物：rubianol-m1（M1）、($11R^*$)-10,11,12-guaianetetrol（M2）、($11S^*$)-10,11,12-guaianetetrol（M3）、2,10,12-guaianetetrol（M4）、stagonolide G（M5）、pestalotiopyrones M（M6）、pestalotiopyrones N（M7）、($1'R$)-LL-P880γ（M8）、($1'S$)-LL-P880γ（M9）、($1'R,2'R$)-LL-P880γ（M10）、($1'R,2'S$)-LL-P880γ（M11）、necpyrone C（M12）、scirpyrone D（M13）、($6S,1'S$)-LL-P880α（M14）、hydroxypestalotin 5b（M15）、($6S,1'R,2'S$)-LL-P880β（M16）、($6R,1'R,2'R$)-LL-P880β（M17）、scirpyrone I（M18）、annularin D（M19）、annularins C（M20）、annularins B（M21）、annularins A（M22）、($22E,24R$)-麦角甾-7,22-二烯-$3\beta,5\alpha,6\beta$-三醇（M23）、($22E,24R$)-麦角甾-7,22-二烯-$3\beta,5\alpha,9\alpha$-三羟基-6-酮（M24）。化合物 M1～M4 为萜类化合物，M5～M22 均为聚酮类化合物，M23、M24 为已知甾体类化合物。其中化合物 M1～M7、化合物 M19 为新化合物，其余化合物均为已知化合物。具体结构式如下：

萜类化合物(*为新化合物)

M1*　　　　M2*　　　　M3*　　　　M4*

聚酮类化合物

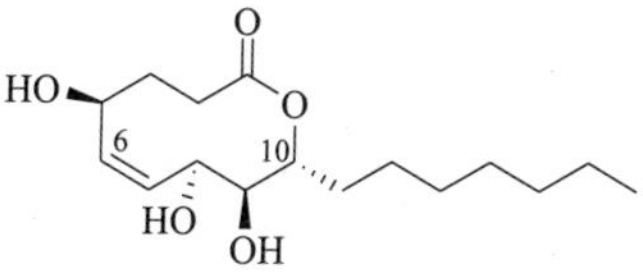

M5* 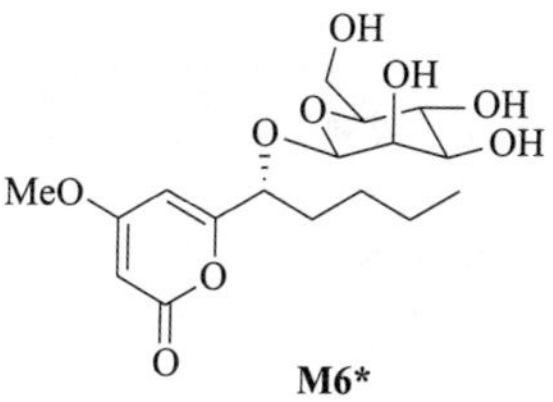 M6* 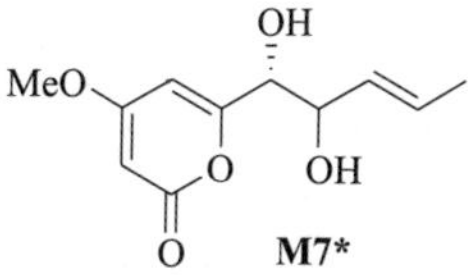 M7*

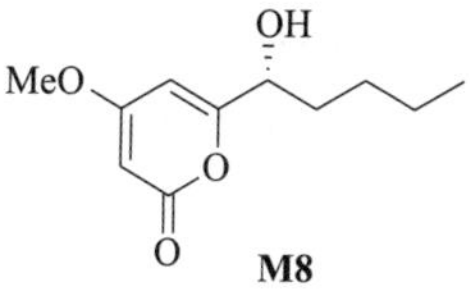

M8 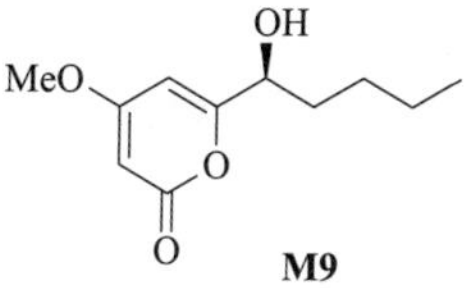 M9 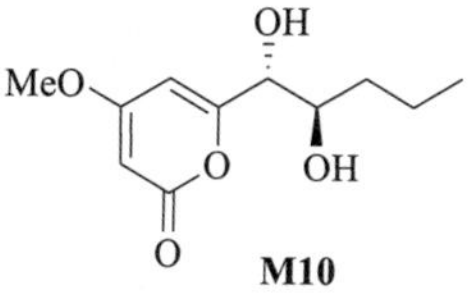 M10

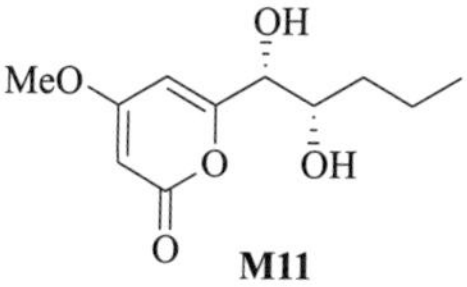

M11 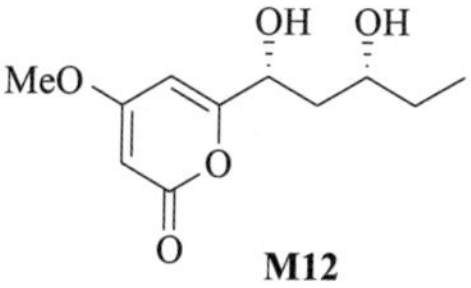 M12 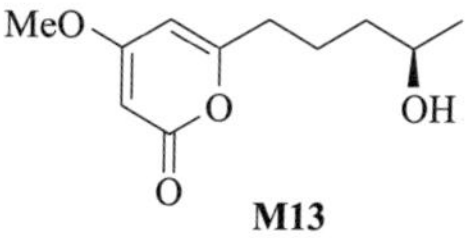 M13

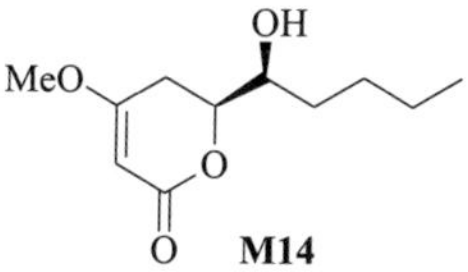

M14 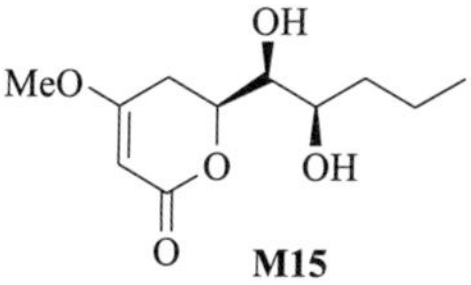 M15 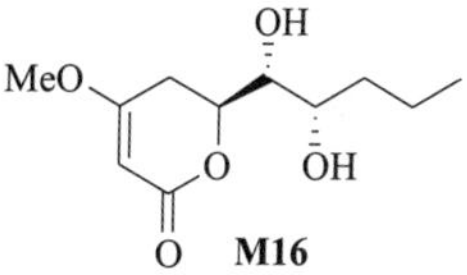 M16

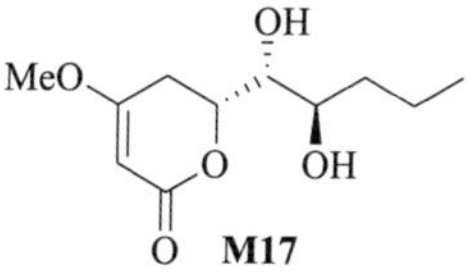

M17 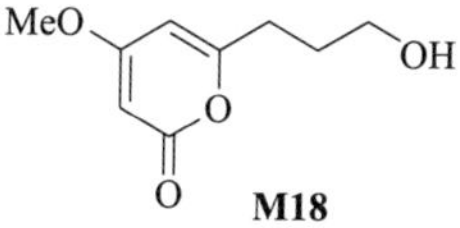 M18 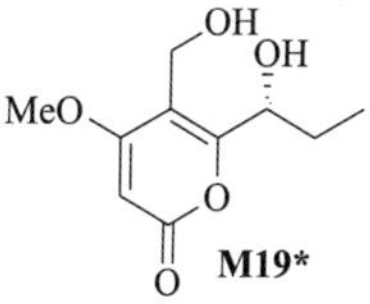 M19*

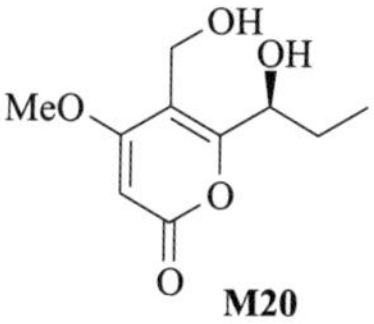

M20 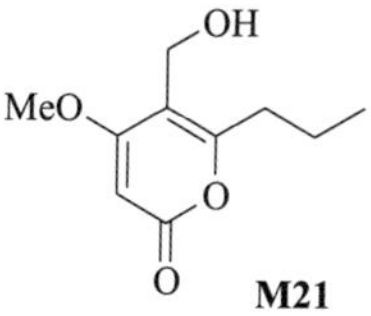 M21 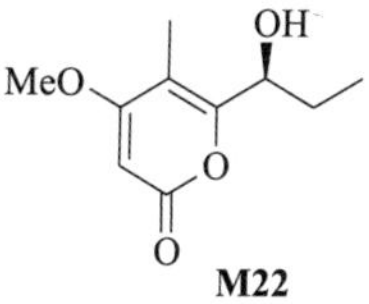 M22

甾体类化合物

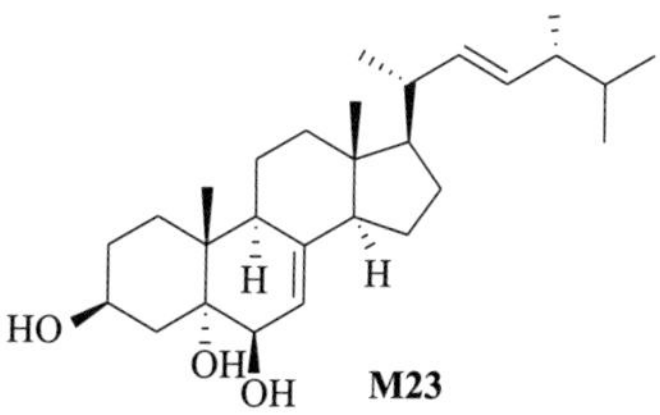

M23 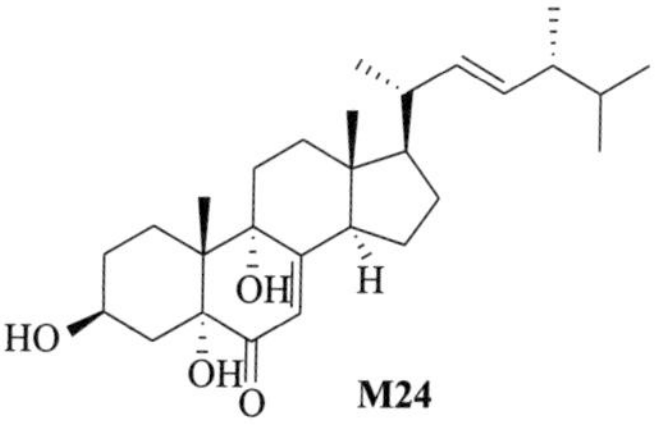 M24

参考文献

Vadhadiya P M，Puranik V G，Ramana C V. The Total Synthesis and Structural Revision of Stagonolide D. The Journal of Organic Chemistry，2012，77：2169-2175.

Wang J，Xu CC，Tang H，et al. Osteoclastogenesis Inhibitory Polyketides from the Sponge-associated fungus *Xylaria feejeenisis*. Chemical Biodiversity，2018，10. 1002/cbdv. 201800358.

金晶，张珍，张丽，等. 低温无水乙醇沉淀法提取牦牛血免疫球蛋白的工艺条件研究. 甘肃农业大学学报，2010，45（04）：51-54.

王洁. 两种海绵共附生真菌 *Xylaria feejeenisis* 和 *Daldinia eschscholtzii* 的化学成分及活性研究. 海口：海南大学，2018.

许亦峰，罗晓蕾，施碧红. 不同提取剂对粗细菌素提取效果的影响. 微生物学杂志，2013，33（01）：35-38.

张轶群，林洪，李振兴，等. 虾过敏原蛋白纯化中硫酸铵沉淀法的改进. 食品与药品，2008（11）：50-52.

第十章
内生菌的应用研究

由于内生菌的研究滞后于微生物，因此，内生菌的应用相对较晚。内生菌在农业和医药方面有广泛的应用价值，如内生菌代谢产物的药理活性应用、内生菌的农用活性、内生菌的促生作用等。许多内生菌的应用处于研究阶段，也有部分内生菌得到推广应用，下面对内生菌的部分应用研究进行介绍。

◆ 第一节　内生菌可湿性粉剂的研制

可湿性粉剂（wettable powders，WP）是由不溶于水的原药与载体、表面活性剂（润湿剂、分散剂等）、辅助剂（稳定剂、警色剂等）粉碎得很细的易被水润湿并能在水中分散悬浮的粉状农药制剂。

内生菌可湿性粉剂是由内生菌孢子粉、代谢产物为原药，与惰性填料、表面活性剂等助剂，按比例经充分混合粉碎后，达到一定细度的粉体剂型（图 10-1）。在微生物农药中，该剂型最为常见。

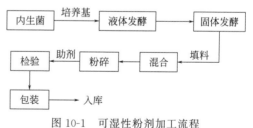

图 10-1　可湿性粉剂加工流程

一、 HN6 可湿性粉剂的制备方法

1. 菌种活化

HN6 是分离获得的一株放线菌。将菌种以划线法接种在扩大培养基（可溶性淀粉 2%、KNO_3 0.1%、K_2HPO_4 0.05%、$MgSO_4$ 0.05%、$NaCl$ 0.05%、$FeSO_4$ 0.001%，琼脂 2%，补水至 100%，待药品全部溶解后，调节 pH 至 7.0～7.2，

121℃高温高压灭菌 20min）固体平板上，28℃恒温培养 5d。

2. 一级种子制备

将活化的 HN6 制成浓度为 10^9 CFU/mL 的孢子悬浮液，然后按照 5% 的接种量接种于装有一级种子培养液（可溶性淀粉 2%、KNO_3 0.1%、K_2HPO_4 0.05%、$MgSO_4$ 0.05%、NaCl 0.05%、$FeSO_4$ 0.001%，补水至 100%，待药品全部溶解后，调节 pH 至 7.0～7.2，121℃高温高压灭菌 20min）的锥形瓶中，180r/min、28℃培养 72h，制得一级种子，备用。

3. 二级种子制备

将制备好的一级种子培养液按照 5% 的接种量接种在装有二级种子培养液（葡萄糖 0.05%、可溶性淀粉 0.05%、K_2HPO_4 0.05%、NaCl 0.05%、$MgSO_4$ 0.05%、蛋白胨 0.05%、酵母膏 0.05% 和黄豆粉 0.05%，补水至 100%，待药品全部溶解后，调节 pH 至 6.8～7.0，121℃高温高压灭菌 20min）的锥形瓶中，180r/min、28℃培养 72h，制得二级种子，离心分离，得到 HN6 液体发酵物。

4. 固体发酵培养基配制

木薯粉、香蕉秸秆渣制备：将木薯及香蕉秸秆晾晒至干，粉碎、过 30 目筛，制成木薯粉及香蕉秸秆渣，备用。

固体干基：以木薯粉、豆饼粉、香蕉秸秆渣、细沙土为基料（木薯粉、豆饼粉、香蕉秸秆渣、细沙土的比例为 13：3：3：1），葡萄糖 0.05%，$MgSO_4$ 0.05%，NaCl 0.05%，K_2HPO_4 0.02%，KH_2PO_4 0.02%。加入固体培养基质量 1.2 倍的自来水，搅拌均匀，121℃高温高压灭菌 30min，冷却后备用。

5. 三级种子制备

待固体发酵培养基冷却后，按照 10% 的接种量将二级种子接入固体发酵培养基，搅拌均匀，放入浅盘（70cm×50cm 搪瓷盘）内，在无菌培养室保持湿度 50%～70%、温度 28℃培养 96h，制得三级种子。

6. 固体发酵

按照固体发酵培养基的配制方法配制固体干基，将配制好的固体干基加入到固体发酵罐内，装料系数为 50%～60%，121℃高温高压灭菌 20min。待罐内培养基冷却至 30～40℃时将三级种子按照接种量 10% 接入固体培养基，搅拌均匀，保持湿度 60%～70%、温度 28℃发酵培养 96h，获得 HN6 固体发酵培养物。

7. HN6 可湿性粉剂的制备

HN6 固体发酵物（0.1～1）×10^9 CFU/g，润湿剂 1%～5%，分散剂 1%～5%，稳定剂 0.5%～2%，填料补足到 100%。按照上述质量投入到气流粉碎机中粉碎，过 325 目筛，水分含量≤5%，活性孢子＞（0.1～1）×10^9 CFU/g，经检验合格，包装储存。

二、 可湿性粉剂的制备方法优化

首先，固定其他助剂，选用硅藻土、膨润土、白炭黑、轻质碳酸钙、高岭土填料，按照上述方法配制可湿性粉剂，测定其悬浮率（中华人民共和国国家标准 GB/T 14825—2006）、润湿时间（中华人民共和国国家标准 GB/T 5451—2001）和活菌数（采用系列梯度稀释法进行菌落计数）。结果见表 10-1。

表 10-1　不同填料对可湿性粉剂的指标影响

填料	悬浮率/%	润湿时间/s	活菌数/($\times 10^9$CFU/g)
硅藻土	82.37	11	7.43
膨润土	77.18	11	5.19
白炭黑	74.32	14	6.94
轻质碳酸钙	75.16	12	5.16
高岭土	68.43	13	1.48
空白对照(CK)			7.15

由表 10-1 可知，硅藻土的悬浮率最好，其次是膨润土，高岭土的效果较差。从润湿时间看，硅藻土和膨润土的润湿时间短，速度快，白炭黑的效果较差。从活菌数量看，硅藻土最好，高岭土最差。为此，我们固定硅藻土，对润湿剂和分散剂进行测试，结果见表 10-2。

表 10-2　不同润湿剂、分散剂对可湿性粉剂的指标影响

润湿分散剂	润湿时间/s	分散性	活菌数/($\times 10^9$CFU/g)
十二烷基硫酸钠	7	＋	3.78
吐温-80	8	＋	2.49
亚甲基双萘磺酸钠	7	＋	2.56
NNO	15	＋＋＋	2.94
聚乙二醇	17	＋＋	2.17
聚天冬氨酸	21	＋	3.68
CMCC-Na	19	＋	1.54
空白对照(CK)			1.74

注：分散性强用"＋＋＋"表示，分散性好用"＋＋"表示，分散性一般用"＋"表示。

由表 10-2 可知，十二烷基硫酸钠、亚甲基双萘磺酸钠的润湿性最好，吐温-80其次，其他助剂的润湿性效果较差。NNO 的分散性最好，其次是聚乙二醇，其他助剂的分散性一般。从活菌数量看，十二烷基硫酸钠最好，其次是聚天冬氨酸，CMCC-Na 较差。

由此，选用硅藻土作填料，十二烷基硫酸钠作润湿剂，NNO 作分散剂，优化选择稳定剂，结果见表 10-3。

表 10-3 不同稳定剂对可湿性粉剂的指标影响

稳定剂	活菌数/($\times 10^9$CFU/g)
维生素 E	4.73
特丁基对苯二酚	3.16
磷酸二氢钾	5.28
空白对照(CK)	2.76

由表 10-3 可知，磷酸二氢钾的效果最好，活菌数量最多，其次是维生素 E。

因此，根据优化结果，以硅藻土为填料，十二烷基硫酸钠为润湿剂，NNO 为分散剂，磷酸二氢钾为稳定剂，按照可湿性粉剂的制备方法进行配制，得到 HN6 可湿性粉剂，活菌数量为 6.8×10^9CFU/g。

同时也可以选择两种或者以上的同类助剂，增加可湿性粉剂的综合性能。

三、 HN6 可湿性粉剂对香蕉枯萎病的盆栽防治效果

将香蕉枯萎病原菌（*Fusarium oxysporum* f. sp. *cubense* FOC4）接种在 PDA 平板上，25℃恒温培养。5d 后用无菌水洗脱平板上的孢子，接入察氏培养液（NaNO$_3$ 0.2%，KCl 0.05%，FeSO$_4$ 0.001%，KH$_2$PO$_4$ 0.1%，MgSO$_4$ 0.05%，蔗糖 3%，补水至 100%，待药品全部溶解后，121℃高温高压灭菌 20min），150r/min、25℃振荡培养 7d，得到香蕉枯萎病原菌培养液，用无菌水将该培养液稀释至孢子浓度为 10^7CFU/mL，备用。

采集非香蕉种植地土样，过 20 目筛，170℃灭菌 1.5h，待土冷却，将 HN6 可湿性粉剂与灭菌土按照 1:200（质量比）混匀，然后分装于口径为 20cm 的育苗钵中，以 25%多菌灵可湿性粉剂（四川国光农化股份有限公司）相同处理为药剂对照，以不施药的处理为空白对照，每处理重复 30 次。将四叶期的粉蕉（Musa ABB）组培苗根部用清水冲洗干净，移栽于育苗钵内，在光照强度为 1500～2500lx、温度为 25～30℃、12h 光暗交替条件下培养 7d，以伤根法接入孢子浓度为 10^7CFU/mL 的香蕉枯萎病菌。将接完菌的粉蕉组培苗在上述条件下继续培育，每隔14d 调查各处理的病情指数，统计最终防效。香蕉枯萎病的病情分级标准如下：

0 级：外观无可见症状，解剖假茎维管束组织未变褐；

1 级：外观无可见症状，解剖假茎维管束组织变褐；

3 级：叶片黄化或倒垂；

5 级：假茎基部开裂，但病株尚未枯死；

7 级：病株枯死。

$$病情指数 = \frac{\sum(各级病株数 \times 相对级值)}{调查总株数 \times 7} \times 100$$

$$防治效果(\%) = \frac{对照组病情指数 - 处理组病情指数}{对照组病情指数} \times 100$$

表 10-4　HN6 WP 对香蕉枯萎病的盆栽防治效果

处理	病情指数			防效/%
	接种 14d	接种 28d	接种 42d	
HN6 WP	0	10.12	16.86	80.19 Aa
25%多菌灵 WP	6.96	27.45	35.07	58.80 Bb
空白对照	14.05	66.72	85.12	—

注：同列小写字母表示在 0.05 水平的差异显著性，大写字母表示在 0.01 水平的差异显著性。

由表 10-4 可知，接种香蕉枯萎病菌 14d，空白对照和 25%多菌灵处理均出现病症，HN6 处理未发病；接种 42d，空白对照到发病盛期，病情指数达 85.12，而 HN6 处理病情指数仅为 16.86。依据 42d 的病情指数计算防效可知，HN6 防效（80.19%）极显著高于 25%多菌灵防效（58.80%）。由此可见，HN6 可湿性粉剂对盆栽香蕉的枯萎病有很好的防治作用。

四、 HN6 可湿性粉剂对香蕉枯萎病的田间防治效果

试验地点选择在海南大学儋州校区香蕉种植地，该试验地上一年度香蕉枯萎病发病率为 70%以上。本试验设 HN6 可湿性粉剂、25%多菌灵可湿性粉剂及空白对照三个处理，每个处理重复 4 次，每次重复 20 株粉蕉。

将 HN6 可湿性粉剂与细土按照质量比 1∶150 的比例混合均匀制成药土，取 2kg 药土放入香蕉苗定植穴内，以 25%多菌灵可湿性粉剂（四川国光农化股份有限公司）相同处理为药剂对照，以不做处理的细土为空白对照。将四叶期的粉蕉（Musa ABB）组培苗移栽至定植穴内，移栽后每月用 HN6 可湿性粉剂10 倍稀释液 1L 灌根一次，以 25%多菌灵可湿性粉剂 500 倍液 1L 处理药剂对照，以 1L 自来水处理空白对照。每 10d 观测一次发病情况，180d 后统计各处理的发病率、病情指数及防治效果。香蕉枯萎病的病情分级及统计公式同生物测定实施例三。

经调查发现，在香蕉苗定植后 30d 空白对照区开始出现病症，25%多菌灵处理区 40d 出现病症，而 HN6 处理 130d 才有少量植株出现轻微病症。由 180d统计结果（表 10-5）可知，按照上述施药方式，HN6 处理效果最好，发病率仅为 20.00%，最终防效可达 72.34%，与 25%多菌灵药剂组处理（防效 50.33%）达极显著差异。由此可见，HN6 可湿性粉剂对大田香蕉的枯萎病也有很好的防治作用。

表 10-5   HN6 WP 对香蕉枯萎病的大田防治效果(180d)

处理	发病率/%	病情指数	防效/%
HN6 WP	20.00 Cc	22.19 Cc	72.34 Aa
25％多菌灵 WP	48.75 Bb	39.85 Bb	50.33 Bb
空白对照	77.50Aa	80.24 Aa	—

注：同列小写字母表示在 0.05 水平的差异显著性，大写字母表示在 0.01 水平的差异显著性。

第二节　内生菌可溶性液剂的研制

可溶性液剂（soluble concentrate，SL）是指一类可以加水溶解形成真溶液的均相液态剂型。在可溶性液剂中，药剂以分子或离子状态分散在介质中，介质可以是水、有机溶剂或水与有机溶剂的混合物。其中，以水作溶剂的可溶性液剂亦称水剂（aqueous solution，AS）。在国际市场上，通常将二者统称为可溶性液剂。

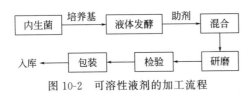

图 10-2　可溶性液剂的加工流程

内生菌可溶性液剂包括菌液、溶剂及助剂三部分。溶剂通常为水和水溶性有机溶剂及其复合溶剂。助剂主要是基于制剂在作物表面的润湿、展着、渗透等功能，另外还需要加入防冻、防霉等助剂。可溶性液剂的加工流程见图 10-2。

下面以 HN6 放线菌可溶性液剂的加工为例。

1. 菌种活化

将 HN6 菌种以划线法接种在扩大培养基（可溶性淀粉 2％、KNO_3 0.1％、K_2HPO_4 0.05％、$MgSO_4$ 0.05％、NaCl 0.05％、$FeSO_4$ 0.001％，琼脂 2％，补水至 100％，待药品全部溶解后，调节 pH 至 7.0～7.2，121℃高温高压灭菌 20min）固体平板上，28℃恒温培养 5d。

2. 一级种子制备

将活化的 HN6 制成浓度为 10^9 CFU/mL 的孢子悬浮液，然后按照 5％的接种量接种于装有一级种子培养液（可溶性淀粉 2％、KNO_3 0.1％、K_2HPO_4 0.05％、$MgSO_4$ 0.05％、NaCl 0.05％、$FeSO_4$ 0.001％，补水至 100％，待药品全部溶解后，调节 pH 至 7.0～7.2，121℃高温高压灭菌 20min）的锥形瓶中，180r/min、28℃培养 72h，制得一级种子，备用。

3. 二级种子制备

将制备好的一级种子培养液按照 5％的接种量接种在装有二级种子培养液（葡萄糖 0.05％、可溶性淀粉 0.05％、K_2HPO_4 0.05％、NaCl 0.05％、$MgSO_4$

0.05％、蛋白胨 0.05％、酵母膏 0.05％和黄豆粉 0.05％，补水至 100％，待药品全部溶解后，调节 pH 至 6.8～7.0，121℃高温高压灭菌 20min）的锥形瓶中，180r/min、28℃培养 72h，制得二级种子，离心分离，得到 HN6 液体发酵物。

4. 可溶性液剂的制备

HN6 液体发酵物 $(0.1～1)×10^9$ CFU/mL，润湿剂 1％～5％，分散剂 1％～5％，稳定剂 0.5％～2％，水补足到 100％。按照上述质量投入到搅拌器中搅拌，胶磨机研磨，得到活性孢子＞10^9 CFU/mL，经检验合格，包装储存。

⇒ 第三节　内生菌微生物肥料的研制

微生物肥料又称生物肥料、接种剂或菌肥（bacterial manure）等，是以微生物的生命活动为核心，使农作物获得特定肥料效应的一类肥料制品（李明，2001）。微生物肥料本身并不含有大量的植物生长发育所需要的营养元素，而是含有大量的有益微生物，微生物通过在土壤中或植物体上的生命活动，改善作物的营养条件、固定大气中的氮素或者活化土壤中某些无效态的营养元素，从而促进作物生长并充分发挥环境中的养分潜力，为作物生长提供一个良好的土壤微生态环境（吴建峰等，2002）。

微生物肥料的主要产品有：①农用微生物菌剂。是由一种或一种以上的功能微生物经浓缩或经载体吸附而制成的液体、粉剂或颗粒型的活菌制品（谢明杰等，2000）。②生物有机肥。由特定功能微生物与主要以动植物残体如农作物秸秆、畜禽粪便等为来源并经无害化处理、腐熟的有机物料复合而成，是一类兼具有机肥效应和微生物菌剂的肥料（何元胜等，2012）。③复合微生物肥料。由微生物菌剂与营养物质（N、P、K）复合而成的活菌制品，液体剂型产品中的 N、P、K 总含量在 4％以上，粉剂、颗粒剂型产品在 6％～25％（葛均青等，2003）。

微生物肥料的功效：①改良土壤。通过有益菌的大量繁殖，大量有益菌分解土壤有机物质，促进土壤团粒的形成，且通过有益菌的活动能够疏松土壤，改善土壤结构，提高土壤的保肥、供水能力（王雪等，2010），大量的菌在植物的根系周围快速形成优势种群，抑制了其他有害菌的生命活动（王素英等，2003）。②调节农作物生长。提高农作物的抗寒、抗旱、抗逆性、抗病虫害、抗板结、抗重茬和对自然灾害的抗拒力（陶峰，2014）；增产、增收、提高农产品品质（王景超，2014），通过微生物的生命活动平衡农作物对营养元素的均衡吸收，降解有毒、有害物质的残留（袁玉娟等，2014）。③微生物在农作物根部和植物体内能抑制或破坏植物周围及内部病原菌和病毒的生命活动（杨艳红等，2003）。

按照微生物肥料的形态，将其划分为内生菌液体肥料和内生菌固体肥料。

一、 内生菌液体肥料的研制

实例一 枯草芽孢杆菌 HBS-1 和白刺链霉菌 NLG-3 的液体肥料

（1）种子发酵液制备 分别配制 LB 和 YE 液体培养基，分装在 250mL 锥形瓶中，于 121℃灭菌 20min，待冷却后分别接入枯草芽孢杆菌 HBS-1 和白刺链霉菌 NLG-3，在 28～30℃条件下，180r/min 摇床培养 3d，备用。

（2）液体肥基质制备 将豆粕 63.7g、红糖 186.3g（糖蜜 200g）、无菌水 1000mL，配制成红糖（糖蜜）和饼粕混合液，装入 5L 的锥形瓶中。

（3）HB-NL 液体功能肥制备 按 5%的接菌量将上述培养好的种子液接入液体肥基质中，于 28～30℃、180r/min 振荡发酵培养 12d，包装、储存。

实例二 HN20 的液体肥料

（1）种子发酵液制备 按下列配方配制菌株培养液：葡萄糖 5g、可溶性淀粉 5g、蛋白胨 5g、酵母膏 5g、牛肉膏 5g、KNO_3 1g、K_2HPO_4 0.5g、$FeSO_4$ 0.001g、蒸馏水 1000mL，pH 7.2～7.4，分装在 250mL 锥形瓶中，于 121℃灭菌 20min，待冷却后接入灰色链霉菌 HN20，28℃、180r/min 下振荡培养 5d。

（2）液体肥基质制备 将豆粕 50g、椰糠粉 50g、无菌水 1000mL，搅拌后均匀分装于 5L 的锥形瓶中，于 121℃灭菌 20min，冷却备用。

（3）HN20 液体功能肥制备 按 8%的接菌量将上述培养好的种子液接入液体肥基质中，于 28～30℃、180r/min 振荡发酵培养 7d，包装、储存。该液体肥可用于黄瓜、生菜等蔬菜促生防病。

实例三 黄色链霉菌 BYM-2 的液体肥料

（1）种子发酵液制备 按下列配方配制菌株培养液：葡萄糖 5g、甘油 5g、可溶性淀粉 5g、蛋白胨 5g、酵母膏 5g、黄豆粉 5g、K_2HPO_4 0.5g、NaCl 0.5g、$MgSO_4 \cdot 7H_2O$ 0.5g 溶在蒸馏水中，待药品全部溶解后定容至 1000mL，调节 pH 7.0～7.2，于 121℃灭菌 20min，待冷却后接入黄色链霉菌 BYM-2，28℃、180r/min 下振荡培养 4d。

（2）液体肥基质制备 将淀粉 50g、甘蔗秆粉 100g、木薯秆粉 40g、无菌水 1000mL，搅拌后均匀分装在 5L 的锥形瓶中，于 121℃灭菌 20min，冷却备用。

（3）BYM-2 液体功能肥制备 按 8%的接菌量将上述培养好的种子液接入液体肥基质中，于 28～30℃、180r/min 振荡发酵培养 14d，分装，包装储存。该液体肥可用于香蕉种植，具防病促生作用。

实例四　蜜糖草固氮螺菌 SRJ2-4 的液体肥料

（1）种子发酵液制备　按下列配方配制菌株培养液：小米 10g、葡萄糖 5g，碳酸钙 0.5g，NaCl 2.5g，蛋白胨 3g，溶在蒸馏水中，待药品全部溶解后定容至 1000mL，调节 pH 7.0～7.2，于 121℃灭菌 20min，待冷却后接入蜜糖草固氮螺菌 SRJ2-4，28℃、180r/min 下振荡培养 2d。

（2）液体肥基质制备　将木薯粉 50g、甘蔗秆粉 100g、稻秆粉 40g、无菌水 1000mL，搅拌后均匀分装在 5L 的锥形瓶中，于 121℃灭菌 20min，冷却备用。

（3）SRJ2-4 液体功能肥制备　按 5% 的接菌量将上述培养好的种子液接入液体肥基质中，于 28～30℃、180r/min 振荡发酵培养 7d，分装，包装储存。该液体肥可用于水稻种植，具防病促生作用。

二、 内生菌固体肥料的研制

实例一　含荧光假单胞杆菌 YXG2-3 的复合固体肥料

1. 种子培养液制备

（1）荧光假单胞杆菌 YXG2-3 种子液制备　配制种子培养液（牛肉膏 5g、蛋白胨 10g、NaCl 5g，蒸馏水 1000mL，pH 7.0～7.2），分装在 250mL 锥形瓶中，于 121℃灭菌 20min，待冷却后接入内生菌荧光假单胞杆菌 YXG2-3，28℃、180r/min 下振荡培养 48h；然后依次放大，得到 $1×10^9$ CFU/mL 的菌液。

（2）复合菌剂种子液制备　配制种子培养液（葡萄糖 5g、可溶性淀粉 5g、蛋白胨 5g、酵母膏 5g、牛肉膏 5g、KNO_3 1g、K_2HPO_4 0.5g、$FeSO_4$ 0.001g、蒸馏水 1000mL，pH 7.2～7.4），分装在 250mL 锥形瓶中，于 121℃灭菌 20min，待冷却后接入灰色链霉菌 HN20 和 HN6，28℃、180r/min 下振荡培养 4d。然后依次放大，得到 $1×10^9$ CFU/mL 的菌液。

2. 固体功能肥制备

按 25% 锯末、11% 香蕉秸秆、2.5% 甘蔗残渣、0.5% 石灰、1% 复合菌剂（$1×10^9$ CFU/mL 的菌液）比例混合均匀，用 60%（质量分数）的自来水配制发酵基质，通过堆肥系统进行固态发酵，控制底部通风，使堆体温度维持在 50℃，每天用翻抛机翻抛两次，当传感器的监测温度超过 70℃时，进行翻抛，使物料快速降温。第一阶段发酵过程大概持续 2～3 周。待堆体温度下降至 40℃ 以下，按照 5% 的接种量接种 $1×10^9$ CFU/mL 的荧光假单胞杆菌 YXG2-3 菌液，进行二次发酵，维持一定的通风速率，待堆体温度下降至接近室温，停止发酵。通过烘干机除去物料中的多余水分，使含水率约为30％，然后与复合肥（N-P$_2$O$_5$-K$_2$O比例为16：16：16）按照7：3的比例混合均匀，分装、密封。

实例二　含芽孢杆菌 HBS-1 的复合固体肥料

1. 种子培养液制备

（1）芽孢杆菌HBS-1种子液制备　配制种子培养液（牛肉膏5g、蛋白胨10g、NaCl 5g、蒸馏水1000mL，pH 7.0～7.2），分装在250mL锥形瓶中，于121℃灭菌20min，待冷却后接入芽孢杆菌HBS-1，28℃、180r/min下振荡培养36h；然后依次放大，得到1×10^{9}CFU/g的菌液。

（2）复合菌剂种子液制备　配制种子培养液（葡萄糖5g、甘油5g、可溶性淀粉5g、蛋白胨5g、酵母膏5g、黄豆粉5g、K$_2$HPO$_4$ 0.5g、NaCl 0.5g、MgSO$_4$·7H$_2$O 0.5g），加蒸馏水1000mL，调节pH值（7.0～7.2），分装在250mL锥形瓶中，于121℃灭菌20min，待冷却后接入内生菌黄色链霉菌BYM-2、蜜糖草固氮螺菌SRJ2-4，28℃、180r/min下振荡培养3d，然后依次放大，得到1×10^{9}CFU/mL的菌液。

2. 固体功能肥制备

按20％木薯残渣、2.5％甘蔗残渣、16％椰糠、0.5％石灰、1％复合菌剂（1×10^{9}CFU/g的菌液）混合均匀，用60％（质量分数）的自来水配制发酵基质，通过堆肥系统进行固态发酵，控制底部通风，使堆体温度维持在50℃，每天用翻抛机翻抛两次，当传感器的监测温度超过70℃时，进行翻抛，使物料快速降温。第一阶段发酵过程大概持续2～3周。待堆体温度下降至40℃以下，按照5％的接种量接种1×10^{9}CFU/mL的芽孢杆菌HBS-1菌液，进行二次发酵，维持一定的通风速率，待堆体温度下降至接近室温，停止发酵。通过烘干机除去物料中的多余水分，使含水率约为30％，然后与复合肥（N-P$_2$O$_5$-K$_2$O比例为16：16：16）按照8：2的比例混合均匀，分装、密封。

实例三　含岸滨芽孢杆菌 BYG2-5 的复合固体肥料

1. 种子培养液制备

（1）岸滨芽孢杆菌BYG2-5种子液制备　配制种子培养液（牛肉膏5g、蛋白胨10g、NaCl 5g、蒸馏水1000mL，pH 7.0～7.2），分装在250mL锥形瓶中，于121℃灭菌20min，待冷却后接入岸滨芽孢杆菌BYG2-5，28℃、180r/min下振荡培养36h，然后依次放大，得到1×10^{9}CFU/mL的菌液。

（2）复合菌剂种子液制备　配制种子培养液（葡萄糖5g、甘油5g、可溶性淀粉5g、蛋白胨5g、酵母膏5g、黄豆粉5g、K$_2$HPO$_4$ 0.5g、NaCl 0.5g、MgSO$_4$·7H$_2$O 0.5g），加蒸馏水1000mL，调节pH值（7.0～7.2），分装在250mL锥形瓶

中，于 121℃灭菌 20min，待冷却后接入 HN6 和蜜糖草固氮螺菌 SRJ2-4，28℃、180r/min 下振荡培养 3d，然后依次放大，得到 $1×10^9$ CFU/g 的菌液。

2. 固体功能肥制备

按 25％稻秆残渣、2.5％甘蔗残渣、11％香蕉秸秆、0.5％石灰、1％复合菌剂（$1×10^9$ CFU/mL 的菌液）比例混合均匀，用 60％（质量分数）的自来水配制发酵基质，通过堆肥系统进行固态发酵，控制底部通风，使堆体温度维持在 50℃，每天用翻抛机翻抛两次，当传感器的监测温度超过 70℃时，进行翻抛，使物料快速降温。第一阶段发酵过程大概持续 2～3 周。待堆体温度下降至 40℃以下，按照 5％的接种量接种 $1×10^9$ CFU/mL 的岸滨芽孢杆菌 BYG2-5 菌液，进行二次发酵，维持一定的通风速率，待堆体温度下降至接近室温，停止发酵。通过烘干机除去物料中的多余水分，使含水率约为 30％，然后与复合肥（N-P_2O_5-K_2O 比例为 16∶16∶16）按照 7∶3 的比例混合均匀，分装、密封。

◇ 第四节　内生菌保鲜剂的研制

保鲜剂是指植物组织和器官（根、茎、叶、花、果）在采后储存和运输期间，能够防腐杀菌、延缓植物组织和器官衰老、保持其原有品质和特性的物质的总称。保鲜剂的主要功能为延缓果蔬衰老劣变以及杀菌防腐等。微生物保鲜剂应用最为广泛的是乳酸菌，而内生菌作为保鲜剂表现在杀菌防腐方面。

一、香蕉防腐保鲜剂的应用

（1）岸滨芽孢杆菌 BYG2-5 发酵液滤液制备　配制种子培养液（牛肉膏 5g、蛋白胨 10g、NaCl 5g，蒸馏水 1000mL，pH 7.0～7.2），分装在 250mL 锥形瓶中，于 121℃灭菌 20min，待冷却后接入岸滨芽孢杆菌 BYG2-5，28℃、180r/min 下振荡培养 36h，然后依次放大，得到 $1×10^9$ CFU/mL 的菌液，将菌液离心、过滤除菌，收集滤液。

（2）液体保鲜剂制备　将 1％壳聚糖、6％水杨酸、1％乳化剂，余量为岸滨芽孢杆菌 BYG2-5 发酵液滤液，混合，搅拌至均匀即得岸滨芽孢杆菌 BYG2-5 保鲜剂。

（3）岸滨芽孢杆菌 BYG2-5 保鲜剂的应用　采集八成熟的香蕉果实，落梳后去花器及伤病果，每梳保留 5 个果，用清水清洗后在室内阴干，随后将香蕉果实浸泡在岸滨芽孢杆菌 BYG2-5 保鲜剂中 2min，室温阴干，以无菌水处理为空白对照。所处理果实均用 0.04mm 聚乙烯袋分别密封包装放入纸箱，置于温度为 25℃、相对湿度为 78% 的储藏室存放。果实成熟时进行各处理病情调查。

香蕉炭疽病的分级标准参照 Fu 等（2010）：

0 级，果实无病斑；

1 级，病斑占果皮面积的 10% 以下；

3 级，病斑占果皮面积的 11%～25%；

5 级，病斑占果皮面积的 26%～50%；

7 级，病斑占果皮面积的 51%～75%；

9 级，病斑占果皮面积的 76% 以上。

按下列公式计算病情指数和防效：

$$病情指数 = \frac{\sum(各级病果数 \times 相对级值)}{调查总果数 \times 9} \times 100$$

$$防治效果(\%) = \frac{对照组病情指数 - 处理组病情指数}{对照组病情指数} \times 100$$

表 10-6　岸滨芽孢杆菌 BYG2-5 保鲜剂对香蕉炭疽病的防治效果（18d）

处理	病情指数	防效/%
岸滨芽孢杆菌 BYG2-5 保鲜剂	19.07 Bb	76.23
无菌水（CK）	80.23 Aa	—

注：同列小写字母表示在 0.05 水平的差异显著性，大写字母表示在 0.01 水平的差异显著性。

岸滨芽孢杆菌 BYG2-5 保鲜剂对香蕉炭疽病防效的测定结果如表 10-6 所示，香蕉果实储藏 18d 后基本成熟，且各处理均有发病，对照组病情指数达 80.23，岸滨芽孢杆菌 BYG2-5 保鲜剂病情指数小于 20，防效为 76.23%。

二、 芒果防腐保鲜剂的应用

（1）芽孢杆菌 HBS-1 发酵液滤液制备　配制种子培养液（牛肉膏 5g、蛋白胨 10g、NaCl 5g，蒸馏水 1000mL，pH 7.0～7.2），分装在 250mL 锥形瓶中，于 121℃灭菌 20min，待冷却后接入芽孢杆菌 HBS-1，28℃、180r/min 下振荡培养 36h；然后依次放大，得到 1×10^9 CFU/g 的菌液。将菌液离心、过滤除菌，收集滤液。

（2）液体保鲜剂制备　将 1% CaCl$_2$、0.5% 海藻酸钠、0.5% 甘油、1% 乳化剂，余量为芽孢杆菌 HBS-1 发酵液滤液，混合，搅拌至均匀即得芽孢杆菌 HBS-1 保鲜剂。

（3）芽孢杆菌 HBS-1 保鲜剂的应用　选择无机械损伤、无病虫害、生理成熟的芒果果实，平肩剪蒂，用自来水冲洗干净，晾干后放入芽孢杆菌 HBS-1 保鲜剂中浸泡 3min，自然晾干，以无菌水处理为空白对照。每个处理 3 次重复，每次重复 15 个芒果。28℃、相对湿度 80%～90% 条件下储藏。根据果实成熟情况，每隔 3d 观察 1 次，记录果实炭疽病、蒂腐病的发病等级，按下列公式计算病情指数和防效。

芒果炭疽病的分级标准（杨胜远等，2004）：

0 级，无病；

1 级，病斑面积占果实面积的 5% 及以下；

3 级，病斑面积占果实面积的 6%～15%；

5 级，病斑面积占果实面积的 16%～25%；

7 级，病斑面积占果实面积的 26%～50%；

9 级，病斑面积占果实面积的 50% 以上。

$$病情指数 = \frac{\sum(各级病果数 \times 相对级值)}{调查总果数 \times 9} \times 100$$

$$防治效果(\%) = \frac{对照组病情指数 - 处理组病情指数}{对照组病情指数} \times 100$$

芒果蒂腐病的分级标准（杨胜远等，2004）：

0 级，无病斑；

1 级，果蒂处稍有淡灰褐色小斑块；

3 级，果蒂周围变色病斑直径 1.4cm 以下；

5 级，病斑直径达 1.4～10cm；

7 级，病斑直径达 10cm 以上。

$$病情指数 = \frac{\sum(各级病果数 \times 相对级值)}{调查总果数 \times 7} \times 100$$

$$防治效果(\%) = \frac{对照组病情指数 - 处理组病情指数}{对照组病情指数} \times 100$$

表 10-7　芽孢杆菌 HBS-1 保鲜剂对芒果采后病害的防治效果

处理	芒果炭疽病		芒果蒂腐病	
	病情指数	防效/%	病情指数	防效/%
芽孢杆菌 HBS-1	3.34 Bb	85.6	5.07 Bb	83.34
无菌水（CK）	23.2 Aa	—	30.45 Aa	—

注：同列小写字母表示在 0.05 水平的差异显著性，大写字母表示在 0.01 水平的差异显著性。

　　芽孢杆菌 HBS-1 保鲜剂对芒果采后病害的防治效果如表 10-7 所示，该保鲜剂可以明显降低芒果采后病害的发生，其对芒果炭疽病的防效可达 85.6% 以上，对芒果蒂腐病的防效也可达 83.34%。

第五节　内生菌菌剂的检测

　　以下内生菌菌剂的检测参见 GB 20287—2006。

1. 外观（感官）的测定

取少量样品放到白色搪瓷盘（或白色塑料调色板）中，仔细观察样品的颜色、形状、质地。

2. 有效活菌数的测定

采用平板计数法，根据所测微生物的种类选用适宜的培养基。

（1）系列稀释　称取样品 10g，加入带玻璃珠的 100mL 无菌水（或生理盐水）中（液体菌剂取 10.0mL 加入 90mL 无菌水或生理盐水中），静置 20min，在旋转式摇床上 200r/min 充分振荡 30min，即成母液菌悬液（基础液）。

用无菌移液管分别吸取 5.0mL 上述母液菌悬液，加入 45mL 无菌水（或生理盐水）中，按 1→10 进行系列稀释，分别得到 $1→1×10^1$、$1→1×10^2$、$1→1×10^3$、$1→1×10^4$……稀释的菌悬液（每个稀释度应更换无菌移液管）。

（2）加样及培养　每个样品取 3 个连续适宜的稀释度，用无菌移液管分别吸取不同稀释度的菌悬液 0.1mL，加至预先备好的固体培养基平板上，分别用无菌玻璃刮刀将不同稀释度的菌悬液均匀地涂于琼脂表面。

每一稀释度重复 3 次，同时以无菌水（或生理盐水）作空白对照，于适宜的条件下培养。

（3）菌落识别　根据所检测菌种的技术资料，每个稀释度取不同类型的代表菌落通过涂片、染色、镜检等技术手段确认有效菌。当空白对照培养皿出现菌落数时，检测结果无效，应重做。

（4）菌落计数　以出现 20～300 个菌落数的稀释度的平板为计数标准（丝状真菌为 10～150 个菌落数），分别统计有效活菌数目和杂菌数目，当只有一个稀释度，其平均菌落数在 20～300 个之间时，则以该平均菌落数计算，若有两个稀释度，其平均菌落数均在 20～300 个之间时，应按两者菌落总数之比值决定，若其比值小于等于 2 应计算两者的平均数；若大于 2 则以稀释度小的菌落平均数计算，有效活菌数按式(10-1) 或式(10-2) 计算：

$$n_m = \frac{\overline{x}kV_1}{m_0V_2} \times 10^{-8} \tag{10-1}$$

$$n_V = \frac{\overline{x}kV_1}{V_0V_2} \times 10^{-8} \tag{10-2}$$

式中，n_m 为单位质量有效活菌数，亿/g；$\overline{x}$ 为菌落平均数，个；k 为稀释倍数；V_1 为基础液体积，mL；m_0 为样品量，g；V_2 为菌悬液加入量，mL；n_V 为单位体积有效活菌数，亿/mL；V_0 为样品量，mL。

3. 杂菌率的测定

除样品有效菌外，其他的菌均为杂菌，样品中杂菌率按式(10-3) 计算，数值以％表示：

$$m = \frac{n_1}{n_1 + n} \times 100 \tag{10-3}$$

式中，m 为样品杂菌率，%；n_1 为杂菌数，亿/g；n 为有效活菌数，亿/g。

4. 水分的测定

将空铝盒置于干燥箱中（105±2）℃烘干 0.5h，冷却后称量记录空铝盒的质量，然后称取 2 份平行样品（颗粒型样品，应先粉碎过 1.0mm 试验筛），每份 20g（精确到 0.01g），分别加入铝盒中并记录质量。将装好样品的铝盒置于干燥箱中（105±2）℃烘干 4～6h。取出置于干燥器中冷却 20min 后进行称量。水分含量按式（10-4）计算（结果为两次测定的平均值），数值以%表示：

$$\omega = \frac{m_1 - m_2}{m_1 - m_0} \times 100 \tag{10-4}$$

式中，ω 为样品含水量，%；m_1 为样品和铝盒的质量，g；m_2 为烘干后样品和铝盒的质量，g；m_0 为空铝盒的质量，g。

5. 细度的测定

（1）粉碎样品　称取样品 50g（精确到 0.1g），放入 300mL 烧杯中，加 200mL 水浸泡 10～30min 后倒入孔径为 0.18mm 的试样筛中，然后用水冲洗，并用刷子轻轻地刷筛面上的样品，直至筛下流出清水为止。将试验筛同筛上样品放入干燥箱中，在（105±2）℃烘干 4～6h，冷却后称量筛上样品质量。样品质量按式（10-5）计算，数值以%表示：

$$s = \left[1 - \frac{m_1}{m_0(1-\omega)} \right] \times 100 \tag{10-5}$$

式中，s 为筛下样品质量分数，%；m_1 为筛上样品质量，g；m_0 为样品质量，g；ω 为样品含水量，%。

（2）颗粒样品　称取样品 50g（精确到 0.1g），将两个不同孔径的试验筛（1.0mm 和 4.75mm）摞在一起放在底盘上（大孔径试验筛放在上面）。样品倒入大孔径试验筛内筛样品，然后称小孔径试验筛上的样品质量。颗粒细度按式（10-6）计算，数值以%表示：

$$g = \frac{m_1}{m_2} \times 100 \tag{10-6}$$

式中，g 为样品颗粒细度，%；m_1 为小孔径试验筛上的样品质量分数，%；m_2 为样品总质量分数，%。

6. pH 值测定

打开酸度计电源预热 30min，用标准溶液校准。

pH 值测定，每个样品重复三次，计算三次的平均值。

（1）液体样品　用量筒取 40mL 样品，放入 50mL 的烧杯中，直接用酸度计测定，仪器读数稳定后记录。

（2）粉剂样品　称取样品 15g 放入 50mL 的烧杯中，按 1＋2（样品＋无离子水）的比例将去离子水加到烧杯中［如果样品含水量低，可根据基质类型按 1＋（3～5）的比例加去离子水］，搅拌均匀，然后静置 30min，测样品悬液的 pH 值，仪器读数稳定后记录。

（3）颗粒样品　样品先研碎过 1.0mm 试验筛，按照（2）的方法测定执行。

参考文献

Fu G，Huang SL，Ye YF，et al. Characterization of a bacterial biocontrol strain B106 and its efficacy in controlling banana leaf spot and post-harvest anthracnose diseases. Biological Control，2010，55（1）：1-10.

GB 20287—2006　农用微生物菌剂.

葛均青，于贤昌，王竹红. 微生物肥料效应及其应用展望. 中国生态农业学报，2003，11（3）：87-88.

何元胜，胡晓峰，岳宁，等. 微生物肥料的作用机理及其应用前景. 湖南农业科学，2012（10）：13-16.

李明. 微生物肥料研究. 生物学通报，2001，36（7）：5-7.

陶峰. 微生物肥料推广应用研究. 北京农业，2014（21）：302-303.

王景超. 微生物肥料及其在农业生产中的应用进展. 现代农业科技，2014（15）：263-264.

王素英，陶光灿，谢光辉，等. 我国微生物肥料的应用研究进展. 中国农业大学学报，2003，8（01）：14-18.

王雪，等. 胶质芽孢杆菌培养条件及发酵工艺的研究进展. 过程工程学报，2010，10（2）：409-416.

吴建峰，林先贵. 我国微生物肥料研究现状及发展趋势. 土壤，2002，34（2）：68-72.

谢明杰，程爱华，曹文伟，等. 我国微生物肥料的研究进展及发展趋势. 微生物学杂志，2000，20（04）：42-45.

杨胜远，陈桂光，肖功年，等. 芒果主要病原菌拮抗微生物的分离筛选. 植物保护，2004，30（3）：55-58.

杨艳红，王伯初，时兰春，等. 复合微生物制剂的综合利用研究进展. 重庆大学学报（自然科学版），2003，26（06）：81-85.

袁玉娟，顾绘. 微生物肥料在农业生产中的应用. 现代园艺，2014（19）：49-50.

第十一章

内生菌菌种的保藏

第一节 **菌种保藏的基本原理**

由于微生物类群很多，现有的保藏方法也多种多样，每种方法都有不同程度的局限性或缺点（董昧，2009）。但无论哪种方法，其基本原理不外乎是根据微生物的生理和生化特性，挑选典型菌种的优良纯种来进行保藏，最好保藏它们的休眠体，如分生孢子、芽孢等（秀梨，2001）。人为改变环境条件，即以低温、干燥和缺氧等条件（特别是低温），使微生物长期处于代谢不活泼、生长繁殖受抑制的休眠状态。在某种程度上抑制微生物的代谢作用，从而达到延长保藏时间的目的（沈萍，2007）。

一个较好的菌种保藏方法，首先要求能长期保持菌种原有的优良性状不变，同时也应考虑到方法本身的经济、简便。

第二节 **菌种保藏的基本方法**

一、 斜面传代保藏法

此法是将菌种定期在斜面上移植，待生长丰满后于低温或室温下保存。其适用于各类微生物的保存，方法简单，便于使用。但菌种经常在营养丰富的培养基上移植，易发生变异和退化，也易被污染，保存时间短。如在室温下保存，则保存时间更短（许丽娟等，2008）。

① 将生长丰满的斜面菌种，置 4℃左右冰箱中保存。温度不宜太低，否则斜面培养基结冰脱水，加速菌种死亡或特性衰退。

② 按不同菌类每隔一段时间（一般细菌 2 个月，放线菌 3 个月，芽孢细菌、酵母菌和霉菌 3～6 个月）重新转管培养一次。如保存时温度高，则间隔的时间要短。菌种如有退化，应将退化的菌种引入原来的生活环境中令其生长繁殖，通过纯种分离、在宿主体内生长等方法进行复壮。

一般每株菌种应保存相继三代的培养物，以便于对照。

低温条件下保藏可减缓微生物菌种的代谢活动，抑制其繁殖速度，达到减少菌株突变、延长菌种保藏时间的目的。保藏培养基一般含较多有机氮，糖分总量不超过 2%，既能满足菌种培养时生长繁殖的需要，又可防止因产酸过多而影响菌株的保藏。

二、 矿物油保藏法

此法是将矿物油或液体石蜡覆盖于菌种斜面或穿刺培养物上，简便易行，保护性能好，既可以防止培养基水分蒸发，又能隔绝空气而使代谢速度降低。除石油微生物外，酵母菌、霉菌、细菌、放线菌、担子菌和半知菌类等都可用此法保藏，现已成为国外某些较大菌库保藏菌种的常规方法，保藏时间为 2～10 年不等（Little, 1967）。其缺点是，培养管需始终直立，给储运和移种带来不便，也给洗涤、清除油管带来麻烦。

① 取矿物油分装在锥形瓶中，加棉塞，经高压蒸汽灭菌（0.1MPa 灭菌 30min 取出）2～3 次。灭菌后，因有水汽进入而浑油，需在 40℃温箱中或室温下放置一段时间，待水汽蒸发，矿物油复原为无色透明。

② 将灭菌矿物油移接在空白斜面上，28～30℃培养 2～3d，查无菌落生长方可使用。

③ 将菌种斜面朝下（斜面适当短些，便于省油），用无菌吸管吸取或直接注入无菌矿物油，油面应高出斜面顶端（若穿刺培养，则要高于琼脂培养基表面）1～1.5cm，棉塞和管口用纸包好。直立于低温干燥处保存。

④ 使用时，直接从斜面上倒去矿物油后，从斜面挑取少许菌体先在试管内壁上触一下，沥去过多的矿物油，再移植于新鲜斜面。开始移种有油，生长迟缓，连续移接几次便恢复正常生长，培养后即可应用。

保藏期间应及时补充培养基露出液面部分的无菌矿物油。

三、 麸皮保藏法

此法亦称曲法保藏，即以麸皮作载体，吸附接入的孢子，然后在低温干燥条件下保存（朱丽钊等，1984）。其制作方法是按照不同菌种对水分要求的不同，将麸皮与水以一定的比例 [1 : (0.8~1.5)] 拌匀，装量为试管体积的 2/5，湿热灭菌后，经冷却，接入新鲜培养的菌种，适温培养至孢子长成。将试管置于盛有氯化钙等干燥剂的干燥器中，于室温下干燥数日后移入低温下保藏；干燥后也可将试管用火焰熔封后再保藏，则效果更好。

此法适用于产孢子的霉菌和某些放线菌，保藏期在 1 年以上。因操作简单，经济实惠，工厂较多采用。中国科学院微生物研究所采用麸皮保藏法保藏曲霉，如米曲霉、黑曲霉、泡盛曲霉等，其保藏期可达数年至数十年。

四、 沙土管保藏法

此法是将干孢子或孢子悬液注入无菌的沙土管中予以保存。其优点是不需要加入培养基，保存期长，不易退化，是当前生产上应用最广的方法，但不宜保存营养体。其适用于产孢类放线菌、芽孢杆菌、曲霉属、青霉属以及少数酵母如隐球酵母和红酵母等（吕线红，2007），不适用于病原性真菌的保藏，特别是不适于以菌丝发育为主的真菌的保藏。

① 取 60~80 目河沙，用吸铁石去除铁质，置于容器中。用 10％盐酸浸泡 2~4h 或煮沸 30min，去除有机质。滤去盐酸，清水冲洗至中性，烘干或晒干备用。

② 取非耕作层贫瘠且黏性较小的黄土（不含有机质），加水泡洗数次至中性，烘干碾碎，过 100 目筛备用。

③ 按质量比，沙：土＝1：1 或 6：4 混合均匀，装入指形管中，每管约 1cm 高（1g 左右），加棉塞，121℃湿热灭菌 30min。取少许灭菌后的沙土，放入牛肉浸膏蛋白胨培养液中培养，检查灭菌效果，保证灭菌完全后备用。

④ 吸取 3~5mL 无菌水，注入菌种管内，用接种环将孢子洗下制成悬液，用无菌吸管吸取悬液约 0.5mL 加入到每个沙土管中，或加大量以湿润沙土达 2/3 高度为宜。然后把沙土管放入盛有吸湿剂的干燥器内，抽气干燥至"拍之即散"为宜。也可用接种环挑取 3~4 环干孢子直接拌入沙土管中或将部分沙土倒入斜面孢子上，用接种环挑动沙土在斜面上轻轻摩擦，以吸附孢子，然后回接到原沙土管中，置于干燥器内，让其自然干燥。但由于操作时间长，染菌机会多，需特别注意无菌操作。

⑤ 制好的沙土管放入装有吸湿剂的干燥器或大试管内，加橡胶塞，用蜡密封，置阴凉干燥处或冰箱中保存，每隔半年验证 1 次。

⑥ 使用时，挑取少量混有孢子的沙土涂抹在斜面上培养即可。原沙土管仍可继续保存。

此外，也有全用黄沙或石英砂不经处理，灭菌后直接使用。

本法操作简单，适用于产孢和有芽孢的菌种保藏，用此方法保藏时间为 2~10 年不等。由于在真空干燥过程中，机械力容易造成孢子死亡，因此，在保藏放线菌和部分真菌的孢子时最好用干法接种。

复活时在无菌条件下打开沙土管，取部分沙土粒于适宜的斜面培养基上，长出菌落后再转接一次，也可取沙土粒于适宜的液体培养基中，增殖培养后再转接斜面。

五、 土壤培养保藏法

以土壤作培养基培养后干燥，然后保藏。此法主要适用于保藏形成孢子的霉菌、放线菌、芽孢细菌、根瘤菌等。

① 取肥沃壤质果（菜）园土，风干，粉碎，过 24 孔筛，每试管分装 3～5g，高压灭菌，每天 1 次，共 3～4 次。

② 将无菌水或稀释的培养液加入装土的试管内，使土壤含水量约为最大持水量的 60％。

③ 接入预先培养好的细胞或菌丝，经培养后，肉眼可见菌体增殖时，把试管置于干燥器中干燥，然后放低温处保存。

六、 蒸馏水保藏法

此法是将菌体悬浮在蒸馏水中进行保藏。方法简单，适用于酵母菌、细菌、放线菌和真菌的保存。

① 每试管装入 5mL 蒸馏水，塞好棉塞，于 121℃湿热灭菌 20min。

② 用接种环取一环已培养好的细胞移入无菌蒸馏水中制成悬液，或在斜面培养物上加入 6～7mL 无菌蒸馏水制成悬液，然后移至试管中。

③ 将棉塞改换成已灭菌的橡皮塞（用螺旋盖的管更佳）或密封后，于 10℃或室温下保存。

④ 使用时，从保藏悬液中移出一环于培养基上培养即可。

据报道，英联邦真菌研究所用以保藏腐霉、疫霉和植物病原真菌等可达 2 年以上。具体做法是：从真菌菌落生长边缘切取约 60mm³ 琼脂一小块置在蒸馏水中，室温保藏。用时移出琼脂块在适合的培养基上培养即可。

七、 甘油悬液保藏法

此法是将菌种悬浮在甘油蒸馏水中，置于低温下保藏，本法较简便，但需置备低温冰箱（赵斌，2005）。利用 40％～50％的甘油作为保护剂对细胞加以保护，可减少冻、融过程对细胞原生质及细胞膜的损伤。保藏的菌种放在 -20℃左右的冰箱或超低温冰箱（-80℃）中，一般可以保存 3～5 年。

① 将拟保藏菌种对数期的培养液直接与经 121℃蒸汽灭菌 20min 的甘油混合，

并使甘油的终浓度在 10%～15%，再分装在小离心管中，置于超低温冰箱中保藏。

② 基因工程菌常采用本法保藏。

八、 冷冻干燥保藏法

该法集中了菌种保藏中低温、缺氧、干燥和添加保护剂等多种有利条件，使微生物的代谢处于相对静止状态。用这种方法可以保藏细菌、放线菌、丝状真菌、酵母菌及病毒。该法具有保藏菌种范围广、保藏时间长、存活率高等特点，是目前最有效的菌种保藏方法之一（李华等，2002；常金梅等，2008）。一般保藏时间达 10～20 年。

1. 好氧菌冷冻干燥管的制备

安瓿管用 2%盐酸浸泡过夜，用自来水冲并用蒸馏水浸泡至 pH 中性，烘干后加入脱脂棉塞，灭菌备用。保护剂可选择血清、脱脂牛奶和海藻糖等。将培养好的菌体或孢子加入保护剂制成菌悬液，分装在安瓿管中，每支 0.2mL，然后放入冰箱冷冻 2h 以上，当菌悬液温度达到 -20～-35℃ 左右，再置于冷冻干燥箱内进行冷冻干燥直至其中的水分被抽干，时间一般为 8～20h。将安瓿管在真空条件下熔封，低温或常温保藏。

2. 厌氧菌冷冻干燥管的制备

主要程序与好氧菌操作相同，注意保护剂的选择和准备，保护剂使用前应在100℃的沸水中煮沸 15min 左右，脱气后放入冷水中急冷，除掉保护剂中的溶解氧。

使用前，在无菌操作下，将安瓿管一端在酒精灯上烧热，用无菌吸管吸取75%酒精滴于烧热处，管壁上即出现裂纹，敲去一端，用接种针将菌块捣碎转接到斜面上或直接倒入斜面。注意开启时要防止空气冲入，以免引起污染。

此法为菌种保藏方法中应用最广泛的，除不生孢子的真菌外，是国际菌种保藏机构通常采用的方法之一，几乎所有的微生物均可采用此法保藏。此法适用于干菌种的长期保存，一般可保存数年至十余年。方便之处在于因冷冻干燥管无须低温保藏，所以运输方便，但此法所需设备要求高，操作复杂，费用昂贵。

九、 液氮超低温保藏法

真菌（或其他微生物）预先在 10%甘油或二甲基亚砜保护剂中利用控制冰冻技术处理，然后储存在超低温下，对于产孢和不产孢的真菌可保藏许多年。但保藏前的菌种必须在最适条件下生长，制备悬液时尽量避免使菌体受机械损伤，以防失去活力。

① 用 10%（体积分数）甘油蒸馏水溶液淹没斜面并轻轻刮落琼脂表面的孢子或菌丝碎片。

② 吸取 0.5mL 至灭菌安瓿管中，封口。

③ 将安瓿管置于液氮冷冻器内 1h。冷冻速率为每分钟降低 1℃，使样品冻结到－35℃，其后冻结温度则无需控制，迅速降低温度至－196℃，储存。

④ 使用时从液氮罐中取出安瓿管，立即放置在 38～40℃水浴中使其熔化，然后直接将菌株接种到适宜的培养基中即可。

此法存活率高，稳定性强，保藏时间长，是长期保藏菌种的最好方法，适用于各种菌种的保藏，特别适用于难以用真空干燥保藏等方法保藏的菌种。不足之处是该法需定期向液氮罐中补充液氮，以保证液氮罐中的超低温。

十、 素瓷珠保藏法

此法是把菌液吸附于素烧瓷珠（未上釉）上，置吸湿剂硅胶上保存。其中以部分硅胶吸湿变粉红色，另一部分仍长期保持蓝色为好。用来保存根瘤菌效果更佳，有时也用于保存霉菌孢子和各种细菌（郭长城等，2018）。

① 取有橡胶垫圈螺旋帽的小瓶（直径 2.5cm，高约 6cm）加入 3～4g 变色硅胶，垫一层约 1cm 厚的羊毛渣或玻璃棉以固定硅胶，要求既紧密又通气。其上放 20～30 颗用于电气绝缘的小瓷珠。于 160～170℃干热灭菌 1～2h，带有橡胶垫圈的盖子另用高压蒸汽灭菌。

② 在无菌条件下，将小瓷珠倒入液体培养物或浓的菌悬液中，摇动，使其充分吸附，然后倾倒试管，使多余菌液吸入棉塞除去。

③ 将湿润的小瓷珠倒回小瓶中，并盖紧螺帽，置于室温下干燥保存。

④ 使用时，取出小瓷珠在培养液或湿润的琼脂斜面上滚动培养即可。

十一、 琼脂穿刺保藏法

琼脂穿刺保藏法又称半固体琼脂法，即将细菌用穿刺法接种到含 0.6% 琼脂的柱状培养基（其高度相当于试管长度的 1/3）内，在 30℃培养 24h 后，用纸包扎好或用浸有石蜡的软木塞代替棉塞塞紧或将试管口熔封，放冰箱或室温下保存。这也是一种行之有效的保存无芽孢细菌的简易保藏方法，该法可保藏细菌 2 年（张甜，2014）。

十二、 固定化保藏法

固定化保藏法是将真菌菌株事先包裹在藻酸钙中，并进行超低温保藏的一种保藏技术。首先，制备真菌的孢子或菌丝的藻酸盐悬浮液，将悬液滴入藻酸钙的溶液中，放置一段时间后，将菌丝或孢子的藻酸钙小球转移到高渗溶液中进行脱水，然后按照菌种保藏的一些常规方法保藏，如液氮超低温保藏、油管保藏、蒸馏水保藏等。固定化的技术方法已应用于真菌酶制剂、生防菌株、生物降解等多个方面的研究（顾金刚等，2007）。

十三、 宿主保藏法

此法适用于专性活细胞寄生微生物（如病毒、立克次氏体等）。

① 植物病毒可用植物幼叶的汁液与病毒混合，冷冻或干燥保存。

② 噬菌体可以经过细菌培养扩大后，与培养基混合直接保存。

③ 动物病毒可以直接用病毒感染适宜的脏器或体液，然后分装于试管中密封，低温保存。

使用上述各种方法保存菌种，除斜面传代法外，不同菌种一般都可以保存一年到几十年。

⊙ 第三节 菌种保藏的注意事项

① 必须保证培养基、器皿等的彻底消毒和严格的无菌操作。

② 对保存的纯种应在新鲜斜面培养基上长到丰满，但培养温度要求比适温低一点，如霉菌可在 18～20℃培养，酵母菌在 25℃以下为好。培养时间也不宜过长，一般生长近达高峰即可。

③ 保存所用培养基不宜太丰富，一般含有机氮多，少含或不含糖分，总糖量不超过 2%，以适应菌种的相对稳定。使用时将菌种移接到保存前所用的同一种培养基上，效果更好。

④ 在保藏过程中，应经常检查存放的房间、冰箱等的温度和湿度，注意防霉及螨的污染。由于环境潮湿或冰箱电源时开时停，干湿交替，往往引起管壁和棉塞上的水汽凝集而导致霉菌滋生，又因微生物散发出的气味引诱了螨（体长 0.2～0.3mm），它会通过棉塞进入试管内蚕食菌体，甚至钻到培养基内吃基内菌丝，繁殖扩散很快，极易感染邻近菌种。

⑤ 保藏期间应定期检查菌种存活率。由于孢子随着保存时间的延长而减少，使用时要相应加大接种量，或在菌种管内倾注少量无菌水或培养液，经培养，促使孢子萌发，然后再行移植。

⑥ 菌种保存到一定时候，需做斜面传代一次，然后再行保藏处理，但一般不轻易更换保藏方法。在某些情况下，不能只采用一种方法保存，必须同时采用好几种方法。对每株菌种要尽可能多保存一些，建立菌种保藏登记卡片（表 11-1），贴上标签，做好记录，以备查考。同时，选择一个通风干燥、低温洁净的储藏菌

种的场所极为重要，以防意外或污染所造成的损失。

　　总之，保藏菌种的方法很多，在使用时要根据具体情况因地制宜地选用，并在掌握菌种保藏原理的基础上，通过实践，不断加以改进和完善，从而创造出更多更好的保藏菌种的方法，使微生物在工农业生产中发挥更大的效益。

表 11-1　菌种保藏登记卡片

日期

菌名	学名	
	中文名	
菌号	原始号	
	保藏号	
鉴定者		
来源	分离地点和基物	
	分离日期	
	分离者	
形态特征		
产物		
用途		
保存条件	培养基	
	培养湿度	
保存方法		
备注		

参考文献

Little GN, Gordon MA. Survival of fungus cultures maintained undermineral oil for twelve years. Mycologia, 1967, 59 (4)：733-736.

常金梅，蔡芷荷，吴清平，等. 菌种冷冻干燥保藏的影响因素. 微生物学通报，2008, 35 (6)：959-962.

董昧. 微生物菌种保藏方法. 河北化工，2009, 32 (07)：34-35.

顾金刚，李世贵，姜瑞波. 真菌保藏技术研究进展. 菌物学报，2007, 26 (2)：316-320.

郭长城，刘芳，吴芳草，等. 瓷珠保藏法和脱纤维绵羊血介质保藏法对幽门螺杆菌的保藏效果. 江苏医药，2018, 44 (01)：23-26.

李华，骆艳娥，刘延琳. 真空冷冻干燥微生物的研究进展. 微生物学通报，2002, 29 (3)：78-82.

吕线红，郭利美. 工业微生物菌种的保藏方法. 山东轻工业学院学报，2007, 21 (1)：52-55.

沈萍，陈向东. 微生物学实验. 北京：高等教育出版社，2007：266.

秀梨．微生物学实验指导．北京：高等教育出版社，2001.

许丽娟，刘红，魏小武．微生物菌种的保藏方法．现代农业科技，2008，16：99-101.

张甜．微生物菌种保藏方法及标准菌种管理．中国城乡企业卫生，2014，29（01）：139-141.

赵斌，何绍江．微生物学实验．北京：科学出版社，2005：203.

朱丽钊，郭芳，马春沅，等．三种方法保藏毛霉目菌种效果的评定．微生物学通报，1984（6）：30-33.

附　录

附录一　培养基及配方

1. PDA 培养基

成分：马铃薯（去皮）200g，葡萄糖（或蔗糖）20g，琼脂 20g，水 1000mL。

制法：将马铃薯去皮、洗净、切成小块，称取 200g 加入 1000mL 蒸馏水，煮沸 20min，用纱布过滤，滤液补足水至 1000mL，再加入糖和琼脂，溶化后分装，121℃高压灭菌 20min。

2. 马铃薯蔗糖琼脂培养基（PSA）

马铃薯 200g，蔗糖 20g，琼脂 20g，水 1000mL，121℃高压灭菌 20min。

3. 马铃薯蔗糖培养基（PSB）

马铃薯 200g，蔗糖 20g，水 1000mL，121℃高压灭菌 20min。

4. 沙保（Sabouraud）琼脂培养基

1%蛋白胨，4%葡萄糖，2%琼脂，pH4～6。

5. 豆芽汁液体培养基

成分：豆芽汁 10mL，$NH_4H_2PO_4$ 1g，KCl 0.2g，$MgSO_4$ 0.2g，琼脂 20g。

豆芽汁制备：将黄豆芽或绿豆芽 200g 洗净，在 1000mL 蒸馏水中煮沸 30min，纱布过滤得豆芽汁，补足水分至 1000mL。

制法：将以上成分加入到蒸馏水中，加热使完全溶解，调 pH 至 6.2～6.4，分装于锥形瓶中，0.04%的溴甲酚紫酒精溶液（黄色 5.2～6.8 紫色）作为指示剂，121℃灭菌 20min。

6. 麦芽汁琼脂培养基

成分：麦芽汁 20g，葡萄糖 20g，琼脂 20g，蛋白胨 1g，蒸馏水 1000mL。

制法：根据上述成分配制，调 pH5～6，用于酵母菌培养；调 pH7.2，用于培养细菌，121℃高压灭菌 20min。

7. 察氏（Czapek）培养基

成分：$NaNO_3$ 2g，K_2HPO_4 1g，$MgSO_4$ 0.5g，KCl 0.5g，$FeSO_4$ 0.01g，蔗糖 30g，琼脂 15～20g，蒸馏水 1000mL。

制法：将上述组分加热溶解，分装后 121℃高压灭菌 20min。

8. 麦氏（McCLary）培养基

麦氏培养基又称醋酸钠琼脂培养基。

成分：葡萄糖 1.0g，KCl 1.8g，酵母汁 2.5g，醋酸钠 8.2g，琼脂 15g，蒸馏水 1000mL。

配制：加热溶化上述成分，121℃高压灭菌 20min。

9. 马丁（Martin）琼脂培养基

成分：葡萄糖 10g，蛋白胨 5g，K_2HPO_4 1g，$MgSO_4$ 0.5g，孟加拉红 33.4g，琼脂 20g，蒸馏水 1000mL，pH 5.5～5.7。

制法：以上各成分溶解，调 pH，分装，121℃灭菌 20min。待培养基熔化后冷却到 55～60℃时，每 10mL 培养基中加入 1mL 0.03％链霉素溶液（链霉素含量为 30μg/mL）。用于分离真菌。

10. LCA 培养基

葡萄糖 1g，酵母浸膏 0.2g，KH_2PO_4 1g，$MgSO_4 \cdot 7H_2O$ 0.2g，KCl 0.2g，$NaNO_3$ 2g，琼脂 20g，蒸馏水 1000mL，pH 自然，常规方法配制。

11. 再生固体培养基

马铃薯 200g，山梨醇 182g，琼脂 20g，水 1000mL，121℃高压灭菌 20min。

12. 再生半固体培养基

马铃薯 200g，山梨醇 182g，琼脂 10g，水 1000mL，121℃高压灭菌 20min。

13. Pfeffer 液体培养基

NH_4NO_3 10g，KH_2PO_4 5g，$MgSO_4$ 0.25g，蔗糖 50g，$FeCl_3$ 微量，蒸馏水 1000mL，pH 4.5。

14. HMM（高渗 MM）培养基

KNO_3 3g，KH_2PO_4 1g，$MgSO_4$ 0.5g，微量元素液 2mL，葡萄糖 20g，蔗糖 0.6mol/L，1.6％～1.8％琼脂粉，蒸馏水 1000mL，pH6.5～6.8，121℃高压灭菌 20min。

15. 淀粉铵盐培养基

可溶性淀粉 10g，$(NH_4)_2SO_4$ 2g，K_2HPO_4 1g，$MgSO_4$ 1g，NaCl 1g，$CaCO_3$ 3g，蒸馏水 1000mL，pH7.2～7.4，121℃灭菌 20min。若加入 15～20g 琼脂即成固体培养基。

16. 高盐察氏培养基

$NaNO_3$ 2g，KH_2PO_4 1g，$MgSO_4$ 0.5g，KCl 0.5g，$FeSO_4$ 0.01g，NaCl 60g，蔗糖 30g，琼脂 20g，蒸馏水 1000mL，121℃高压灭菌 20min。

17. 高氏 1 号培养基

成分：可溶性淀粉 20g，KNO_3 1g，NaCl 0.5g，K_2HPO_4 0.5g，$MgSO_4$ 0.5g，$FeSO_4$ 0.01g，琼脂 20g，蒸馏水 1000mL，pH7.2～7.4。

制法：按比例将上述成分混合加热，121℃高压灭菌 20min。

18. 营养琼脂培养基

成分：蛋白胨 10g，牛肉膏 3g，NaCl 5g，琼脂 15～20g，蒸馏水 1000mL，

pH 7.2。

制法：将除琼脂以外的各成分溶解在蒸馏水中，加入15％氢氧化钠溶液约2mL，校正pH至7.2～7.4。随后加入琼脂，加热煮沸，使琼脂溶化。分装烧瓶，121℃高压灭菌15min。

此培养基为一般细菌培养基，可倾注平板或制成斜面。如用于菌落计数，琼脂量为1.5％；如做成平板或斜面，琼脂量为2％。

19. 半固体培养基

牛肉膏5.0g，蛋白胨10.0g，琼脂3～5g，蒸馏水1000mL，pH7.2～7.4，溶化后分装试管（8mL），121℃高压灭菌15min，取出直立试管待凝固。用于细菌的动力试验。

20. LB培养基

酵母浸粉5g，胰蛋白胨10g，NaCl 5g，水1000mL，121℃高压灭菌20min。

21. 胰酪胨大豆肉汤

成分：胰酪胨（或胰蛋白胨）17g，植物蛋白胨（或大豆蛋白胨）3g，NaCl 100g，K_2HPO_4 2.5g，葡萄糖2.5g，蒸馏水1000mL。

制法：将上述成分混合，加热并轻轻搅拌溶液，分装后121℃、15min高压灭菌。最终pH7.3±0.2。

22. 胰蛋白胨大豆胨琼脂（TSA）培养基

成分：胰蛋白胨15g，大豆胨5g，NaCl 5g，琼脂13g，蒸馏水1000mL，pH7.1～7.5。

制法：按量将各成分溶解，加热使完全溶解，调pH值，121℃、15min高压灭菌。

23. 蛋白胨水溶液

蛋白胨20.0g，NaCl 5.0g，蒸馏水1000mL，pH 7.4，121℃灭菌15min。靛基质试验用。

24. 酪蛋白琼脂培养基

成分：酪蛋白10g，牛肉膏3g，Na_2HPO_4 2g，NaCl 5g，琼脂15g，蒸馏水1000mL，0.4％溴麝香草酚蓝溶液12.5mL，pH7.4。

制法：将除指示剂外的各成分混合，加热溶解（但酪蛋白不溶解），校正pH。加入指示剂，分装烧瓶，121℃高压灭菌15min。临用时加热熔化琼脂，冷至50℃，倾注平板。

注：将菌株划线接种于平板上，如沿菌落周围有透明圈形成，即为能水解酪蛋白。

25. 7.5％氯化钠肉汤

成分：蛋白胨10g，牛肉膏3g，NaCl 75g，蒸馏水1000mL，pH7.4。

制法：将上述成分加热溶解，校正pH，分装试管，121℃、15min高压灭菌。

26. 营养肉汤培养基

成分：绞碎牛肉 500g，NaCl 5g，蛋白胨 10g，KH_2PO_4 2g，蒸馏水 1000mL，pH 7.4～7.6。

制法：将绞碎去筋膜无油脂牛肉 500g 混合后放冰箱 24h，除去液面之浮油，隔水煮沸半小时，使肉渣完全凝结成块，用绒布过滤，并挤压收集全部滤液，加水补足原量。加入蛋白胨、氯化钠和磷酸盐，溶解后校正 pH7.4～7.6，煮沸并过滤，分装烧瓶，121℃、30min 高压灭菌。

27. PY 基础培养基

成分：蛋白胨 0.5g，酵母提取物 1.0g，胰酶解酪胨 0.5g，盐溶液Ⅱ 4.0mL，蒸馏水 1000mL。

盐溶液Ⅱ成分：$CaCl_2$ 0.2g，$MgSO_4$ 0.48g，KH_2PO_4 1.0g，$NaHCO_3$ 10.0g，NaCl 2.0g，蒸馏水 1000mL。

制法：加热溶解，分装后 121℃灭菌 20min。

28. 休和利夫森二氏培养基（Hugh and Leifson culture medium）

蛋白胨 5g，NaCl 5g，KH_2PO_4 0.2g，葡萄糖 10g，琼脂 5～6g，1%溴甲酚紫 3mL，蒸馏水 1000mL，pH7.0～7.2，分装试管，培养基高度约 4.5cm，121℃灭菌 20min。用于细菌培养。

29. 尿素培养基

成分：蛋白胨 1.0g，葡萄糖 1.0g，NaCl 5.0g，KH_2PO_4 2.0g，0.4%酚红 3.0mL，琼脂 20.0g，20%尿素 100.0mL，pH 7.1～7.4。

制法：将除尿素和琼脂以外的成分配好，并校正 pH 值，加入琼脂，加热溶化并分装于锥形瓶中，121℃灭菌 20min，冷却至 50～55℃，加入过滤除菌的尿素溶液，分装于灭菌试管内，摆成琼脂斜面备用。

30. 甲基红培养基（M.R 及 V-P 试验用）

蛋白胨 7.0g，葡萄糖 5.0g，KH_2PO_4（或 NaCl）5g，水 1000mL，pH7.0～7.2，每管分装 4～5mL，121℃高压灭菌 20min。

31. 动力、靛基质、尿素（MIU）综合培养基

蛋白胨（含色氨酸）30g，KH_2PO_4 2g，NaCl 5g，琼脂 3g，0.2%酚红酒精溶液 2mL，尿素 20g，蒸馏水 1000mL。分装于小试管，121℃灭菌 20min，灭菌后液体应呈淡黄色。用于检验细菌运动性、吲哚、尿素酶。

32. M17 琼脂培养基

蛋白胨 5g，酵母粉 5g，聚蛋白胨 5g，抗坏血酸 0.5g，牛肉膏 2.5g，$MgSO_4$ 0.01g，β-甘油磷酸二钠 19g，蒸馏水 1000mL，121℃高压灭菌 15min。用于分离、培养乳球菌等的选择培养基。

33. 精氨酸双水解酶实验培养基

成分：蛋白胨 1g，NaCl 5g，KH_2PO_4 0.3g，L-精氨酸 10g，琼脂 10g，酚红

0.01g，蒸馏水 1000mL。

制法：除酚红外，将以上各成分溶解，调节 pH7.0～7.2，加入指示剂，分装试管，培养基高约 4～5cm，121℃灭菌 20min 备用。

34. 葡萄糖氧化发酵培养基

成分：蛋白胨 2g，NaCl 5g，1%溴百里酚蓝水溶液 3mL，琼脂 5～6g，KH_2PO_4 0.2g，葡萄糖 10g，蒸馏水 1000mL。

制法：除溴百里酚蓝外，溶解以上各成分，调节 pH 为 6.8～7.0，分装试管，121℃高压灭菌 20min。

35. 乳糖胆盐发酵培养基

成分：蛋白胨 20g，猪胆盐（或牛、羊胆盐）5g，乳糖 10g，0.04%溴甲酚紫水溶液 25mL，蒸馏水 1000mL，pH7.4。

制法：将蛋白胨、胆盐及乳糖溶于水中，校正 pH，加入指示剂，每管分装 10mL，并放入一个小倒管，115℃、15min 高压灭菌。

注：双料乳糖胆盐培养基除蒸馏水外，其他成分加倍。

36. 伊红美蓝琼脂培养基

成分：蛋白胨 20g，乳糖 10g，KH_2PO_4 2g，琼脂 17g，2%伊红 Y 溶液 20mL，0.65%美蓝溶液 10mL，蒸馏水 1000mL，pH7.1。

制法：将蛋白胨、磷酸二氢钾和琼脂溶解于蒸馏水中，校正 pH，分装于烧瓶内，121℃、15min 高压灭菌备用。临用时，加入乳糖，并加热熔化琼脂，冷至 50～55℃，加入伊红和美蓝溶液，摇匀，倾注平板。

37. 乳糖发酵培养基

成分：蛋白胨 20g，乳糖 10g，0.04%溴甲酚紫水溶液 25mL，蒸馏水 1000mL，pH7.4。

制法：将蛋白胨、乳糖溶于水中，校正 pH，加入指示剂，按检验要求分装 30mL、10mL 或 3mL，并放入一个小倒管，115℃、15min 高压灭菌。

38. 豆粉琼脂培养基

成分：牛心消化汤 1000mL，琼脂 20g，黄豆粉浸液 50mL，pH 7.4～7.6。

制法：将琼脂加在牛心消化汤中，加热溶解，过滤。加入黄豆粉浸液，分装每瓶 100mL，121℃、15min 高压灭菌。

39. 缓冲蛋白胨水（BP）培养基

成分：蛋白胨 10g，NaCl 5g，Na_2HPO_4 9g，H_2PO_4 1.5g，蒸馏水 1000mL，pH7.2。

制法：121℃高压灭菌 15min。

40. 氯化镁孔雀绿（MM）增菌液

成分：甲液，胰蛋白胨 5g，NaCl 8g，KH_2PO_4 1.6g，蒸馏水 1000mL；乙液，

$MgCl_2$ 40g，蒸馏水 100mL；丙液：0.4％孔雀绿水溶液。

制法：分别按上述成分配好后，121℃灭菌 15min 备用。临用时取甲液 90mL、乙液 9mL、丙液 0.9mL 以无菌操作混合即成。

41. ONP G 培养基

成分：邻硝基酚 β-D-半乳糖苷（O-nitrophenyl-β-D-galactopyranoside）（ONP G）60mg，0.01mol/L 磷酸钠［Na_3PO_4 缓冲液（pH7.5）］10mL，1％蛋白胨水（pH7.5）30mL。

制法：将 ONP G 溶于缓冲液内，加入蛋白胨水，以过滤法除菌，分装于 10mm×75mm 试管，每管 0.5mL，用橡皮塞塞紧。

42. 氨基酸脱羧酶试验培养基（赖氨酸培养基）

成分：蛋白胨 5g，酵母浸膏 3g，葡萄糖 1g，蒸馏水 1000mL，1.6％溴甲酚紫-乙醇溶液 1mL，L-氨基酸或 DL-氨基酸 0.5g/100mL 或 1g/100mL，pH6.8。

制法：除氨基酸以外的成分加热溶解后，分装每瓶 100mL，分别加入赖氨酸、精氨酸和鸟氨酸等各种氨基酸。L-氨基酸按 0.5％加入，DL-氨基酸按 1％加入。再行校正 pH 至 6.8。对照培养基不加氨基酸。分装于灭菌的小试管内，每管 0.5mL，上面滴加一层液体石蜡，115℃高压灭菌 10min。

43. 氰化钾（KCN）培养基

成分：蛋白胨 10g，NaCl 5g，KH_2PO_4 0.225g，Na_2HPO_4 5.64g，蒸馏水 1000mL，0.5％氰化钾溶液 20mL，pH7.6。

制法：将除氰化钾以外的成分配好后分装烧瓶，121℃高压灭菌 15min。放在冰箱内使其充分冷却。每 100mL 培养基加入 0.5％氰化钾溶液 2.0mL（最后浓度为 1∶10000），分装于 12mm×100mm 灭菌试管，每管约 4mL，立刻以灭菌橡皮塞塞紧，放在 4℃冰箱内，至少可保存两个月。同时，将不加氰化钾的培养基作为对照培养基，分装试管备用。

44. 丙二酸钠培养基

成分：酵母浸膏 1g，硫酸铵 2g，K_2HPO_4 0.6g，KH_2PO_4 0.4g，NaCl 2g，丙二酸钠 3g，0.2％溴麝香草酚蓝溶液 12mL，蒸馏水 1000mL，pH6.8。

制法：先将酵母浸膏和盐类溶解于水，校正 pH 后再加入指示剂，分装试管，121℃高压灭菌 15min。

45. 氮源利用基础培养基

成分：KH_2PO_4 1.36g，NaH_2PO_4 2.13g，$MgSO_4$ 0.2g，$FeSO_4$ 0.2g，$CaCl_2$ 0.5g，葡萄糖 10.0g，蒸馏水 1000mL。

制法：将需要测定的氨基酸、铵态氮（如磷酸氢二铵）、硝态氮（如硝酸钾）加入到上述基础培养基中，使其终浓度为 0.05％～0.1％，如测定菌不能利用葡萄糖为碳源，可用其他碳源代替（终浓度为 0.2％～0.5％），另做一份不加氮源的空白对照，调 pH7.0~7.2，分装于试管，每管 4~5mL，112℃高压灭菌 20~30min，制备出的培养基要求无沉淀。

46. 硝酸盐培养基

成分：蛋白胨 5.0g，KNO_3 0.2g，蒸馏水 1000mL。

配制：组合上述成分，调节 pH 7.4，每管分装 4~5mL，121℃高压灭菌 15~20min。

47. 苯丙氨酸培养基

成分：酵母浸膏 3g，DL-苯丙氨酸 2g（或 L-苯丙氨酸 1g），Na_2HPO_4 1g，NaCl 5g，琼脂 12g，蒸馏水 1000mL。

制法：加热溶解后分装试管，121℃高压灭菌 15min，使成斜面。

48. 西蒙氏柠檬酸盐培养基

成分：NaCl 5g，$MgSO_4$ 0.2g，$NH_4H_2PO_4$ 1g，KH_2PO_4 1g，柠檬酸钠 5g，琼脂 20g，蒸馏水 1000mL，0.2%溴麝香草酚蓝溶液 40mL，pH6.8。

制法：先将盐类溶解于水内，校正 pH，再加琼脂加热溶化。然后加入指示剂，混合均匀后分装试管，121℃高压灭菌 15min 后放成斜面。

49. 葡萄糖铵培养基

成分：NaCl 5g，$MgSO_4$ 0.2g，$NH_4H_2PO_4$ 1g，KH_2PO_4 1g，葡萄糖 2g，琼脂 20g，蒸馏水 1000mL，0.2%溴麝香草酚蓝溶液 40mL，pH6.8。

制法：先将盐类和糖溶解于水内，校正 pH，再加琼脂加热溶化，然后加入指示剂，混合均匀后分装试管，121℃高压灭菌 15min 后放成斜面。

50. 果胶琼脂培养基

KH_2PO_4 0.2g，$MgSO_4$ 0.2g，NaCl 0.2g，$CaCO_3$ 5.0g，$CaSO_4$ 0.1g，葡萄糖 8.5g，酵母提取物 1.5g，琼脂 13.0g，果胶 5.0g，蒸馏水 1000mL，pH 7.0。该培养基用于检测内生固氮菌的果胶水解酶活性。

51. 木糖-明胶培养基

成分：胰胨 10g，酵母膏 10g，木糖 10g，Na_2HPO_4 5g，明胶 120g，蒸馏水 1000mL，0.2%酚红溶液 25mL，pH7.6。

制法：将除酚红以外的各成分混合，加热溶解，校正 pH。加入酚红溶液，分装试管，121℃高压灭菌 15min，迅速冷却。

52. 动力-硝酸盐培养基

成分：蛋白胨 5g，牛肉膏 3g，KNO_3 1g，琼脂 3g，蒸馏水 1000mL，pH7.0。

制法：加热溶解，校正 pH。分装试管，每管 10mL，121℃高压灭菌 15min。

53. 甲萘胺-醋酸溶液，对氨基苯磺-醋酸溶液（硝酸盐培养基）

成分：硝酸盐 0.2g，蛋白胨 5g，蒸馏水 1000mL，pH7.4。

制法：溶解，校正 pH，分装试管，每管约 5mL，121℃高压灭菌 15min。

硝酸盐还原试剂：

① 甲萘胺-醋酸溶液：将甲萘胺 0.5g 溶解于 5mol/L 醋酸溶液 100mL 中。

② 对氨基苯磺-醋酸溶液：将对氨基苯磺酸 0.8g 溶解于 5mol/L 醋酸溶液 100mL 中。

54. CM 液体培养基

KNO_3 3g，KH_2PO_4 1g，$MgSO_4$ 0.5g，蛋白胨 10g，酵母粉 5g，葡萄糖 20g，蒸馏水 1000mL，pH6.5～6.8，121℃高压灭菌 20min。

55. 阿须贝无氮培养基

KH_2PO_4 0.2g，$MgSO_4$ 0.2g，NaCl 0.2g，$CaCO_3$ 5.0g，$CaSO_4$ 0.1g，葡萄糖 10.0g，琼脂 18.0g，蒸馏水 1000mL，pH 7.0。该培养基用于内生固氮菌的分离和培养。

56. 根瘤菌培养基

K_2HPO_4 0.5g，$MgSO_4$ 0.2g，NaCl 0.1g，甘露醇 10.0g，酵母膏 1.0g，0.5% 刚果红 5.0mL，琼脂 18g，蒸馏水 1000mL，pH 6.8～7.0。

57. 固氮（茎瘤）根瘤菌培养基

乳酸钠（$C_3H_5O_3Na$）10.0g，K_2HPO_4 1.67g，KH_2PO_4 0.87g，NaCl 0.05g，$CaCl_2$ 0.04g，$FeCl_3$ 0.004g，酵母膏 1.0g，琼脂 18g，蒸馏水 1000mL，pH 6.8～7.0。

58. 联合固氮菌培养基

D-葡萄糖酸钠 5.0g，KH_2PO_4 0.4g，K_2HPO_4 0.1g，$MgSO_4$ 0.2g，酵母膏 1.0g，NaCl 0.1g，$CaCl_2$ 0.02g，$FeCl_3$ 0.01g，Na_2MoO_4 0.002g，琼脂 18g，蒸馏水 1000mL，pH 6.8～7.0。

59. 芽孢菌培养基

$(NH_4)_2HPO_4$ 1.0g，KCl 0.2g，$MgSO_4$ 0.2g，酵母膏 0.2g，琼脂 5～6g，糖或醇类 10.0g，蒸馏水 1000mL，0.04%溴甲酚紫 15mL，pH7.0～7.2，分装试管，培养基高度约 4～5cm，121℃灭菌 20min。

60. 假单胞菌选择培养基

成分：多价胨 16g，水解酪蛋白 10g，K_2SO_4 10g，$MgCl_2$ 1.4g，琼脂 11g，甘油 10mL，蒸馏水 1000mL，pH7.1±0.2。

CFC 选择添加物：溴化十六烷基三甲胺 10mg/L，梭链孢酸钠 10mg/L，头孢菌素 50mg/L。

制法：先将基础成分加热煮沸使之完全溶解，121℃、15min 条件下灭菌。冷却到 50℃备用。当基础培养基冷却到 50℃后加入溶解后过滤除菌的 CFC 补充物，完全混合后倒平板备用。

61. MRS 培养基

成分：蛋白胨 10g，牛肉膏 10g，酵母粉 4g，K_2HPO_4 2g，柠檬酸氢二铵 2g，醋酸钠 5g，葡萄糖 20g，吐温-80 1mL，$MgSO_4$ 0.58g，$MnSO_4$ 0.25g，琼脂粉 15g，蒸馏水 1000mL。

制法：将以上成分加入到蒸馏水中，加热使完全溶解，调 pH 至 6.2～6.4，分装于锥形瓶中，121℃灭菌 15～20min。

62. 乳酸菌培养基

蛋白胨 5g，牛肉膏 5g，酵母膏 5g，吐温-80 0.5mL，糖或醇 10g，琼脂 5～6g，蒸馏水 1000mL，1.6％溴甲酚紫 1.4mL，pH 6.8～7.0，分装试管，121℃灭菌 20min。

63. 脱脂乳培养基

成分：牛奶，蒸馏水。

制法：将适量的牛奶加热煮沸 20～30min，过夜冷却，脂肪上浮。除去上层乳脂即得脱脂乳。将脱脂乳盛在试管及锥形瓶中，封口后置于灭菌锅中在 115℃条件下蒸汽灭菌 20～30min。

64. 硅酸盐细菌培养基

蔗糖 5.0g，Na_2HPO_4 2.0g，$MgSO_4$ 0.5g，$CaCO_3$ 0.1g，$FeCl_3$ 0.005g，琼脂 18g，蒸馏水 1000mL，pH 7.5～8.0。

65. 光合细菌培养基

酵母粉 3.0g，蛋白胨 3.0g，$MgSO_4$ 0.5g，$CaCl_2$ 0.3g，蒸馏水 1000mL，pH 6.8～7.0。

附录二　常用酸碱指示剂的配制

名称	pH 值	颜色		浓度/％	0.2mol/L NaOH 的体积[①]/mL
		酸	碱		
麝香草酚蓝(百里酚蓝,thymol blue)	1.2～2.8	红	黄	0.04	10.75
溴酚蓝(bromophenol blue)	3.0～4.6	黄	蓝紫	0.04	7.45
甲基红(methyl Red)	4.4～6.2	红	黄	0.02	18.60
溴甲酚紫(bromocresol purple)	5.2～6.8	黄	红紫	0.04	9.25
溴麝香草酚蓝(bromothymol Blue)	6.2～7.6	黄	蓝	0.04	8.00
酚红(phenol red)	6.8～8.4	黄	红	0.02	14.20
甲酚红(cresol red)	7.2～8.8	黄	红	0.02	13.10
麝香草酚蓝(thymol blue)	8.0～9.6	黄	蓝	0.04	10.75
酚酞(phenolphthalein)	8.2～10.0	无色	红	0.02	—

① 0.1g 指示剂溶于 0.2mol/L NaOH 的体积，再用蒸馏水稀释至 250mL。

附录三　常用消毒剂的配制

名称	配制方法	用途
甲醛（福尔马林）	每立方米空间用 2～10mL，加热熏蒸或喷洒；或甲醛 10 份+高锰酸钾 1 份，任其挥发	市售甲醛含量为 37%～40%，接种室消毒
70%酒精	95%酒精 70mL+水 25mL	皮肤消毒
5%石炭酸液（苯酚）	石炭酸 50g+蒸馏水 950mL	接种室喷雾或器皿消毒
2%来苏尔（煤酚皂液）	50%来苏尔 40mL+蒸馏水 960mL	接种室消毒；擦洗桌面及器械
0.25%新洁尔灭	5%新洁尔灭原液 50mL+蒸馏水 950mL	皮肤及器皿消毒
2%～5%漂白粉液	20～50g 漂白粉+水 1000mL	喷刷接种室、培养室，以消除噬菌体污染
80%乳酸	每立方米用 1mL 熏蒸	接种箱（室）消毒
高锰酸钾液	高锰酸钾与水的比例为 1∶1000（或 1230）	皮肤及器皿消毒，应随用随配
硫黄	每立方米空间用 15g 硫黄熏蒸	空气消毒
1%～3%石灰水（氢氧化钙）	1～3g 氢氧化钙+水 100mL	对病毒消毒